新一代信息技术系列教材

基于新信息技术的 JSP 程序设计基础

主　编　苏秀芝　马　庆　左国才
副主编　刘　群　谢钟扬　左向荣
主　审　高永毅

西安电子科技大学出版社

内 容 简 介

本书面向 JSP 应用开发，通过大量的实例，循序渐进地为读者介绍了 JSP 开发所涉及的各类知识。

作者结合多年的开发经验与教学经验，按照 Web 程序员的岗位能力要求和学生的认知规律，精心编排了本书的内容。全书共 11 章，包括 JSP 简介、HTML 基础、JSP 基本语法、JSP 内置对象、JavaBean 技术、Servlet 技术、JSP 数据库应用开发、JavaScript、JSP 与 AJAX、EL 与 JSTL 和 JSP 综合开发实例。

本书内容通俗易懂，结构安排合理，特别适合作为 JSP 初学者学习 JSP 程序设计的教材，也可供 JSP 应用开发人员参考。

图书在版编目(CIP)数据

基于新信息技术的 JSP 程序设计基础 / 苏秀芝，马庆，左国才主编. —西安：西安电子科技大学出版社，2022.8

ISBN 978-7-5606-6566-5

Ⅰ. ①基…　Ⅱ. ①苏…　②马…　③左…　Ⅲ. ①JAVA 语言—网页制作工具
Ⅳ. ①TP312.8　②TP393.092.2

中国版本图书馆 CIP 数据核字(2022)第 127621 号

策　　划　杨丕勇
责任编辑　杨丕勇
出版发行　西安电子科技大学出版社(西安市太白南路 2 号)
电　　话　(029)88202421　88201467　　邮　　编　710071
网　　址　www.xduph.com　　电子邮箱　xdupfxb001@163.com
经　　销　新华书店
印刷单位　咸阳华盛印务有限责任公司
版　　次　2022 年 8 月第 1 版　　2022 年 8 月第 1 次印刷
开　　本　787 毫米×1092 毫米　1/16　印　张　19
字　　数　450 千字
印　　数　1～3000 册
定　　价　49.00 元

ISBN 978-7-5606-6566-5 / TP

XDUP 6868001-1

如有印装问题可调换

前　言

随着 Internet 的飞速发展和 Java 技术的广泛应用，越来越多的人开始重视并学习 Java 这一强大的编程语言。

Java 的初期应用主要集中在客户端，而 Web 服务器传统上使用的是 C、Perl 及 CGI 等开发技术。这些开发技术使用难度大，开发效率和安全性都比较低。后来，ASP(Active Server Pages)、PHP(Hypertext Preprocessor)和 JSP(Java Server Pages)等一系列动态网页技术逐渐代替了 Perl 和 CGI，其中 JSP 是这些新生技术中优秀的代表。

JSP 是非常重要的动态 Web 开发技术，它充分继承了 Java 的众多优势，比如“一次编写，处处运行”、高效的性能以及强大的可扩展能力，又加上结合了 JavaBean 和 Servlet 技术，因此 JSP 技术较其他 Web 开发技术有着得天独厚的优势。几乎所有的 Java Web 应用都是使用 JSP 技术开发的。

为适应本科、高职高专院校计算机类相关专业 JSP 程序设计课程的需要，培养既有深厚理论知识又有丰富实践能力的高技能人才，我们编写了本书。本书内容丰富，涵盖了 JSP 开发技术的各项基本技能知识。在内容编写上，注意实用性，将实例融入知识点中；在内容安排上，注意由易到难，深入浅出，提供多种实例，有助于学生系统地掌握 JSP 程序设计理论和技术。

本书共 11 章。第 1 章介绍了 JSP 技术，通过实例使读者对 JSP 程序有一个感性的认识，还介绍了如何构建 JSP 开发环境，包括 JDK 和 Tomcat 的配置、JSP 集成开发工具的选择等。第 2 章介绍了 HTML 基础知识。第 3 章至第 7 章循序渐进地介绍了 JSP 的核心内容，包括 JSP 基本语法、JSP 内置对象、JavaBean 技术、Servlet 技术、JSP 数据库应用开发等知识。第 8 章介绍了 JavaScript 技术。第 9 章介绍了 AJAX 技术。第 10 章介绍了 JSTL，包括 EL 表达式。第 11 章是 JSP 综合开发实例，通过三个实例将各章节知识点融会贯通。

本书由富有多年程序开发经验与教学经验的多位高校教师共同编写。苏秀芝、马庆、左国才共同担任本书的主编，其中苏秀芝负责拟定和编写大纲以及统稿工作，并编写了第 1 至第 10 章内容以及第 11 章的部分内容，马庆、左国才共同编写了第 11 章的部分内容。参与本书编写和核定工作的还有刘群、谢钟扬、左向荣三位老师，他们共同担任本书的副主编。

由于编者水平有限，书中难免有不妥之处，恳请广大读者批评指正，提出宝贵意见和建议。编者邮箱为 suxiuzhi888@163.com。

编　者

2022 年 3 月

目　　录

第 1 章

JSP 简介

JSP(Java Server Pages)技术是由 Sun 公司发布的用于开发动态 Web 应用的一项技术。它以简单易学、跨平台的特性，在众多动态 Web 应用程序设计语言中异军突起，已经形成了一套完整的规范，并广泛应用于各个领域中。在我国，JSP 得到了很好的发展，越来越多的动态网站开始采用 JSP 技术。本章将对 JSP 及其相关技术进行简要介绍。

1.1　HTTP

HTTP(Hypertext Transfer Protocol，超文本传送协议)是 WWW 服务器使用的主要协议，对 HTTP 细节的理解是编写 JSP 或 Java 小程序的开发人员必须具备的。图 1-1 展示了 HTTP 请求和响应，即客户端与服务器端通过 HTTP 简单通信的过程。

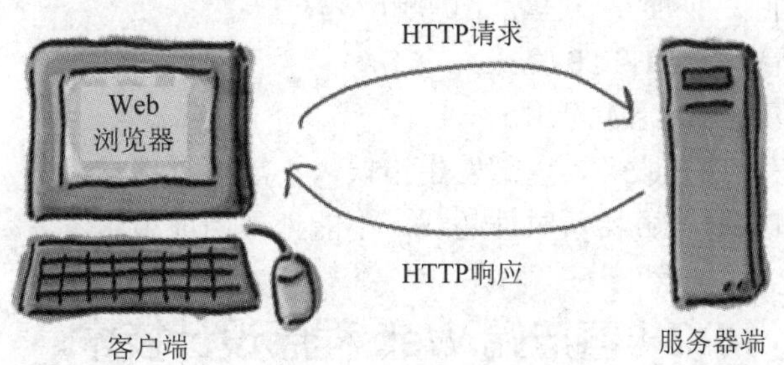

图 1-1　HTTP 请求和响应

1.1.1　HTTP 的基本概念

HTTP 是一个客户端和服务器端请求和应答的标准。客户端通常是终端用户，服务器端通常是网站。通过使用 Web 浏览器或者其他工具，客户端发起一个到服务器上指定端口(默认端口为 80)的 HTTP 请求。

HTTP 定义了一个客户端/服务器结构的简单事务处理。这个简单事务处理由以下几个部分组成：

(1) 客户与服务器建立连接。

(2) 客户向服务器提交请求。

(3) 如果请求被接受，那么服务器回送一个应答。

(4) 客户或服务器断开连接。

1.1.2 HTTP 的特点

HTTP 的基本特点如下：

(1) 简单：服务器可迅速作出对浏览器的应答。

(2) 无状态：一个请求到另一个请求不保留任何有关连接的信息。

(3) 灵活：允许传送任意类型的数据对象。

(4) 无连接：HTTP 是一个无连接协议。

HTTP 的缺点是每次连接 HTTP 只完成一次请求。若服务器的一个 HTML(Hypertext Marked Language)文件中有许多图像，则每传送一个图像都要单独建立一次连接。

一个 HTTP 请求包含请求方法(Request Method)、请求 URL、请求头字段(Header Field)和请求体。HTTP1.1 定义了以下请求方法：

(1) GET：获取由请求 URL 标识的资源。

(2) HEAD：返回由 URL 标识的头信息。

(3) POST：向 Web 服务器发送无限制长度的数据。

(4) PUT：存储一个资源到请求的 URL。

(5) DELETE：删除由 URL 标识的资源。

(6) OPTIONS：返回服务器支持的 HTTP 方法。

(7) TRACE：返回 TRACE 请求附带的头字段。

一个 HTTP 响应包括响应码、头字段和响应体。HTTP 要求响应码和所有的头字段都在任何响应体之前返回。下面是一些常用的响应码：

(1) 401：指示请求需要 HTTP 验证。

(2) 404：指示请求的资源不可用。

(3) 500：指示在 HTTP 服务器内部发生错误，不能执行请求。

(4) 503：指示 HTTP 服务器暂时性超载，不能处理当前请求。

1.2 客户端 Web 程序设计技术

Web 浏览器现已成为深受大多数用户喜爱的用户界面。虽然 Web 浏览器与传统的 GUI 界面有一定的差距，但它提供了一种独立而又简单的方法来访问分布式资源，尤其是 Internet 资源。越来越多的客户端 Web 程序扩展技术变得更加成熟，出现了包括 CSS(Cascading Style Sheets)、JavaScript、jQuery、动态 HTML 等技术在内的客户端 Web 程序设计技术，它们的相互结合使得 Web 程序更加迷人。下面简单介绍几种常用的客户端 Web 程序设计技术。

1.2.1 CSS

CSS 称为层叠样式表，是动态 HTML(DHTML)技术的一个部分，但其可以与 HTML 结合使用。CSS 利用各式的范本样式来辅助 HTML，其语法简洁，可以方便地控制 HTML

标记，且其最大的特点是可以将内容(HTML)与格式分开处理(以 .css 为后缀存储成一个独立的文件)。

CSS 为 HTML 标记语言提供了一种样式描述，定义了其中元素的显示方式。CSS 在 Web 设计领域是一个突破。利用它可以实现只需修改一个小的样式即可更新与之相关的所有页面元素。

CSS 对开发者构建 Web 站点的影响很大，并且这种影响可能是无止境的。将网页的大部分甚至全部的表示信息从 HTML 文件中移出，并将它们保留在一个样式表中有诸多优点，如减小文件存储空间、节省网络带宽以及易于维护等。此外，站点的表示信息和核心内容相分离，使得站点的设计人员能够在短暂的时间内对整个网站进行各种各样的修改。

CSS 简化了网页的格式代码，外部的样式表还会被浏览器保存在缓存中，加快了下载速度，也减少了需要上传的代码数量(因为重复设置的格式只被保存一次)。只要修改保存着网站格式的 CSS 样式表文件就可以改变整个站点的风格特色，不用逐个修改网页，这在修改页面数量庞大的站点时格外有用。

1.2.2　JavaScript

JavaScript 是最早用于浏览器的一种具有通用目的、动态的客户端脚本语言。JavaScript 于 1995 年由 Netscape 公司发布，初期被称为 LiveScript，后来改名为 JavaScript。Netscape 公司与 Java 的开发商 Sun 公司在同一年发表了一项声明，声明中指出 Java 和 JavaScript 互相补充，它们是截然不同的技术，这样才纠正了很多人对这两项技术的错误理解。

JavaScript 为创建用户界面控件提供了一种脚本语言。事实上，JavaScript 在浏览器中插入了代码逻辑，它可以实现光标在 Web 页的某个位置移动时验证用户输入或者变换图像的效果。

Microsoft 也编写了自己的 JavaScript 版本并将其称为 JScript。Microsoft 和 Netscape 都支持一种围绕 JavaScript 和 JScript 的核心特性并由 ECMA(European Computer Manufacturers Association)标准组织控制的脚本语言标准。ECMA 将其脚本语言命名为 ECMAScript。

1.2.3　jQuery

jQuery 是一个快速、简洁的 JavaScript 框架，是继 Prototype 之后又一个优秀的 JavaScript 代码库(或 JavaScript 框架)。jQuery 设计的宗旨是“Write Less，Do More”，即倡导“写更少的代码，做更多的事情”。它封装 JavaScript 常用的功能代码，提供一种简便的 JavaScript 设计模式，优化 HTML 文档操作、事件处理、动画设计和 AJAX 交互。

jQuery 的核心特性可以总结为：具有独特的链式语法和短小清晰的多功能接口；具有高效灵活的 CSS 选择器，并且可对 CSS 选择器进行扩展；拥有便捷的插件扩展机制和丰富的插件。jQuery 兼容各种主流浏览器，如 IE 6.0+、FF 1.5+、Safari 2.0+、Opera 9.0+等。

1.2.4　动态 HTML

动态 HTML(DHTML)支持 JavaScript 和 Java 等多项技术，但其最引人注目的特性是层叠样式表(CSS)。层叠样式表可以帮助页面开发人员将显示元素从内容元素中分离出来。例如，与图书和杂志的页面布局相似的纯粹像素布局就需要层叠样式表。层叠样式表还支持颜色、字体规范、显示图层和页边空白这样的页面元素特征。

动态 HTML 文档对象模型(Document Object Model，DOM)使网页制作者可以直接以可编程的方式访问 Web 文档上每个独立的部分，而不论被访问的是元素还是容器。这种访问方式包括事件模型。事件模型使浏览器可对用户输入作出反应，通过执行脚本，不需要从服务器下载一个新的页面就可以根据用户输入显示新的内容。动态 HTML 文档对象模型(DHTML DOM)以一种便捷的方式为广大普通网页制作者提供了丰富的网页交互性。

1.3 JSP 与其他动态网页技术

JSP 技术可以以一种简捷而快速的方法生成 Web 页面。使用 JSP 技术的 Web 页面可以很容易地显示动态内容。JSP 技术的设计目的是使构造基于 Web 的应用程序更加容易和快捷，而这些应用程序能够与各种 Web 服务器、应用服务器、浏览器和开发工具共同工作。

JSP 技术不是唯一的动态网页技术，也不是第一个动态网页技术，在 JSP 技术出现之前就已经存在几种优秀的动态网页技术，如 CGI、ASP 等。下面结合这些技术介绍动态网页技术的发展和 JSP 技术的诞生。

1.3.1 JSP 的开发背景

在万维网(WWW)短暂的历史中，它从一个大部分显示静态信息的网络演化到对数据进行操作的基础设施。在各种各样的应用程序中，对于可能使用的基于 Web 的客户端，看上去没有任何限制。

相比传统的基于客户端/服务器的应用程序，基于浏览器客户端的应用程序的优势在于几乎没有限制客户端访问和极其简化的应用程序部署及管理(要更新一个应用程序，管理人员只需要更改一个基于服务器的程序，而不是成千上万个安装在客户端的应用程序)。因此，软件工业得以迅速向建造基于浏览器客户端的多层次应用程序迈进。

这些快速发展的、基于 Web 的应用程序要求开发技术上的改进。静态 HTML 对于显示相对静态的内容是不错的选择；新的挑战在于创建交互的基于 Web 的应用程序，在这些程序中，页面的内容是基于用户的请求或者系统的状态，而不是预先定义的文字。

对于这个问题的一个早期解决方案是使用 CGI-BIN 接口。开发人员编写与接口相关的单独的程序以及基于 Web 的应用程序，后者通过 Web 服务器来调用前者。这个方案存在严重的扩展性问题——每个新的 CGI 要求在服务器上新增一个进程。如果多个用户同时访问该程序，那么这些进程将消耗该 Web 服务器所有的可用资源，并且极大程度地降低系统性能。

后来某些 Web 服务器供应商尝试通过为他们的服务器提供“插件”和 API 来简化 Web 应用程序的开发。但这些解决方案是与特定的 Web 服务器相关的，不是面向多个供应商的解决方案。例如，微软的 Active Server Pages(ASP)技术使得在 Web 页面上创建动态内容更加容易，但也只能工作在微软的 IIS 和 Personal Web Server 上。

此外，还存在其他解决方案，但都不是一个普通的页面设计者容易掌握的。例如，Java Servlet 可以使得用 Java 语言编写交互应用程序的服务器端的代码变得容易。开发人员能够编写出这样的 Servlet，以接收来自 Web 浏览器的 HTTP 请求，动态地生成响应(可能要查询数据库来完成这项请求)，然后发送包含 HTML 或 XML 文档的响应到浏览器。采用这种方法，整个网页必须都在 Java Servlet 中制作。如果开发人员或者 Web 管理人员想要调整页面显示，即使在逻辑上已经能够运行了，仍不得不编辑并重新编译该 Java Servlet。采用这种方法，生成带有动态内容的页面仍然需要应用程序的开发技巧。

很显然，在业界范围内迫切需要一个动态内容页面的解决方案。这个方案将突破当前方案所受到的限制，具体如下：

(1) 能够在任何 Web 或应用程序服务器上运行。

(2) 将应用程序逻辑和页面显示分离。

(3) 能够快速地进行开发和测试。

(4) 简化开发基于 Web 的交互式应用程序的过程。

JSP 技术就被设计用来满足这样的要求。JSP 规范是 Web 服务器、应用服务器、交易系统以及开发工具供应商之间广泛合作的结果。Sun 公司开发出这个规范来整合和平衡已经存在的支持 Java 编程环境(如 Java Servlet 和 JavaBean)的技术和工具。其结果是产生了一种新的开发基于 Web 应用程序的方法，该方法可为使用基于组件应用逻辑的页面设计者提供强大的功能。

1.3.2　CGI

CGI 的英文全称是 Common Gateway Interface，通常翻译为通用网关接口，是 HTTP 服务器与机器上的其他程序进行通信的一个接口。这个"其他程序"可以使用任何计算机语言来编写，它通过 CGI 从 HTTP 服务器获得输入，然后把运行的结果又通过 CGI 传给 HTTP 服务器，而 HTTP 服务器把结果发送给浏览器。

CGI 的优点如下：

(1) CGI 可以提供许多 HTML 无法实现的功能。例如：① 一个计数器；② 顾客信息表格的提交以及统计；③ 搜索程序；④ Web 数据库。用 HTML 是无法记录用户的任何信息的，即使用户愿意公开。用 HTML 也无法把信息记录到某一个特定文件中。要把客户端的信息记录在服务器的硬盘上，就要用到 CGI。这是 CGI 最重要的作用，它补充了 HTML 的不足。但仅仅是补充，而不是替代。

(2) CGI 使在网络服务器下运行外部应用程序(或网关)成为可能。CGI-BIN 目录是存放 CGI 脚本的地方。这些脚本使 Web 服务器和浏览器能运行外部程序，而无需启动另一个程序。

(3) CGI 是运行在 Web 服务器上的一个程序，并由来自于浏览者的输入触发。CGI 是在 HTTP 服务器下运行外部程序(或网关)的一个接口，它能让网络用户访问远程计算机上可以使用的程序，就好像网络用户在实际使用那些远程计算机一样。

(4) CGI 能够让浏览者与服务器进行交互。

(5) CGI 应用程序可以独立运行。

CGI 应用程序可以由大多数编程语言编写，如 Perl(Practical Extraction and Report Language)、C/C++、Java 和 Visual Basic 等。不过对于那些没有太多编程经验的网页制作者来说，这实在是一个不小的难题。

在 Web 流行初期，随着 Web 越来越普及，很多网站都需要有动态页面，以便与浏览者交互。CGI 的出现让 Web 实现了从静态变为动态，但同时 CGI 方式的缺点也越来越突出。因为 HTTP 要生成一个动态页面，系统就必须启动一个新的进程以运行 CGI 程序，这是很消耗时间和资源的。如果能够让 HTTP 服务器本身就支持一种语言，用这个语言编写动态页面，则至少不需要 fork()函数。因此出现了一种动态网页设计语言。

1.3.3 ASP

ASP 是一种可以动态产生网页内容的技术。它可以在 HTML 程序代码中内嵌一些脚本语言(Scripting Language)，如 JavaScript 和 VBScript。只要服务器端安装了适当的编译程序引擎，服务器便可以调用此编译程序来执行脚本语言，然后将结果传送到客户端的浏览器上。ASP 向用户提供的制作网页的功能和 SSI 或 CGI 应用程序非常相似。虽然 ASP 的功能非常优越，但它只有微软公司的 NT 平台支持 IIS(Internet Information Server)，这是它的弱点。

ASP 的语言特点如下：

(1) 用 VBScript、JavaScript 等简单容易的脚本语言，结合 HTML 代码，即可快速完成网站的应用程序，实现动态网页技术。

(2) ASP 文件是包含在由 HTML 代码所组成的文件中的，易于修改和测试，无需编译或链接就可以解释并执行。

(3) ASP 所使用的脚本语言均在 Web 服务器端执行，服务器上的 ASP 解释程序会在服务器端执行 ASP 程序，并将结果以 HTML 格式传送到客户端浏览器上。

(4) ASP 提供了一些内置对象，使用这些对象可以使服务器端脚本功能更强。

(5) ASP 可以使用服务器端 Active X 组件来执行各种各样的任务，如存取数据库、发送 E-mail 或访问文件系统等。

(6) 由于服务器将 ASP 程序执行的结果以 HTML 格式传回客户端浏览器，因此使用者不会看到用 ASP 所编写的原始程序代码，可防止 ASP 程序代码被窃取。

1.3.4 PHP

PHP 初创于 1994 年，到现在已经发展到 4.0 版本，是广泛应用于 Linux 的服务端脚本语言。它是由 Apache Win 32 制作的，使用起来方便快捷。

由于 Web 服务器价格非常昂贵，而 Apache 不仅可以免费使用，公开源代码，而且性能优越，所以它是一款很有魅力的产品。现在许多网站使用 Apache，而使用 Apache 的网站通常又会使用 PHP，所以 PHP 得到了广泛的应用。但它有一个很明显的弱点，因为它必须和 Apache 一起才能使用。

PHP 的特点如下：

(1) PHP 独特的语法混合了 C、Java、PERL 以及 PHP 自创新的语法。

(2) PHP 可以比 CGI 或者 PERL 更快速地执行动态网页，与其他编程语言相比，PHP 是将程序嵌入 HTML 文档中去执行的，执行效率比完全生成 HTML 标记的 CGI 要高许多。

(3) PHP 具有非常强大的功能，CGI 所有的功能都可用 PHP 实现。

(4) PHP 支持几乎所有流行的数据库以及操作系统。

(5) PHP 可以用 C、C++语言进行程序的扩展。

1.4 JSP 的运行原理与优点

本节将简单介绍 JSP 的运行原理与优点。

1.4.1　JSP的运行原理

JSP的运行原理如图1-2所示。

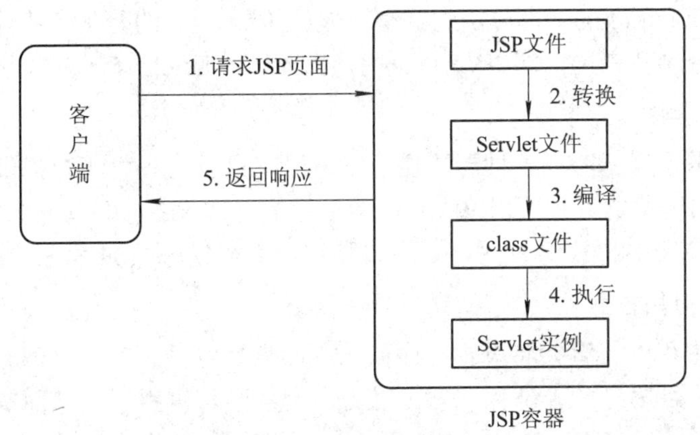

图1-2　JSP的运行原理

在一个JSP程序文件第一次被请求时，JSP引擎(容器)把该JSP程序文件转换成为一个Servlet。而这个引擎本身也是一个Servlet。JSP的运行过程如下：

(1) 客户端请求JSP程序文件，通常是用户在浏览器输入URL并按回车键。

(2) Web服务器(如Tomcat等)收到请求后查找服务端的JSP程序文件。找到JSP程序文件后，JSP引擎先把该JSP程序文件转换成一个Java源文件(Servlet)。在转换时如果发现JSP程序文件有任何语法错误，则转换过程中断，并向服务端和客户端输出出错信息。

(3) 如果转换成功，则JSP引擎用javac命令把该Java源文件编译成相应的class文件。

(4) 执行class文件，创建一个该Servlet(JSP页面的转换结果)的实例，该Servlet的jspInit()方法被执行，jspInit()方法在Servlet的生命周期中只执行一次。jspService()方法被调用以处理客户端的请求。对每一个请求，JSP引擎创建一个新的线程来处理该请求。如果有多个客户端同时请求该JSP程序文件，则JSP引擎会创建多个线程，每个客户端请求对应一个线程。以多线程方式执行可以大大降低对系统的资源需求，提高系统的并发量及响应时间。但也应该注意多线程的编程限制，由于该Servlet始终驻于内存，因此响应是非常快的。

(5) 将响应返回客户端。

1.4.2　JSP的优点

基于Java语言的JSP技术具有很多其他动态网页技术所没有的优点，具体表现在以下几个方面。

1. 简便性和有效性

JSP动态网页的编写与一般的静态HTML网页的编写是十分相似的。只是在原来的HTML网页中加入一些JSP专有的标签或脚本程序(此项不是必须有的)。这样，一个熟悉HTML网页编写的设计人员可以很容易进行JSP网页的开发，而且开发人员完全不必自己编写脚本程序，而只需通过JSP独有的标签使用别人已写好的部件即可实现动态网页的编写。因此，一个不熟悉脚本语言的网页开发者，完全可以利用JSP做出漂亮的动态网页，而这在其他的动态网页开发中是不可实现的。

2. 程序的独立性

JSP是Java API家族的一部分，它拥有一般的Java程序的跨平台特性。换句话说，就是拥有程序对平台的独立性，即“Write once，Run anywhere!”(一次编写，处处运行)。

3. 程序的兼容性

JSP中的动态内容能够以各种形式显示，所以它可以为各种用户提供服务，即从使用HTML/DHTML的浏览器，到使用WML的各种手提无线设备(如移动电话和个人数字设备PDA)，再到使用XML的B2B应用，都可以使用JSP的动态页面。

4. 程序的可重用性

在JSP页面中可以不直接将脚本程序嵌入，而只是将动态的交互部分作为一个部件加以引用。这样，一旦写好一个部件，它可以为多个程序重复引用，从而实现了程序的可重用性。现在，大量的标准JavaBeans程序库就是一个很好的例证。

1.5 JSP的运行环境

从开始的JSWDK到现在的Tomcat、WebLogic等，JSP的运行环境有了很大的变化，出现了很多优秀的JSP容器。下面简单介绍几种常用的JSP容器及其特点。

1.5.1 Tomcat

Tomcat是Apache软件基金会(Apache Software Foundation)的Jakarta项目中的一个核心项目，它由Apache、Sun和其他一些公司及个人共同开发而成。由于有了Sun公司的参与和支持，最新的Servlet和JSP规范总是能在Tomcat中得到体现。因为Tomcat技术先进、性能稳定而且免费，所以深受Java爱好者的喜爱并得到了部分软件开发商的认可，成为目前比较流行的Web应用服务器。

Tomcat服务器是一个免费的开放源代码的Web应用服务器，属于轻量级应用服务器，在中小型系统和并发访问用户不是很多的场合下被普遍使用，是开发和调试JSP程序的首选。对于一个初学者来说，可以这样认为，在一台机器上配置好Apache服务器，就可利用它响应HTML(标准通用标记语言下的一个应用)页面的访问请求。实际上Tomcat是Apache服务器的扩展，但它是独立运行的，所以当运行Tomcat时，它实际上作为一个对Apache独立的进程单独运行。

Apache为HTML页面服务，而Tomcat实际上运行JSP页面和Servlet。另外，同IIS等Web服务器一样，Tomcat具有处理HTML页面的功能，它还是一个Servlet和JSP容器，独立的Servlet容器是Tomcat的默认模式。不过，Tomcat处理静态HTML的能力不如Apache服务器。目前Tomcat的版本为9.0。

1.5.2 WebLogic

WebLogic是美国Oracle公司出品的一个应用服务器，确切地说，是一个基于JavaEE

架构的中间件，是用于开发、集成、部署和管理大型分布式Web应用、网络应用和数据库应用的Java应用服务器。它将Java的动态功能和Java Enterprise标准的安全性引入大型网络应用的开发、集成、部署和管理之中。

WebLogic是Oracle的主要产品之一，也是市场上主要的Java(J2EE)应用服务器(Application Server)软件之一，同时还是世界上第一个成功商业化的J2EE应用服务器。而此产品也延伸出WebLogic Portal、WebLogic Integration等企业用的中间件(但当下Oracle主要以Fusion Middleware融合中间件来取代这些WebLogic Server之外的企业包)以及OEPE(Oracle Enterprise Pack for Eclipse)开发工具。

1.5.3　IBM WebSphere

WebSphere是IBM的软件平台。它包含了编写、运行和监视全天候的、工业强度的随需应变Web应用程序，以及跨平台、跨产品解决方案所需要的整个中间件基础设施，如服务器、服务和工具。WebSphere提供了可靠、灵活和健壮的软件。

WebSphere Application Server是该设施的基础，其他所有产品都在它之上运行。WebSphere Process Server基于WebSphere Application Server和WebSphere Enterprise Service Bus，为面向服务的体系结构(SoA)的模块化应用程序提供了基础，并支持应用业务规则，以驱动支持业务流程的应用程序。高性能环境还使用WebSphere Extended Deployment作为其基础设施的一部分。其他WebSphere产品提供了广泛的其他服务。

WebSphere是一个模块化的平台，基于业界支持的开放标准。它可以通过受信任的接口，将现有资产插入WebSphere，也可以继续扩展环境。WebSphere可以在许多平台上运行，包括Intel、Linux和z/OS。

WebSphere是随需应变的电子商务时代的最主要的软件平台，可用于企业开发、部署和整合新一代的电子商务应用，如B2B，支持从简单的网页内容发布到企业级事务处理的商业应用。WebSphere可以创建电子商务站点，把应用扩展到联合的移动设备，整合已有的应用并提供自动业务流程。

1.6　开发JSP应用程序

前面介绍了JSP的相关知识，下面实际开发一个简单的JSP应用程序。

1.6.1　安装JDK

J2sdk是Java语言的编译环境，可以从Sun公司的网站上免费下载。其下载地址为“http://www.oracle.com/technetwork/java/javase/downloads/jdk7-downloads-1880260. html”。

把Java开发工具(Java Developmont Kit，JDK)下载后执行安装程序，假定安装目录为“e:\Program Files\Java\jdk1.8.0_121”，把这个目录设定为JAVA_HOME。

安装完成后，需要做一些配置工作，JDK才能开始正常工作，可以按照下面介绍的步骤配置JDK：

(1) 在桌面上右击“我的电脑”，选择“属性”命令，在出现的对话框中选择“高级”选项卡，然后单击“环境变量”按钮，出现如图1-3所示的窗口。

(2) 检查“系统变量”中是否有 Path 变量。如果没有，则新建一个名为“Path”的变量，如图 1-4 所示，并添加路径为“e:\Program Files\Java\jdk1.8.0_121\bin;”；如果有，则在原有路径的末尾添加路径为“e:\Program Files\Java\jdk1.8.0_121\bin;”。

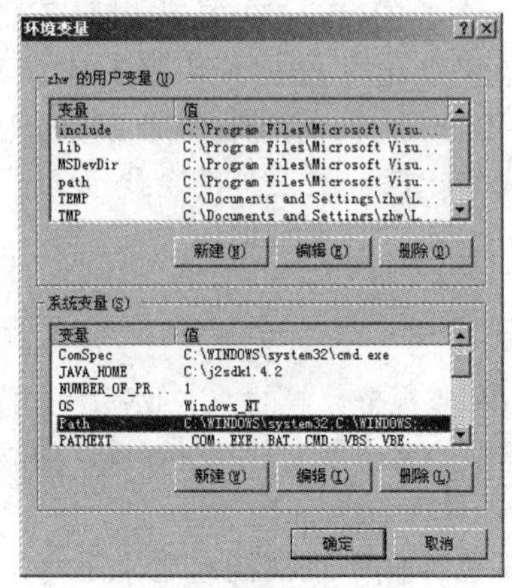

图 1-3　环境变量设置

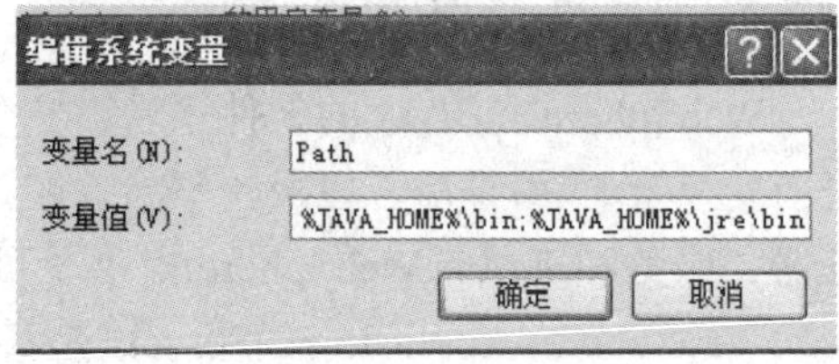

图 1-4　新建“Path”变量

(3) 单击“确定”按钮，保存所做的修改。

(4) 新建一个系统变量，名为“JAVA_HOME”，变量值为“e:\Program Files\Java\jdk1.8.0_121”，如图 1-5 所示。

(5) 新建一个系统变量，名为“CLASSPATH”，变量值为“.; %JAVA_HOME%\lib; %JAVA_HOME%\lib\tools.jar”，如图 1-6 所示。

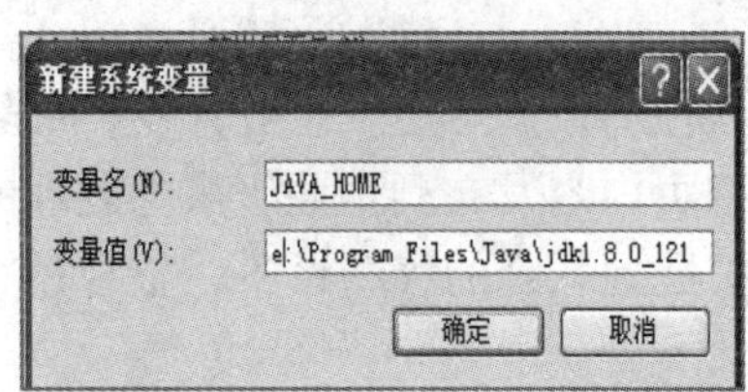

图 1-5　新建“JAVA_HOME”变量

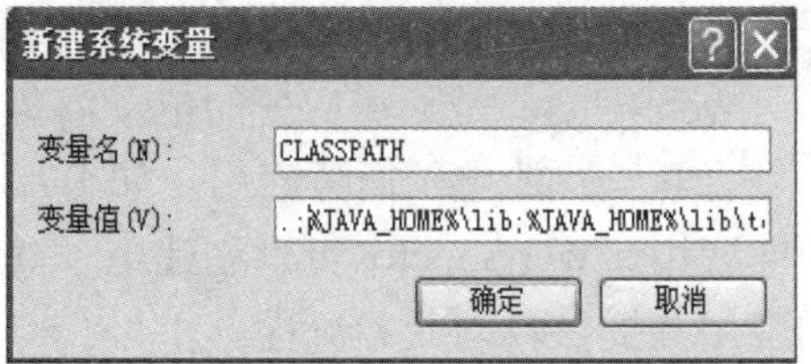

图 1-6　新建“CLASSPATH”变量

注意:

CLASSPATH 变量的值必须以“.;”开头。

下面编写一个简单的 Java 程序测试 JDK 的安装。程序代码如下：

```
public class HelloWorld{
    public static void main(String args[]){
        System.out.println("Hello JDK");}
}
```

把这个文件保存为 HelloWorld.java，然后在 HelloWorld.java 文件所在的目录执行以下命令：

```
javac HelloWorld.java
java HelloWorld
```

程序的运行结果如图 1-7 所示。

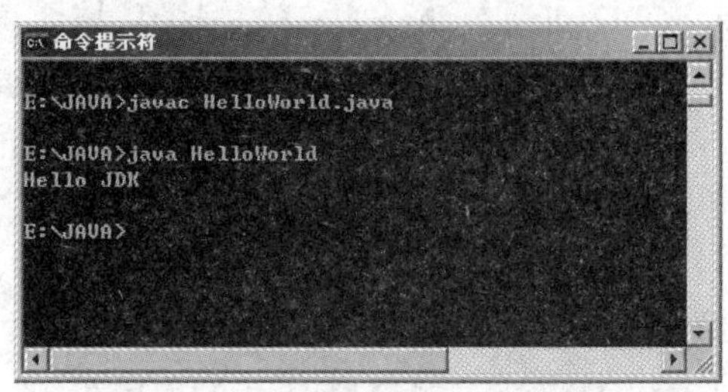

图 1-7　JDK 安装测试结果

如果运行结果与图 1-7 一样输出了“Hello JDK”字符串，就表明 JDK 安装配置成功了；如果提示错误或者输出不正确，请检查配置的过程是否与上面介绍的一样。

1.6.2　安装 Tomcat

只有在确保 JDK 安装正确的情况下才可以安装 Tomcat。Tomcat 提供了可执行程序的安装程序，可以从其官方网站免费下载。下载地址为“https://tomcat.apache.org/”。打开网页，如图 1-8 所示。

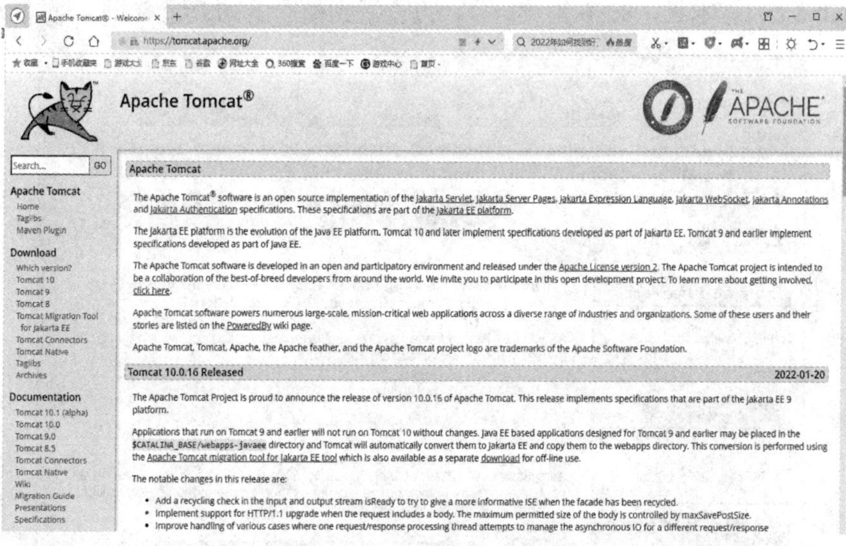

图 1-8　Tomcat 官方网站

单击“Download”下的“Tomcat 8”选项，进入下载页面，如图 1-9 所示。

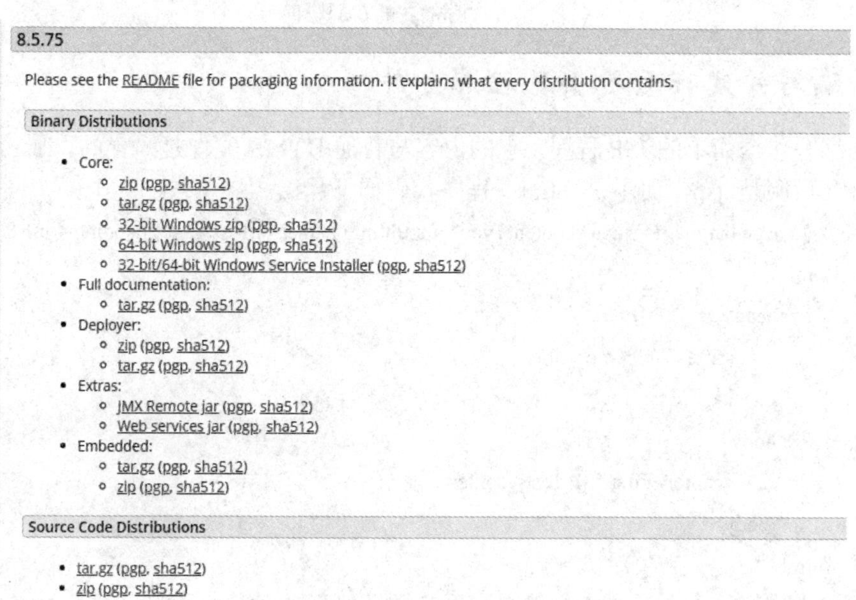

图 1-9　Tomcat 的下载页面

单击“Binary Distributions”下的“32-bit/64-bit Windows Service Installer”选项，下载Tomcat 8安装程序。

本书使用的版本是Tomcat 8，不同的版本其功能基本一致。执行Tomcat 8安装程序，使用默认设置就可以了。

在Windows系统中单击“开始”菜单，选择“所有程序”，然后选择“Apache Tomcat 8.0”命令，并选择“Configure Tomcat”命令，在弹出的对话框中单击“start”按钮，就可以启动Tomcat了。Tomcat启动完成后，在浏览器地址栏中输入地址：“http://localhost:8080/”，其中，localhost代表本机，8080是端口号，可以看到如图1-10所示Tomcat的欢迎页面。

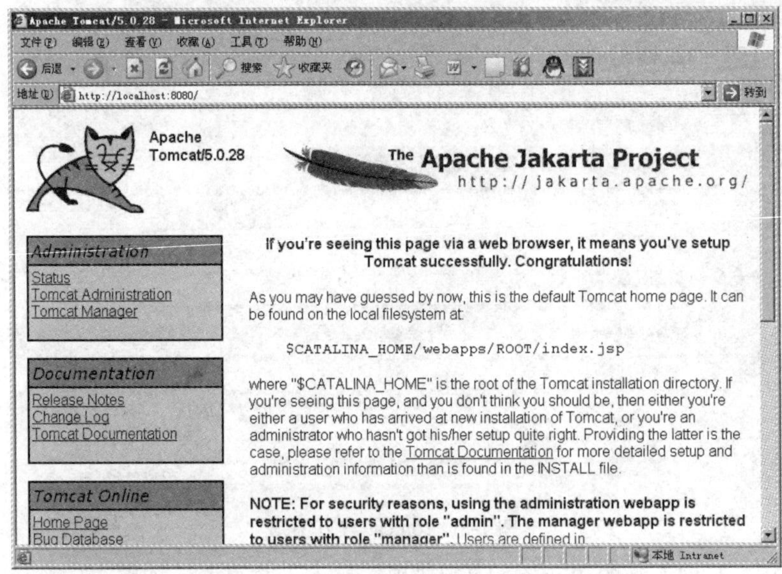

图1-10 Tomcat的欢迎页面

1.6.3 编写并发布运行JSP程序文件

下面编写一个简单的JSP程序，它的内容与普通HTML文件是一样的，唯一的区别就是其文件名后缀是.jsp，而不是.html。程序代码如下：

```
<%@ page language="java" contentType="text/html;charset=utf-8" pageEncoding="utf-8"%>
<html>
    <head>
        <title>Welcome</title>
    </head>
    <body>
        <center>First JSP Test</center>
    </body>
</html>
```

不可以双击firstjsp.jsp这个文件来查看它预期出现的效果，而应该把它发布到Tomcat的某个Web应用中才可以正确地查看。例如，把firstjsp.jsp文件复制到<TOMCAT_HOME>\

webapps\root 目录的新建文件夹 jsp-examples 下，然后在浏览器地址栏中输入地址：“http://localhost:8080/jsp-examples/firstjsp.jsp”，可以看到页面显示的效果如图 1-11 所示。

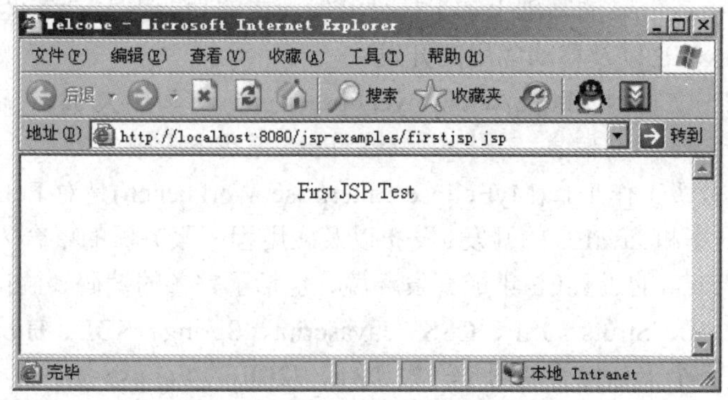

图 1-11　页面显示的效果

由图 1-11 可以看到，页面显示的效果和 HTML 文件的一样。对于编程而言，它只是把文件的扩展名改为 .jsp，但这样一个修改造成了根本的区别。当以 .html 为扩展名时，可以双击它使用 IE 浏览器打开；而以 .jsp 为扩展名时，必须通过 Tomcat(或者其他的 JSP 容器)解析后，才可以看到实际的页面效果。从这个例子可以看出，HTML 语言中的元素完全可以被 JSP 引擎解析。

事实上，JSP 只是在原有的 HTML 文件中加入了一些具有 Java 特点的代码，这些代码所独有的特点，成为 JSP 的语法元素。这些 JSP 的语法将在后面的章节中介绍。

1.7　集成开发环境

进行 JSP 程序开发使用的集成开发环境(IDE)主要有 Eclipse 和 MyEclipse。

1.7.1　Eclipse

Eclipse 是一个开放源代码的、基于 Java 的可扩展开发平台。就其本身而言，它只是一个框架和一组服务，用于通过插件组件构建开发环境。幸运的是，Eclipse 附带了一个标准的插件集，包括 Java 开发工具。Eclipse 的下载地址为“http://www.eclipse.org/downloads/”。

虽然大多数用户很乐于将 Eclipse 作为 Java 集成开发环境(IDE)来使用，但 Eclipse 的目标却不仅限于此。Eclipse 还包括插件开发环境(Plug-in Development Environment，PDE)，这个组件主要针对希望扩展 Eclipse 的软件开发人员，因为该组件允许构建与 Eclipse 环境无缝集成的工具。由于 Eclipse 中的每样东西都是插件，对于给 Eclipse 提供插件以及给用户提供一致和统一的集成开发环境而言，所有工具开发人员都具有同等的发挥场所。

尽管 Eclipse 是使用 Java 语言开发的，但它的用途并不限于 Java 语言。例如，支持诸如 C/C++、COBOL、PHP、Android 等编程语言的插件有的已经可用，有的预计将会推出。Eclipse 框架还可用来作为与软件开发无关的其他应用程序类型的基础，如内容管理系统。

基于 Eclipse 应用程序的一个突出例子是 IBM Rational Software Architect，它构成了 IBM Java 开发工具的基础。

1.7.2 MyEclipse

MyEclipse是在Eclipse的基础上加上插件开发而成的功能强大的企业级集成开发环境，主要用于 Java、JavaEE 以及移动应用的开发。

MyEclipse 的中文官网“http://www.myeclipsecn.com/”为广大 Java 开发者提供最专业的 Java IDE MyEclipse 中文信息，并提供 MyEclipse 免费下载服务。

MyEclipse 企业级工作平台(MyEclipse Enterprise Workbench)是对 EclipseIDE 的扩展，利用它可以在数据库和 JavaEE 的开发、发布以及应用程序服务器的整合方面极大地提高工作效率。它是功能丰富的 JavaEE 集成开发环境，包括了完备的编码、调试、测试和发布功能，完整支持 HTML、Struts、JSP、CSS、Javascript、Spring、SQL、Hibernate。

MyEclipse 是一个十分优秀的用于开发 Java、J2EE 的 Eclipse 插件集合。MyEclipse 的功能非常强大，支持也十分广泛，尤其对各种开源产品的支持相当不错。MyEclipse 可以支持 Java Servlet、AJAX、JSP、JSF、Struts、Spring、Hibernate、EJB3、JDBC 数据库链接工具等多项功能。可以说，MyEclipse 是几乎囊括了目前所有主流开源产品的专属 Eclipse 开发工具。

接下来介绍 MyEclipse 的快捷键。

1. MyEclipse 快捷键 1(Ctrl)

Ctrl + 1：快速修复。

Ctrl + L：定位在某行。

Ctrl + O：快速显示 OutLine。

Ctrl + T：快速显示当前类的继承结构。

Ctrl + W：关闭当前 Editor。

Ctrl + K：快速定位到下一个。

Ctrl + E：快速显示当前 Editor 的下拉列表。

Ctrl + J：查找正向增量。

Ctrl + Z：返回到修改前的状态。

Ctrl + Y：与前面的操作相反。

Ctrl + /：注释当前行，再按则取消注释。

Ctrl + D：删除当前行。

Ctrl + Q：定位到最后一次编辑处。

Ctrl + M：切换窗口的大小。

Ctrl + I：格式化激活的元素(Format Active Elements)。

Ctrl + F6：切换到下一个 Editor。

Ctrl + F7：切换到下一个 Perspective。

Ctrl+F8：切换到下一个 View。

2. MyEclipse 快捷键 2(Ctrl + Shift)

Ctrl+Shift+E：显示管理当前打开的所有 View 的管理器(可以选择关闭、激活等操作)。

Ctrl+Shift+/：自动注释代码。

Ctrl+Shift+\：自动取消已经注释的代码。

Ctrl+Shift+O：自动引导类包。

Ctrl+Shift+J：查找反向增量(与上一条相同，只不过是从后往前查)。

Ctrl+Shift+F4：关闭所有打开的 Editor。

Ctrl+Shift+X：把当前选中的文本全部变为大写。

Ctrl+Shift+Y：把当前选中的文本全部变为小写。

Ctrl+Shift+F：格式化当前代码。

Ctrl+Shift+M：(先把光标放在需要导入包的类名上)加 import 语句。

Ctrl+Shift+P：定位到对应的匹配符(如{})。

Ctrl+Shift+F：格式化文件(Format Document)。

Ctrl+Shift+O：缺少的 import 语句被加入，多余的 import 语句被删除。

Ctrl+Shift+S：保存所有未保存的文件。

Ctrl+Shift+/：在代码窗口中是/*~*/注释，在 JSP 程序文件窗口中是 <!--~-->。

Ctrl+Shift+Enter：在当前行插入空行。

3. MyEclipse 快捷键 3(Alt)

Alt+/：完成一些代码的插入，自动显示提示信息。

Alt+↓：当前行和下面一行交互位置(特别实用，可以省去先剪切再粘贴的步骤)。

Alt+↑：当前行和上面一行交互位置(同样，可以省去先剪切再粘贴的步骤)。

Alt+←：前一个编辑的页面。

Alt+？：帮助。

Alt+→：下一个编辑的页面。

Alt+Enter：显示当前选择资源(工程或文件)的属性。

4. MyEclipse 快捷键 4(Alt+Ctrl)

Alt+Ctrl+↓：复制当前行到下一行(复制增加)。

Alt+Ctrl+↑：复制当前行到上一行(复制增加)。

5. MyEclipse 快捷键 5(Alt+Shift)

Alt+Shift+R：重命名。

Alt+Shift+M：抽取方法。

Alt+Shift+C：修改函数结构(比较实用，若有 *N* 个函数调用了这个方法，则修改一次即可搞定)。

Alt+Shift+L：抽取本地变量。

Alt+Shift+F：把 Class 中的 local 变量变为 field 变量。

Alt+Shift+I：合并变量。

Alt+Shift+V：移动函数和变量。

Alt+Shift+Z：撤销重构(Undo)。

Alt+Shift+O(或单击工具栏中的“Toggle Mark Occurrences”按钮)：当单击某个标记时，可使本页面中其他地方的标记以黄色凸显，并且窗口的右边框会出现白色的方块，单击此方块会跳到标记处。

6. MyEclipse 快捷键 6

下面是常用的重构的快捷键(注：一般重构的快捷键都以 Alt+Shift 开头)：

F2：当鼠标放在一个标记处出现 Tooltip 时，按 F2，则把鼠标移开时 Tooltip 还会显示 Show Tooltip Description。

F3：跳到声明或定义的地方。

F5：单步调试进入函数内部。

F6：单步调试不进入函数内部。

F7：由函数内部返回到调用处。

F8：一直执行到下一个断点。

本章小结

本章介绍了 JSP 技术的前导知识、开发背景、运行原理与优点、运行环境的搭建等，并通过一个实例程序使读者简单体会 JSP 技术(本章的实例程序非常简单，并没有添加 JSP 技术的语法元素，JSP 技术的语法元素将在第 3 章中介绍)，最后简单介绍了 JSP 程序开发的集成开发环境。

习　题

1. 安装 Tomcat 引擎的计算机需要事先安装 JDK 吗？
2. 怎样启动和关闭 Tomcat 服务器?
3. Boy.jsp 和 boy.jsp 是否是相同的 JSP 程序文件名？
4. 如果想修改 Tomcat 服务器的端口号，应当修改哪个文件？能否将端口号修改为 80?
5. 简要描述 JSP 的运行原理。
6. 简要描述 JSP 的优点。
7. 编写一个 JSP 程序。在页面中输入系统时间，要求：输入系统时间时判断当前时间是“上午”“中午”还是“下午”，并给出友好的提示信息。例如，当前系统时间是上午时，在页面输出“早上好！新的一天即将开始，您准备好了吗？”；当前系统时间是中午时，在页面输出“午休时间！正午好时光！”；当前系统时间是下午时，在页面输出“下午继续努力工作吧！”。

第 2 章

HTML 基础

要让设计者在网络上发布的网页能够被世界各地的浏览者阅读，需要一种规范化的发布语言。在万维网上，发布文档的语言是 HTML(也可小写为 html)。HTML 即超文本标记语言，该文档有别于纯文本的单个文件的浏览形式。超文本文档中提供的超级链接能够让浏览者在不同的页面之间跳转。

标记语言是一种基于源代码解释的访问方式，它的源文件由一个纯文本文件组成，其代码由许多元素组成，而前台浏览器通过解释这些元素显示各种样式的文档。换句话说，浏览器就是把纯文本的后台源文件以赋有样式定义的超文本文件方式显示出来。

2.1　HTML 文件结构

HTML 文件结构如下：

```
<html>
  <head>
    <meta …>
    <title>…</title>
    ⋮
  </head>
  <body>
    ⋮
  </body>
</html>
```

一个 HTML 文件分为两部分：头和体。<head>和</head>之间是头部分，是关于整个页面的一些设置信息；<body>和</body>之间是体部分，是要在浏览器中显示的页面内容。

【例 2-1】 编写 html 文件，实现页面显示“这是一个简单的页面。”，如图 2-1 所示。

程序代码如下：

```
<html>
  <head>
    <meta http-equiv="Content-Type" content="text/html;charset=utf-8">
```

```
    <title>一个简单的页面</title>
  </head>
  <body>
    这是一个简单的页面。
  </body>
</html>
```

我们可以用文本编辑器(如记事本)编写这个文件，这个文件的后缀名必须是 .html 或 .htm，保存后可以用浏览器查看这个页面。

图 2-1　一个简单的页面

2.2 基本标签

2.2.1 分段

页面文字每一段的开始用标签<p>，结束用标签</p>。

【例 2-2】 编写 html 文件，实现分段，如图 2-2 所示。

程序代码如下：

```
<html>
  <head>
    <title>D:\chap2\b.html</title>
  </head>
  <body>
    <p>这是段落。</p>
    <p>这是段落。</p>
    <p>这是段落。</p>
    <p>段落元素由 p 标签定义。</p>
  </body>
</html>
```

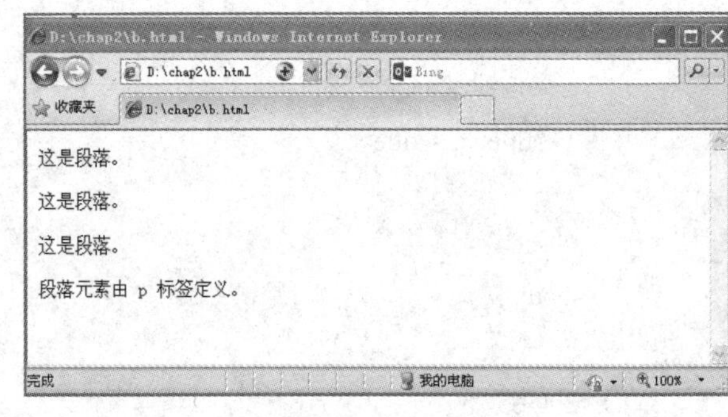

图 2-2　分段

2.2.2 字体

<h1>...</h1>、<h2>...</h2>……<h6>...</h6>分别是标题 1、标题 2……标题 6 的代码，把这些代码放到一个 HTML 文件的<body>和</body>之间，保存后就可以用浏览器看到效果。

【例 2-3】 编写 html 文件，使用标题字体，如图 2-3 所示，输出文本信息。

程序代码如下：

```
<html>
  <head>
    <meta http-equiv="Content-Type" content="text/html;charSet=utf-8">
    <title>一个简单的页面</title>
  </head>
  <body>
    <h1>这是标题 1 字体</h1>
    <h2>这是标题 2 字体</h2>
    <h3>这是标题 3 字体</h3>
    <h4>这是标题 4 字体</h4>
    <h5>这是标题 5 字体</h5>
    <h6>这是标题 6 字体</h6>
  </body>
</html>
```

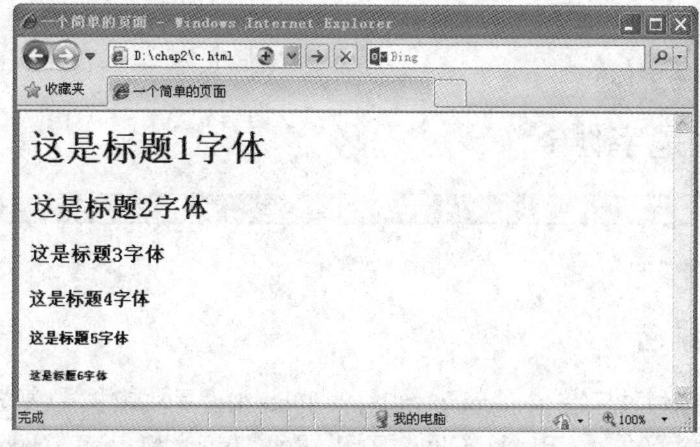

图 2-3　标题字体

2.2.3　字体大小

我们可以通过<font size ="#"> ... </font>标签来设置字体大小。下面是一个设置字体大小的例子。

【例 2-4】 编写 html 文件，用 font 标签来设置字体大小，如图 2-4 所示。

程序代码如下：

```
<html>
  <head>
    <meta http-equiv="Content-Type" content="text/html;charset=utf-8">
    <title>一个简单的页面</title>
```

```
    </head>
    <body>
      <p><font size=1>这是字体 1</font></p>
      <p><font size=2>这是字体 2</font></p>
      <p><font size=3>这是字体 3</font></p>
      <p><font size=4>这是字体 4</font></p>
      <p><font size=5>这是字体 5</font></p>
      <p><font size=6>这是字体 6</font></p>
    </body>
</html>
```

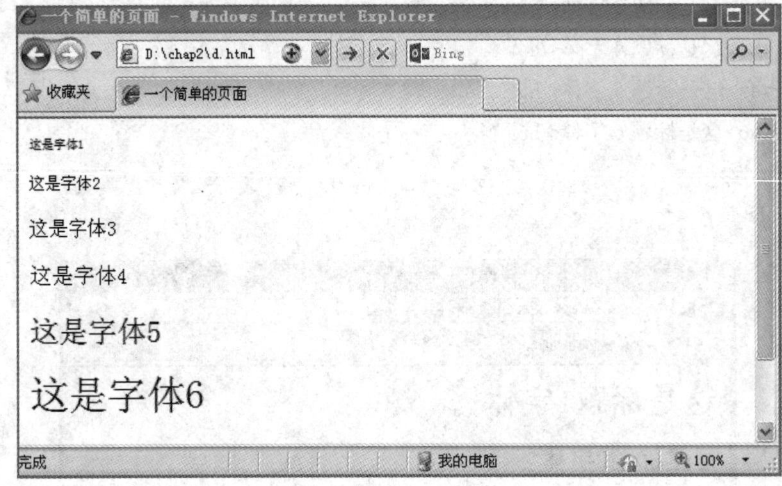

图 2-4　字体大小

2.2.4　字体颜色

字体颜色可以通过标签<font color="#"> ... </font>来设置，其中，# 是 rrggbb(十六进制数码)，或者是预定义色彩：Black、Olive、Teal、Red、Blue、Maroon、Navy、Gray、Lime、Fuchsia、White、Green、Purple、Silver、Yellow、Aqua。

【例 2-5】 编写 html 文件，设置字体颜色，如图 2-5 所示。

程序代码如下：

```
<html>
  <head>
    <meta http-equiv="Content-Type" content="text/html;charset=utf-8">
    <title>一个简单的页面</title>
  </head>
  <body>
    <p><font color="00ff00">这是绿色</font></p>
    <p><font color="green">这是绿色</font></p>
```

```
      <p><font color="red">这是红色</font></p>
      <p><font color="purple">这是紫色</font></p>
    </body>
  </html>
```

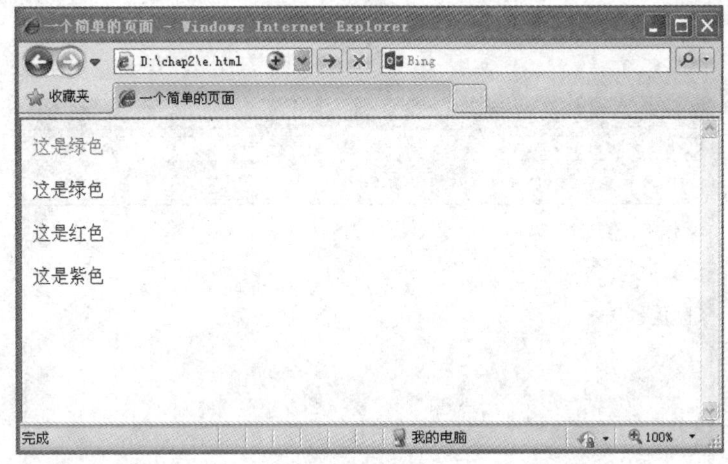

图 2-5　字体颜色

2.2.5　物理字体

文本格式化标签如表 2-1 所示。图 2-6 所示是常用的物理字体。

表 2-1　文本格式化标签

标签	描　述	标签	描　述
<b>	定义粗体文本	<sup>	定义上标字
<big>	定义大号字	<ins>	定义插入字
<em>	定义着重文字	<del>	定义删除字
<i>	定义斜体字	<s>	不赞成使用。使用<del>代替
<small>	定义小号字	<strike>	不赞成使用。使用<del>代替
<strong>	定义加重语气	<u>	不赞成使用。使用样式(Style)代替
<sub>	定义下标字	—	—

【例 2-6】 编写 html 文件，设置字体为黑体、斜体、下面划线、上标、下标、中间划线。

程序代码如下：

```
<html>
  <head>
    <meta http-equiv="Content-Type" content="text/html;charset=utf-8">
    <title>一个简单的页面</title>
  </head>
  <body>
    <p><b>黑体</b></p>
    <p><i>斜体</i></p>
```

```
    <p><u>下面划线</u></p>
    <p><sup>上标</sup></p>
    <p><sub>下标</sub></p>
    <p><s>中间划线</s></p>
  </body>
</html>
```

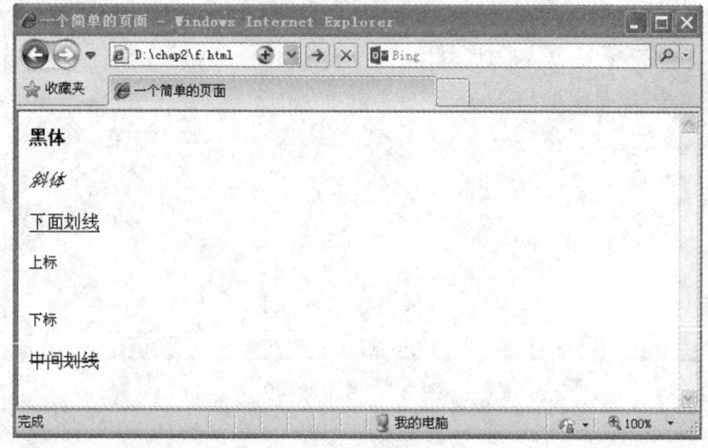

图 2-6　物理字体

2.2.6　图片

显示图片用<img>标签。<img>标签的语法格式如下：

```
<img src="显示图像的 URL"  alt="图像的替代文本"/>
```

【例 2-7】 编写 html 文件，显示图片，如图 2-7 所示。

图 2-7　图片

程序代码如下：

```
<html>
    <head>
        <meta http-equiv="Content-Type" content="text/html;charSet=utf-8">
        <title>一个简单的页面</title>
    </head>
    <body>
        <img src="a.jpg">
    </body>
</html>
```

提示：alt 是一个属性，它规定在图像无法显示时的替代文本。如果由于一些原因(比如网速太慢、src 属性中的错误、浏览器禁用图像、用户使用的是屏幕阅读器)使用户无法查看图像，则 alt 属性可以为图像提供替代的信息。

2.2.7　链接

我们可以对文字或图片通过标签<a>加链接，在浏览器中单击加了链接的文字或图片，就可以转向对应的页面。<a>标签的语法格式如下：

```
<a href="网址、链接地址" target="目标" title="说明">被链接内容</a>
```

【例 2-8】 编写 html 文件，实现对文字、图片加链接，如图 2-8 所示。

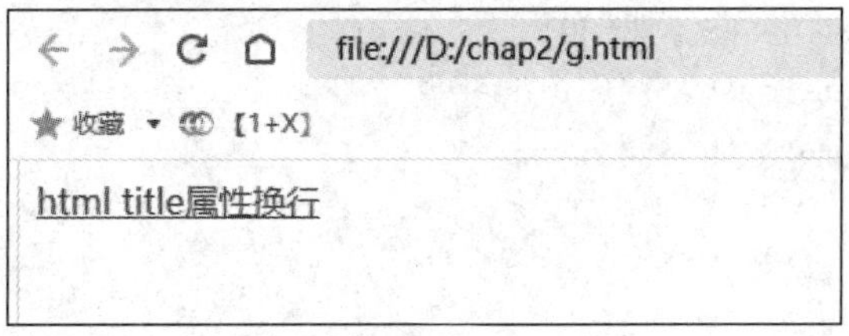

图 2-8　链接

程序代码如下：

```
<html>
   <.head>
      <meta charset="utf-8">
      <title>这是一个不规范的 HTML</title>
   <head>
   <body>
   <a href='http://www.jb51.net' target='_ablank'
title='标 题：DIVCSS5
作 者：DIVCSS5
更新时间：2013-05-17
推荐等级：无
关键字：title 换行
分页方式：不分页
```

```
阅读等级：普通'>html title 属性换行</a>
  </body>
</html>
```

2.2.8 表格

表格通过标签<table>和</table>来定义，每一行通过<tr>和</tr>来定义，每一单元格通过<td>和</td>来定义。

【例 2-9】 编写 html 文件，实现一个表格，如图 2-9 所示。

程序代码如下：

```
<html>
  <body>
    <table width="400" border="1">
      <tr>
        <th align="left">消费项目....</th>
        <th align="right">一月</th>
        <th align="right">二月</th>
      </tr>
      <tr>
        <td align="left">衣服</td>
        <td align="right">$241.10</td>
        <td align="right">$50.20</td>
      </tr>
      <tr>
        <td align="left">化妆品</td>
        <td align="right">$30.00</td>
        <td align="right">$44.45</td>
      </tr>
      <tr>
        <td align="left">食物</td>
        <td align="right">$730.40</td>
        <td align="right">$650.00</td>
      </tr>
      <tr>
        <th align="left">总计</th>
        <th align="right">$1001.50</th>
        <th align="right">$744.65</th>
      </tr>
    </table>
  </body>
```

```
</html>
```

消费项目....	一月	二月
衣服	$241.10	$50.20
化妆品	$30.00	$44.45
食物	$730.40	$650.00
总计	**$1001.50**	**$744.65**

图 2-9　表格

2.2.9　层

层是 HTML 页面中一个相对独立的部分。层中可以放置任何页面里的内容(如文字、图片)。因为相对独立，所以可以通过层做出很多效果，AJAX 中的局部刷新也是通过层实现的。我们先来了解一下层的基本用法。层的标签是<div>...</div>。

【例 2-10】 编写 html 文件，实现层，如图 2-10 所示。

图 2-10　层

程序代码如下：

```
<html>
  <head>
    <meta http-equiv="Content-Type" content="text/html;charset=utf-8">
    <title>一个简单的页面</title>
  </head>
```

```
  <body>
    <div align="center">
      <p>层里的第一段</p>
      <p>层里的第二段</p>
      <p><img src="a.jpg" width="200px"   height="200px">
    </div>
  </body>
</html>
```

2.3 CSS

当浏览器读到一个样式表时，它就会按照这个样式表来对文档进行格式化。我们有三种方式插入样式表。样式表中的常用标签如表 2-2 所示。

表 2-2 样式表中的常用标签

标签	描　述
<style>	定义样式定义
<link>	定义资源引用
<div>	定义文档中的节或区域(块级)
<span>	定义文档中的行内小块或区域
<font>	规定文本的字体、字体尺寸、字体颜色。不赞成使用，请使用样式
<basefont>	定义基准字体。不赞成使用，请使用样式
<center>	对文本进行水平居中。不赞成使用，请使用样式

2.3.1 外部样式表

当样式需要被应用到很多页面时，外部样式表将是理想的选择。使用外部样式表，可以通过更改一个文件来改变整个站点的外观。

【例 2-11】 编写 html 文件，实现外部样式表，如图 2-11 所示。

程序代码如下：

```
<html>
  <head>
    <link rel="stylesheet" type="text/css" href="/html/csstest1.css">
  </head>
  <body>
    <h1>我通过外部样式表进行格式化。</h1>
    <p>我也一样！</p>
  </body>
</html>
csstest1.css
```

```
h1
{
color: green;
border: 1pt solid black;
}
p
{
color: red;
background-color:#EFE7D6;
border: 1pt solid black;
}
div
{
color: #FFFFFF;
background-color:#000000;
}
span
{
color: #000000;
background-color:#FFFFFF;
}
```

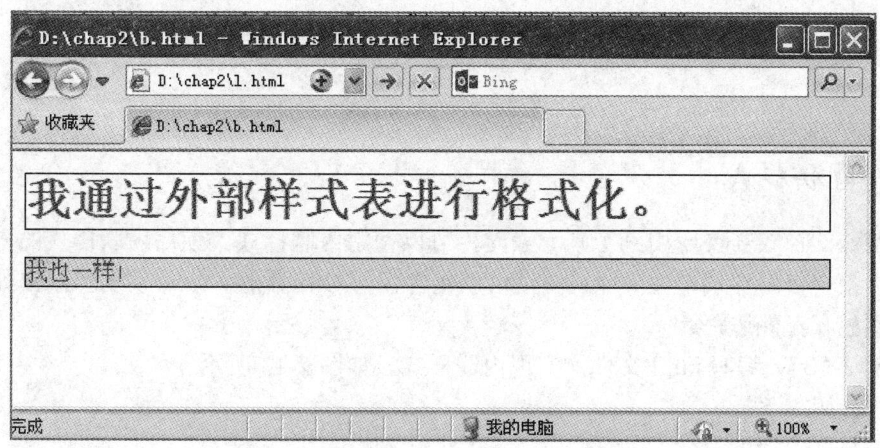

图 2-11　外部样式表

2.3.2　内部样式表

当单个文件需要特别样式时，可以使用内部样式表。我们可以在 head 部分通过<style>标签定义内部样式表。

【例 2-12】 编写 html 文件，实现内部样式表，如图 2-12 所示。

程序代码如下：

```
<html>
   <head>
      <style type="text/css">
         h1 {color: red}
         p {color: blue}
      </style>
   </head>
   <body>
      <h1>header 1</h1>
      <h1>A paragraph.</h1>
   </body>
</html>
```

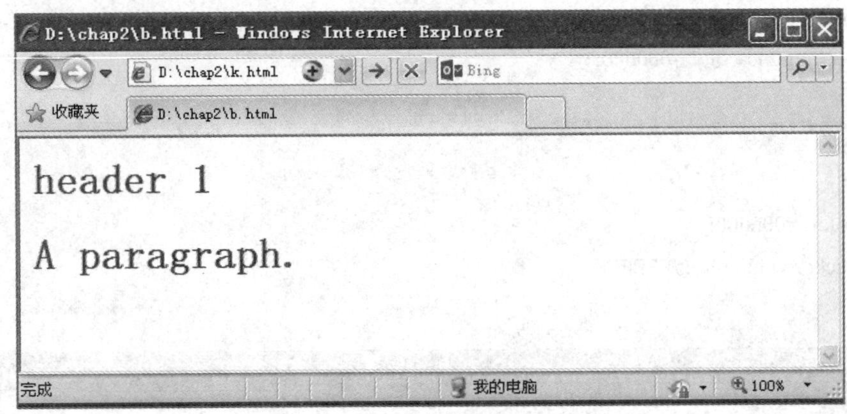

图 2-12 内部样式表

2.3.3 内联样式

当特殊的样式需要应用到个别元素时，可以使用内联样式。使用内联样式的方法是在相关的标签中使用样式属性。样式属性可以包含任何 CSS 属性。以下实例显示出如何改变段落的颜色和左外边距。

【例 2-13】 编写 html 文件，实现内联样式，如图 2-13 所示。

程序代码如下：

```
<html>
   <body>
      <h3>This is a header</h3>
      <p>This is a paragraph.</p>
      <div style="color:#00FF00">
      <h3>This is a header</h3>
      <p>This is a paragraph.</p>
```

```
        </div>
    </body>
</html>
```

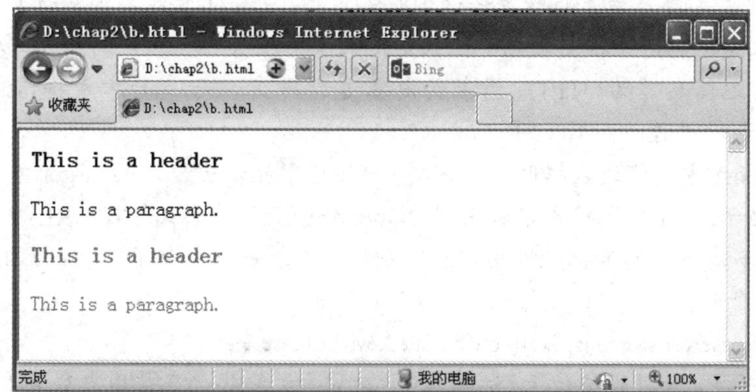

图 2-13　内联样式

2.4　表单与<input>标记

2.4.1　表单

在 Web 的开发中，表单非常重要，它是客户端向服务器发送请求数据的一个主要途径。表单的标签是<form>...</form>，中间可以加入文本框、单选框、复选框等表单元素。

<form>标签用于定义表单，它将告诉 HTML 浏览器如何显示及提交表单。<form>标签的基本语法格式如下：

```
<form method="get | post" action="URL">
    ⋮
</form>
```

例如：

```
<form method="get" action="search.jsp">
    ⋮
</form>
```

<form>标签的属性说明如表 2-3 所示。

表 2-3　<form>标签的属性说明

属　　性	说　明
method="get | post"	该属性决定了采用哪种请求方法来提交表单数据，默认的方法是 get
action="URL"	该属性定义了表单的提交目标，该目标可以是 CGI 程序、Java Servlet 或 JSP，用以处理提交

注意:

在method属性中，指定使用post和get两种数据提交方式。具体区别有以下几个方面:

(1) post方式主要是为了将数据传送到服务器端，而get方式主要是为了从服务器端取得数据。get方式也能用于提交数据，但只是用来告诉服务器，客户端到底需要什么样的数据。post方式把信息作为HTTP请求的内容进行提交，而get方式将信息直接包含在HTTP URL中进行传送。

(2) 在以post方式传送数据时，不需要在URL中显示出来，而以get方式传送的数据要在URL中显示。get方式将表单数据以“Query String”的形式附在URL中，数据通常来自被提交的表单，不同的数据之间用“&”符号分隔。一个包含了“Query String”的URL例子如下:

```
http://yourserver/search.jsp?keyword1=JSP&keyword2=servlet
```

在这个例子中，数据的值位于“?”的右边。在get方式中，“?”是用来分隔URL和“Query String”的标志符。读者应当意识到通过get方式提交的数据在URL地址中是可视的，因此会带来安全隐患。例如，一个登录页面，当通过get方式提交数据时，用户名和密码将出现在URL上，如果登录页面可以被浏览器缓存，或者其他人可以访问客户端的机器，那么就有可能泄露隐私信息。

(3) post方式传送的数据量大，几乎没有限制，而get方式由于受到URL长度的限制，只能传送大约255字节。

(4) 对于get方式，服务器端用request.QueryString获取变量的值；对于post方式，服务器端用Request.Form获取提交的数据。

2.4.2 <input>标记

<input>标记通常用来存储和捕获表单数据。基本的表单有两种类型的<input>标记：一种是诸如文本框和单选框的基本类型；另一种是提交(Submit)按钮，该按钮根据表单中的action属性实现向目标URL地址传送数据。

<input>标记的基本语法格式如下：

```
<input type="text" name="inputname" value="inputvalue">
```

创建提交按钮的语法格式如下：

```
<input type="submit" value="提交">
```

<input>标记的属性说明如表2-4所示。

表2-4 <input>标记的属性说明

属　性	说　明
type="text|button|reset|radio|checkbox|submit|password|file|hidden"	该属性规定了input对象应该属于哪种类型。与JSP关系比较密切的是submit类型，该类型input对象实现了表单的提交
name="inputname"	该属性用以标识input对象，request对象通过该属性才能获取标记的值
value="inputvalue"	该属性代表input对象的值

【例 2-14】 编写 html 文件，实现一个表单，如图 2-14 所示。

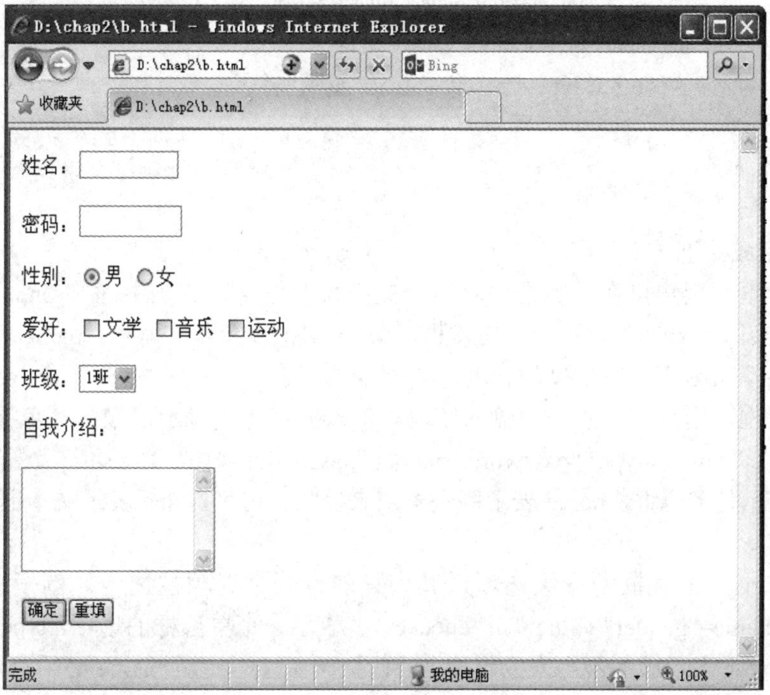

图 2-14　表单

程序代码如下：

```
<html>
  <body>
    <form>
        <p>姓名：<input type="text" name="name" size="10">
        <p>密码：<input type="password" name="pass" size="10">
        <p>性别：<input type="radio" name="gender" value="m" checked>男
            <input type="radio" name="gender" value="f">女
        <p>爱好：<input type="checkbox" name="hobby" value="literature">文学
            <input type="checkbox" name="hobby" value="music">音乐
            <input type="checkbox" name="hobby" value="sport">运动
        <p>班级：<select name="class">
                <option value="1">1 班
                <option value="2">2 班
                <option value="3">3 班
                <option value="4">4 班
                <option value="5">5 班
                <option value="6">6 班
            </select>
```

```
            <p>自我介绍：
            <p><textarea name="introduce" rows="5" cols="20"></textarea>
            <p><input type="submit" value="确定">
            <p><input type="reset" value="重填">
        </from>
    </body>
</html>
```

表单的组成如下：

(1) 文本框。用户可在文本框中输入一些简短的信息。例子中的“<input type="text" name="name" size="10">”表示一个文本框，type="text"表示是文本框，name 表示服务器用来接收的名字，size 表示文本框的长度(以字符为单位)。

(2) 密码框。用户在密码框中输入密码，输入的字符不显示出来，避免被周围的人看到。例子中的“<input type="password" name="pass" size="10">”表示一个密码框，type="password"表示是密码框，name 表示服务器用来接收的名字，size 表示文本框的长度(以字符为单位)。

(3) 单选框。单选框是一组选项，其中只能有一个选项被选中。例子中的“<input type="radio" name="gender" value="m" checked>”表示一个单选框的选项，type="radio"表示是单选框，name 表示服务器用来接收的名字(同一组的每个选项 name 必须相同)，value 表示传送给服务器的值，checked 表示默认选中。

(4) 复选框。复选框是一组选项，可以有多个选项被选中。例子中的“<input type="checkbox" name="hobby" value="literature">”表示一个多选框的选项，type="checkbox"表示是多选框，name 表示服务器用来接收的名字，value 表示传送给服务器的值。

(5) 列表框。列表框是可以下拉的一组选项，可以通过鼠标点取选项。列表框的标签是“<select name="…">...</select>”，name 表示服务器用来接收的名字，例子中的“<option value="1">1 班”表示列表框的一个选项，value 表示传送给服务器的值。

(6) 文本区。用户可在文本区输入一段文字。例子中的“<textarea name="introduce" rows="5" cols="20"></textarea>”表示一个文本区，name 表示服务器用来接收的名字，rows 表示行数，cols 表示列数。

(7) 提交按钮。提交按钮用来把表单提交给服务器。例子中的“<input type="submit" value="确定">”表示一个提交按钮，value 表示显示在按钮上的文字。

(8) 重置按钮。重置按钮用来把表单恢复成页面被加载时的默认值。例子中的“<input type="reset" value="重填">”表示一个重置按钮，value 表示显示在按钮上的文字。

本章小结

本章介绍了超文本标记语言(HTML)的基础知识，介绍了 HTML 基本标签，包括分段<p>、字体大小<font>，字体颜色、物理字体、图片<img>、链接<a>、表格<table>、层<div>、CSS、表单<form>等，并通过例子讲解了标签的使用。

习　题

1. 网页有哪些基本元素？
2. HTML 最常用的标记有哪些？
3. 静态网页和动态网页有何不同？
4. 用记事本编辑一个网页，要求 IE 标题栏显示“欢迎大家访问！”，网页内容是：

“我会努力学习网页制作技术！”

“我一定能制作出精美的网页！”。

第 3 章

JSP 基本语法

一个 JSP 程序文件包括 HTML 标记符号、JSP 标签、声明的变量、表达式、程序片段、JSP 指令(Directive Elements)、JSP 动作(Action Elements)以及 JSP 异常处理等各类元素。

3.1 JSP 的基本构成

一个 JSP 程序文件主要由以下五种基本元素组成：

(1) 普通的 HTML 标记符号。

(2) 声明的变量。

(3) Java 程序片段。

(4) Java 表达式。

(5) JSP 标签，包括指令标签和动作标签。

我们称(2)、(3)、(4)形成的部分为 JSP 的脚本部分。

当服务器上的一个 JSP 页面第一次被请求执行时，服务器上的 JSP 引擎首先将 JSP 页面文件转译为一个 Java 文件，再将这个 Java 文件编译生成字节码文件，然后通过执行字节码文件响应客户的请求。这个字节码文件的任务如下：

(1) 把 JSP 页面中普通 HTML 标记符号交给客户的浏览器执行并显示。

(2) 将 JSP 标签、数据和方法声明、Java 程序片段交给服务器执行，然后将需要显示的结果发送给客户端的浏览器。

(3) Java 表达式由服务器负责计算，并将结果转化为字符串，然后交给客户的浏览器显示。

【例 3-1】 编写一个简单的 hello.jsp，实现在页面输出“你好”，如图 3-1 所示。

hello.jsp 的代码如下：

```
<%@ page language="java" contentType="text/html; charset=utf-8" pageEncoding="utf-8"%>
<!DOCTYPE html PUBLIC "-//W3C//DTD HTML 4.01
Transitional//EN""http://www.w3.org/TR/ html4/loose.dtd">
<html>
  <head>
    <meta http-equiv="Content-Type" content="text/html; charset=utf-8">
```

```
        <title>你好！</title>
    </head>
    <body>
        <%for(int i=1;i<=6;i++) { %>
        <h<%=i%> align="center">你好！</h<%=i%>>
        <%} %>
    </body>
</html>
```

hello.jsp 的运行结果如图 3-1 所示。

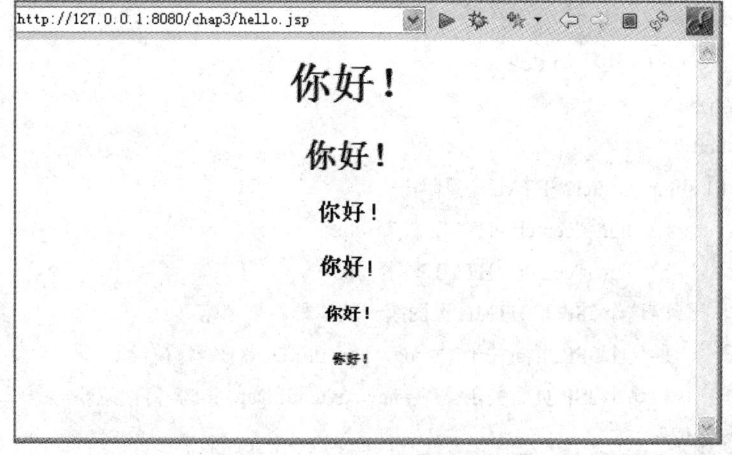

图 3-1　hello.jsp 的运行结果

从上面的程序可以看到，这个 JSP 程序文件的格式和 HTML 文件差不多，只有很少地方不同。

在上述程序中，<%...%>中是 Java 代码，这里有一个我们熟悉的 for 循环语句；<%=变量%>用于把变量的值显示在当前位置，例如，当 i 为 1 时，<h<%=i%>>就是<h1>。

注意：如果要在页面正常显示中文，则需要在JSP程序文件头部添加以下代码(加粗部分)：

```
<%@ page language="java" contentType="text/html; charset=utf-8" pageEncoding="utf-8"%>
```

3.2　注　释

一般来说，JSP 注释可以分为两种：一种是可以在客户端显示的注释，称为 HTML 注释(或称为客户端注释)；另一种是在客户端不可见，仅供服务器端 JSP 开发人员可见的注释，称为 JSP 注释(或称为服务器端注释)。

3.2.1　HTML 注释

1．语法格式

HTML 注释的语法格式如下：

```
<!--comment [<%= expression %>]-->
```

2．语法描述

在标记符号“<!--”和“-->”之间插入注释，JSP 引擎把这种 HTML 注释发给客户端，当用户通过浏览器查看 JSP 源代码时，可以看到注释内容。

【例 3-2】 编写 htmlcomments.jsp，应用 HTML 注释，如图 3-2 所示。

htmlcomments.jsp 的代码如下：

```
<%@ page language="java" contentType="text/html;charset=utf-8"   pageEncoding="utf-8"%>
<!DOCTYPE HTML PUBLIC "-//W3C//DTD HTML 4.01 Transitional//EN">
<html>
    <head>
        <title>注释</title>
    </head>
    <body>
    <h1 align="center">HTML 注释</h1>
        <h2 align="center">HTML 注释</h2>
        <h3 align="center">HTML 注释</h3>
        <!--这个 JSP 和 HTML 页面统一的注释将被忽略-->
        <!--这个 JSP 页面关于<%=new java.util.Date()%>将被读取-->
        <!--这个 JSP 页面关于<%--=new java.util.Date()--%>将被忽略-->
    </body>
</html>
```

htmlcomments.jsp 的运行结果如图 3-2 所示。

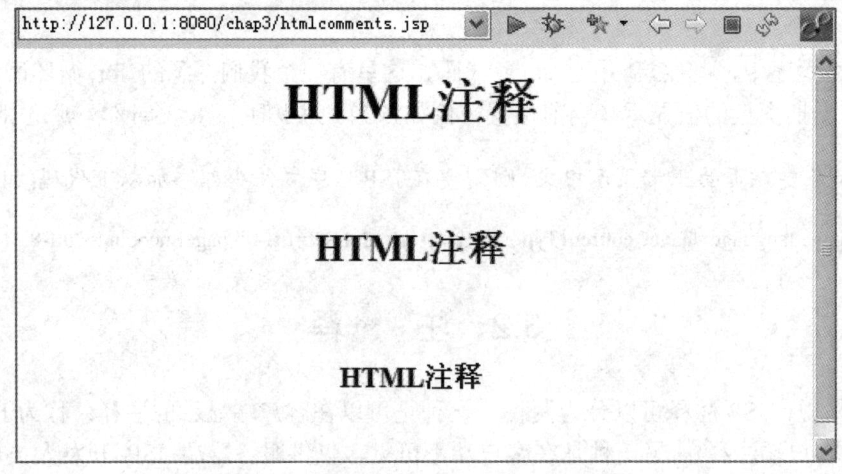

图 3-2　htmlcomments.jsp 的运行结果

查看 htmlcomments.jsp 运行后的源文件，html 源代码如下：

```
<!DOCTYPE HTML PUBLIC "-//W3C//DTD HTML 4.01 Transitional//EN">
<html>
    <head>
```

```
        <title>注释</title>
    </head>
    <body>
    <h1 align="center">JSP</h1>
        <h2 align="center">JSP</h2>
        <h3 align="center">JSP</h3>
        <!--这个 JSP 和 HTML 页面统一的注释将被忽略-->
        <!--这个 JSP 页面关于 Fri Dec 01 10:25:50 CST 2017 将被读取-->
        <!--这个 JSP 页面关于将被忽略-->
    </body>
</html>
```

3.2.2 JSP 注释

1. 语法格式

JSP 注释的语法格式如下：

```
<%--comment --%>
```

2. 语法描述

在标记符号“<%--”和“--%>”之间加入注释内容，JSP 引擎忽略这种注释，即在编译 JSP 时忽略 JSP 注释内容，不执行。

【例 3-3】 编写 jspcomments.jsp，应用 JSP 注释，如图 3-3 所示。

jspcomments.jsp 的代码如下：

```
<%@ page language="java" contentType="text/html;charset=utf-8"   pageEncoding="utf-8"%>
<!DOCTYPE HTML PUBLIC "-//W3C//DTD HTML 4.01 Transitional//EN">
<html>
    <head>
        <title>注释</title>
    </head>
    <body>
        <h1 align="center">JSP 注释</h1>
        <h2 align="center">JSP 注释</h2>
        <h3 align="center">JSP 注释</h3>
        <%-- This comment will not be visible in the page source --%>
    </body>
</html>
```

查看 jspcomments.jsp 运行后的源文件，html 源代码如下：

```
<!DOCTYPE HTML PUBLIC "-//W3C//DTD HTML 4.01 Transitional//EN">
<html>
    <head>
```

```
            <title>注释</title>
        </head>
        <body>
            <h1 align="center">JSP 注释</h1>
            <h2 align="center">JSP 注释</h2>
            <h3 align="center">JSP 注释</h3>
        </body>
    </html>
```

jspcomments.jsp 的运行结果如图 3-3 所示。

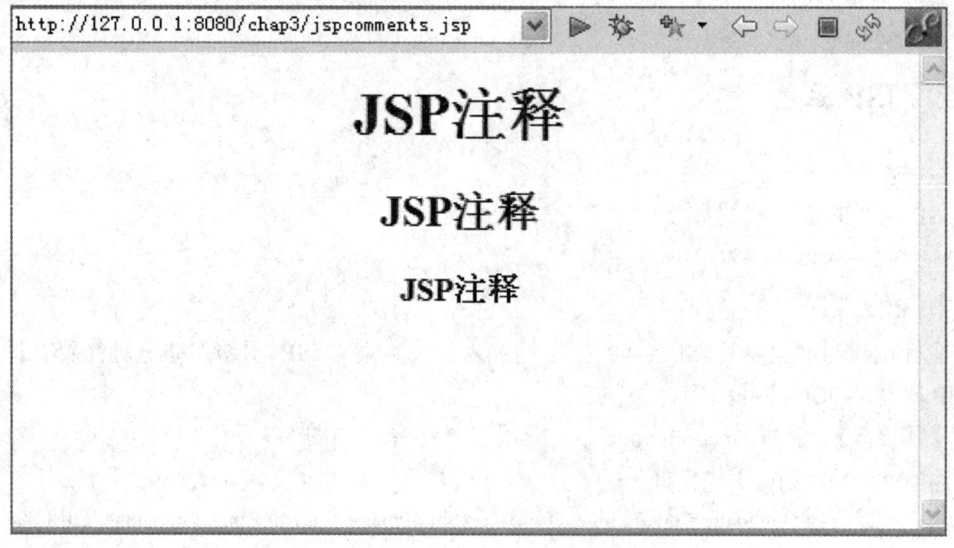

图 3-3　jspcomments.jsp 的运行结果

3.3 基 本 语 法

在一个 JSP 程序文件中，除了 HTML 部分外，还可以有指令、声明、表达式、Java 程序片段等。

3.3.1 指令

<%@...%>是 JSP 指令，用来设置与整个页面相关的属性，放在文件的最前面。常用的指令是 page、include 和 taglib，下面简单介绍 page 指令。

前面例子中的“<%@ page language = "java" contentType = "text/html;charset = utf-8" pageEncoding= "utf-8"%>”就是一个 page 指令。其中，language="java"表示设置代码的语言为 Java；contentType="text/html; charset=utf-8"表示设置响应结果的类型为 text/html; charset= utf-8；pageEncoding="utf-8"表示设置页面编码为 utf-8。

如果要在 JSP 中使用其他 Java 类，则可以在 page 指令中通过 import="类名"格式写入，如 import="java.sql.Connection"，即将 java.sql.Connection 类导入当前文件中。

3.3.2　声明

<%!...%>格式中的内容是 JSP 声明，JSP 声明对应 Servlet 类的属性和方法。JSP 的变量可以在“<%”“%>”标记对和“<%!”“%>”标记对之间定义。方法只能在“<%!”“%>”标记对之间定义。变量的类型可以是 Java 语言允许的任何类型。这两种变量的作用都在当前页面内部有效，但是在这两种标记对中声明的变量的生命期不尽相同，其区别如下：

(1) 在“<%”“%>”标记对中声明的变量，在当前页面被关闭后即终止，并且当有多个用户请求这个页面时，各个用户对这种变量的使用互不干扰。

(2) “<%!”“%>”标记对中声明的变量在内存中占用的空间直到服务器关闭才被释放，并且当多个客户请求一个 JSP 页面时，JSP 引擎会为每个客户启动一个线程。这些线程由 JSP 引擎服务器管理，它们共享 JSP 页面的成员变量。因此任何一个客户对 JSP 页面成员变量的操作都会影响其他客户。

每个声明仅在当前的 JSP 页面中有效，如果希望声明在每个页面中均有效，那么可以采用的一个方法是将这些公用的变量和方法声明在一个单独的页面中，在其他页面中仅使用<%@ include%>或者<jsp:include>元素将该单独的公共页面包含进每个页面。

【例 3-4】 编写 variable.jsp，应用<%!…%>声明变量，如图 3-4 所示。

variable.jsp 的代码如下：

```
<%@ page language="java" contentType="text/html;charset=utf-8"   pageEncoding="utf-8"%>
<!DOCTYPE HTML PUBLIC "-//W3C//DTD HTML 4.01 Transitional//EN">
<html>
    <head>
        <title>变量</title>
    </head>
    <body>
        <%!
          int i=1000;
          boolean b=true;
          String s="good";
          double result=0.23;
        %>
        <div align="left" style="font-size:20pt">
          i=<%=i %></br>
          b=<%=b %></br>
          s="<%=s %>"</br>
          result=<%=result%>
        </div>
    </body>
</html>
```

variable.jsp 的运行结果如图 3-4 所示。

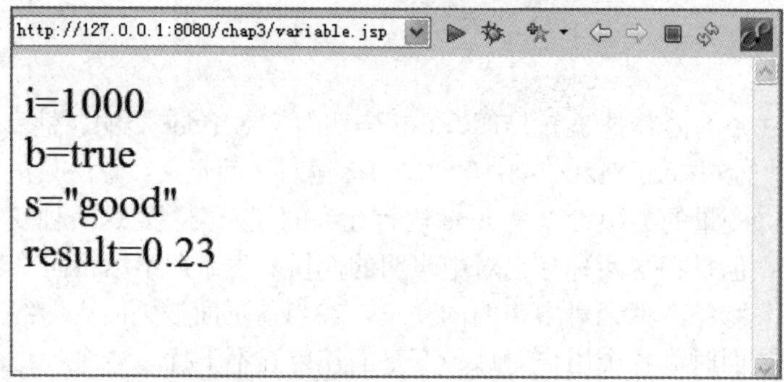

图 3-4　variable.jsp 的运行结果

【例 3-5】 编写 function.jsp，在该文件中定义一个带有一个字符串型参数的方法，该方法返回一个字符串，如图 3-5 所示。

function.jsp 的代码如下：

```
<%@ page language="java" contentType="text/html;charset=utf-8"
    pageEncoding="utf-8"%>
<html>
    <head>
        <title>方法</title>
    </head>
    <body>
        <%!
            public String sayHello(String name) {
                String s ="你好！ "+name;
                return s;
            }
        %>
        <%
            =sayHello("小明")
            =sayHello("小亮")
    </body>
</html>
```

function.jsp 的运行结果如图 3-5 所示。

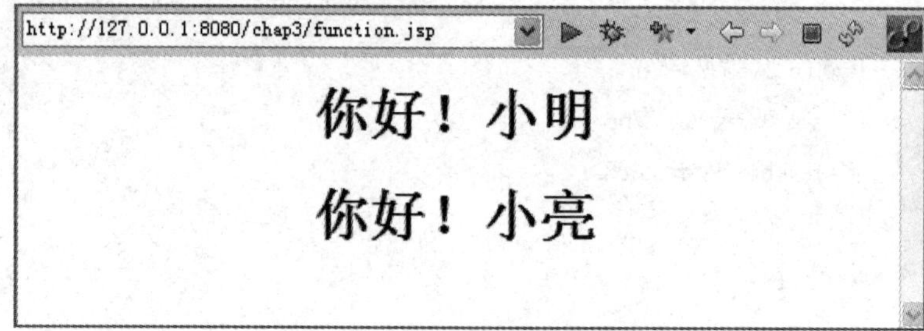

图 3-5　function.jsp 的运行结果

【例 3-6】 编写 localvariable.jsp，在文件中使用<%...%>定义 int 型变量 i，初始值为 1，打印输出 i++，并观察页面输出的结果，如图 3-6 所示。

localvariable.jsp 的代码如下：

```
<%@ page language="java" contentType="text/html;charset=utf-8" pageEncoding="utf-8"%>
<!DOCTYPE HTML PUBLIC "-//W3C//DTD HTML 4.01 Transitional//EN">
<html>
    <head>
        <title>局部变量 </title>
    </head>
    <body>
        <h3>
          i 的初始值为 1<br>
           在页面输出 i 的值=
        <%
            int i=1;
            out.print(i++);
        %>
        </h3>
    </body>
</html>
```

localvariable.jsp 的运行结果如图 3-6 所示。

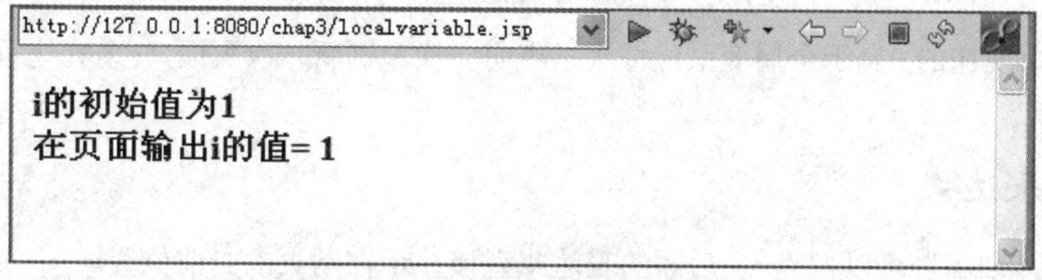

图 3-6　localvariable.jsp 的运行结果

当页面刷新时，页面运行结果如图 3-6 所示。由此可以发现，不管页面如何刷新，i 最终输出的内容都是 1，因此可以得出结论，i 是一个局部变量，在每次页面刷新时会被重复定义，并重复为其赋值，而 out.print()是程序的语句，因此在其中定义的操作就等同于一个方法中定义的操作。

【例 3-7】 编写 globalvariable.jsp，在文件中定义 int 型变量 i，初始值为 1，打印输出 i++，并观察页面输出的结果，如图 3-7 所示。

globalvariable.jsp 的代码如下：

```
<%@ page language="java" contentType="text/html;charset=utf-8" pageEncoding="utf-8"%>
<!DOCTYPE HTML PUBLIC "-//W3C//DTD HTML 4.01 Transitional//EN">
<html>
    <head>
```

```
            <title>全局变量 </title>
        </head>
        <body>
            <h3>
              i 的初始值为 1<br>
                在页面输出 i 的值=
            <%!
                int i=1;
            %>
            <%out.print(i++); %>
            </h3>
        </body>
    </html>
```

globalvariable.jsp 的运行结果如图 3-7 所示。

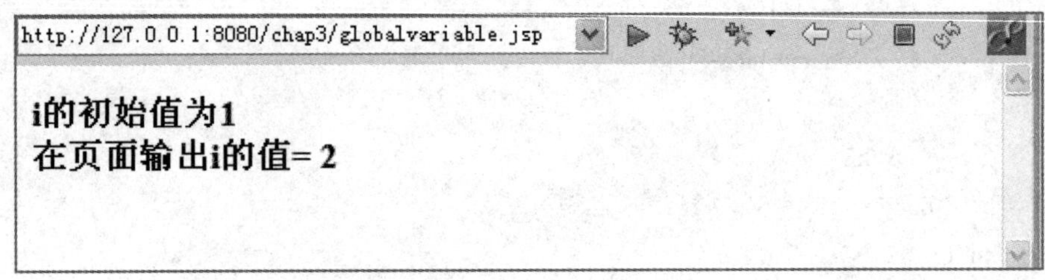

图 3-7 globalvariable.jsp 的运行结果

可见，现在的 i 属于全局变量，每次只声明一次。刷新一次页面，i 值在之前值的基础上累加 1。

3.3.3 表达式

“<%=...%>”可以把“=”后面的表达式直接显示在网页的当前位置。

例如：

```
<%=("你好！" + name)%>
```

如果 name 的值是“李小米”，则上面这个语句就会在页面的当前位置显示“你好！李小米”。

注意：

在使用 JSP 表达式时：

(1) 不能使用分号“;”作为表达式的结束符号，但是同样的表达式用在声明中就需要用分号来结尾。

(2) 表达式元素能够包括任何在 Java 中有效的表达式。有时候表达式也能作为其他 JSP 元素的属性值。一个表达式在形式上可以很复杂，它可能由一个或多个表达式组成，而这些表达式的运算顺序是从左到右依次计算的，然后转换为字符串。

【例 3-8】 编写 express.jsp，在页面定义若干变量，并用表达式输出变量的值，如图 3-8 所示。

express.jsp 的代码如下：

```
<%@ page language="java" contentType="text/html;charset=utf-8"   pageEncoding="utf-8"%>
<!DOCTYPE HTML PUBLIC "-//W3C//DTD HTML 4.01 Transitional//EN">
<html>
      <head>
            <title>表达式</title>
      </head>
      <body>
            <%!
            int i=0;
            boolean b=true;
            String s="hello";
            double result=0.0;
             %>
            <%=i %></br>
            <%=b %></br>
            <%=s %></br>
            <%=result%>
      </body>
</html>
```

express.jsp 的运行结果如图 3-8 所示。

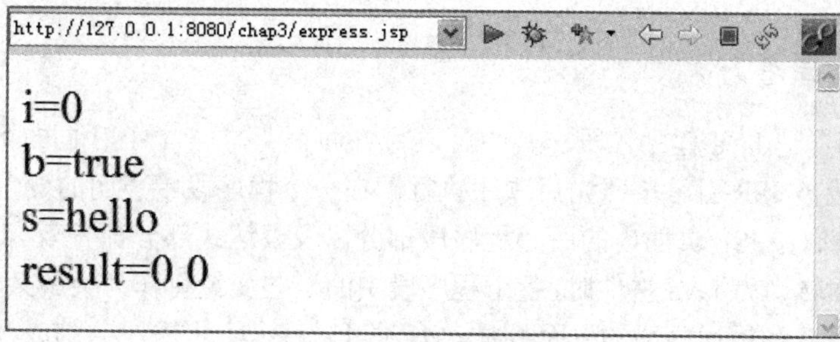

图 3-8　express.jsp 的运行结果

【例 3-9】 编写 expressiontwo.jsp，实现简单的正弦函数、平方、相乘、平方根及比较等运算，如图 3-9 所示。

expressiontwo.jsp 的代码如下：

```
<%@ page language="java" contentType="text/html;charset=utf-8"   pageEncoding="utf-8"%>
<!DOCTYPE HTML PUBLIC "-//W3C//DTD HTML 4.01 Transitional//EN">
<html>
      <head>
```

```
            <title>表达式</title>
        </head>
        <body bgcolor=cyan>
            <FONT size=1>
                <P>Sin(0.9)除以 3 等于<%=Math.sin(0.90)/3%>
                <p>3 的平方是：<%=Math.pow(3, 2)%>
                <P>12345679 乘 72 等于<%=12345679 * 72%>
                <P>5 的平方根等于<%=Math.sqrt(5)%>
                <P>99 大于 100 吗？回答：<%=99>100%>
            </FONT>
        </body>
    </html>
```

expressiontwo.jsp 的运行结果如图 3-9 所示。

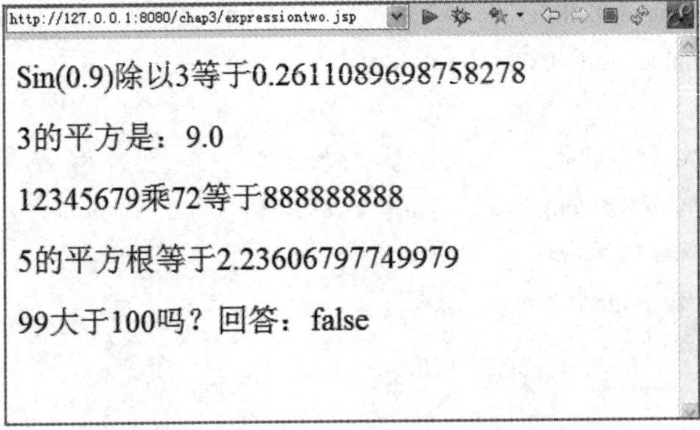

图 3-9　expressiontwo.jsp 的运行结果

3.3.4　Java 程序片段

“<%...%>”是 Java 程序片段，其中可以写 Java 程序。一个 JSP 页面可以有许多程序段，这些程序段被 JSP 引擎按照先后顺序执行。在一个程序段中声明的变量称为 JSP 页面的局部变量，它们在 JSP 页面内的所有程序段部分以及表达式部分都有效。这是因为当 JSP 引擎将 JSP 页面转译为 Java 文件时，各个程序段中的这些变量将作为类中某个方法的变量，也就是局部变量。利用程序段的这个性质，有时可以将一个程序段分割成几个更小的程序段，然后在这些小的程序段之间插入 JSP 页面的一些其他标记元素。当程序段被调用执行时，这些变量被分配内存空间，当所有的程序段调用完毕，这些变量就可以释放所占的内存。

例如：

```
<%for(int i=1;i<=6;i++) { %>
```

这就是一个 Java 程序片段。当然，在 Java 程序片段中也可以写复杂的 Java 代码。

【例 3-10】 编写 scriplet.jsp，生成一个随机数，如果数值小于 0.5，则在页面输出：

```
Have a nice day!
```

Have a good day!

否则在页面输出：

Have a lousy day!

Have a bad day!

scriplet.jsp 的运行结果如图 3-10 所示。其代码如下：

```
<%@ page import="java.util.*" contentType="text/html;charset=utf-8"%>
<html>
    <head>
        <title>page</title>
    </head>
    <body>
        <h2 align="center">
        <%
            if (Math.random() < 0.5) {
        %>
        Have a<B>nice</B> day!<br>
        Have a<B>good</B> day!
        <%
            } else {
        %>
        Have a <B>lousy</B> day!<br>
        Have a <B>bad</B> day!
        <%
            }
        %>
        </h2>
    </body>
</html>
```

scriplet.jsp 的运行结果如图 3-10 所示。

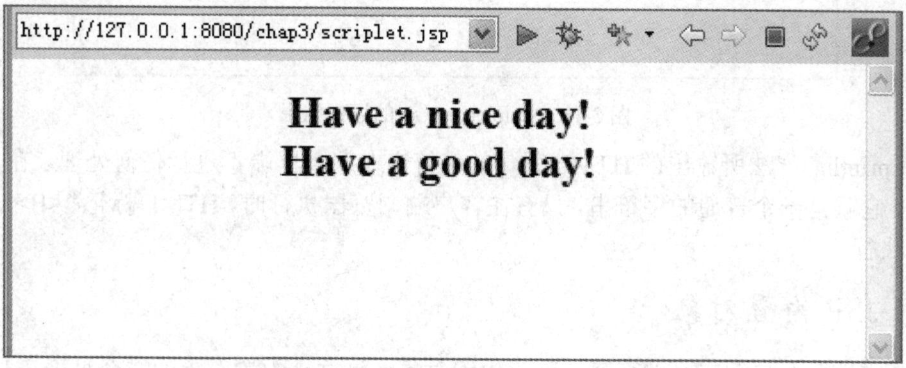

图 3-10　scriplet.jsp 的运行结果

也许有读者会有疑问，表达式之间还夹杂了包含 HTML 语法的文本，这怎么能说完全符合 Java 语法呢？其实这只是为了便于 JSP 程序的理解和书写而采用的一种策略，实际上可用以下形式实现：

```
<%@ page import="java.util.*" contentType="text/html;charset=utf-8"%>
<html>
  <head><title>page</title></head>
  <body>
    <h2 align="center">
    <%
        if(Math.random()< 0.5){
            out.println("Have a <B>nice</B> day!");
            out.println("<br>");
            out.println("Have a <B>good</B> day!");
        }else{
            out.println("Have a <B>lousy</B> day!");
            out.println("<br>");
            out.println("Have a <B>bad</B> day!");
        }
    %>
    </h2>
  </body>
</html>
```

scriplettwo.jsp 的运行结果如图 3-11 所示。

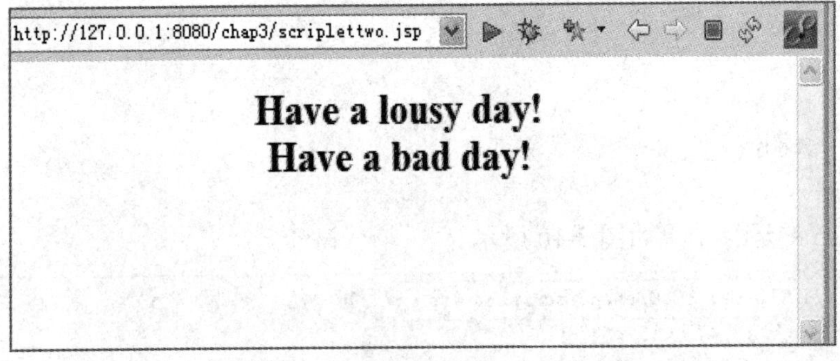

图 3-11 scriplettwo.jsp 的运行结果

out.println()方法所输出的 HTML 语句的字符串在服务器端不进行任何处理，在 JSP 引擎看来，它就是一个普通的字符串，只有在客户端浏览器执行时，HTML 标记“<B>...</B>”才会被执行。

3.3.5 JSP 内置对象

JSP 支持九个自动定义的变量，称为内置对象。这九个内置对象的简介见表 3-1。

表 3-1　九大内置对象

对　象	描　述
request	HttpServletRequest 类的实例
response	HttpServletResponse 类的实例
out	PrintWriter 类的实例，用于把结果输出至网页上
session	HttpSession 类的实例
application	ServletContext 类的实例，与应用上下文有关
config	ServletConfig 类的实例
pageContext	PageContext 类的实例，提供对 JSP 页面所有对象以及命名空间的访问
page	类似于 Java 类中的 this 关键字
exception	exception 类的对象，代表发生错误的 JSP 页面中对应的异常对象

【例 3-11】 编写 inobjecg.jsp，显示客户端 IP 地址。

程序代码如下：

```
<%@ page language="java" contentType="text/html;charset=utf-8"   pageEncoding="utf-8"%>
<!DOCTYPE HTML PUBLIC "-//W3C//DTD HTML 4.01 Transitional//EN">
<html>
    <head>
        <title>内置对象</title>
    </head>
    <body >
        客户端 IP 地址：<%=request.getRemoteAddr()%><br>
    </body>
</html>
```

inobjecg.jsp 的运行结果如图 3-12 所示。

图 3-12　inobjecg.jsp 的运行结果

3.4　指　令

JSP 指令是为 JSP 引擎设计的，JSP 指令不产生任何可见输出，只是规定在转换成 Servlet 的过程中如何处理 JSP 页面中的其余部分。在 JSP 2.0 规范中总共定义了以下三条指令：

(1) page 指令。

(2) include 指令。

(3) taglib 指令。

JSP 指令格式如下：

```
<%@ 指令名 属性 1="属性值" 属性 2="属性值" … %>
```

3.4.1　page 指令

page 指令可以定义下面这些大小写敏感的属性(大致按照使用的频率列出)：import、contentType、pageEncoding、session、isELIgnored(只限 JSP 2.0)、buffer、autoFlush、info、errorPage、isErrorPage、isThreadSafe、language 和 extends。Page 指令语法格式如下：

```
<%@page
[language="Java"]
[extends="package.class"]
[import="package.class | package.*,..."] [session="true | false"]
[buffer="none | 8kb | size kb"] [autoFlush="true | false"]
[isThreadSafe="true | false"]
[info="text"]
[errorPage="relativeURL"]
[contentType="mimeType[;charset=characterSet | "text/html;charSet=iso8859-1"]
```

表 3-2 所示为 page 指令的属性。

表 3-2　page 指令的属性

指令的属性	描　述
language	声明所使用的脚本语言。因为目前只有 Java 一种，所以可以不声明
extends	指定 JSP 页面产生的 Servlet 继承的父类
import	指定所导入的包(java.lang.*、javax.servlet.*、javax.servlet.jsp.*和 java.servlet.http.*几个包在程序编译时已经被导入，所以不需要特别声明)
session	指定 JSP 页面是否可以使用 session 对象(默认值为 session ="true")
buffer	指定缓冲区的大小，默认是 8 KB。如果为 none，则表示不设置缓冲区(此属性要和 autoFlush 一起使用)
autoFlush	指定输出缓冲区即将溢出时，是否强制输出缓冲区的内容。可以设置为 true 或 false(默认为 true)
isThreadSafe	指定 JSP 是否支持多线程。可以设置为 true 或 false，如果为 true，则表示该页面可以处理多个用户的请求，如果为 false，则此 JSP 一次只能处理一个页面的用户请求
info	设置 JSP 页面的相关信息。可以使用 servlet.getServletInfo()方法获取 JSP 页面中的文本信息
errorPage	指定错误处理页面。当 JSP 出错时，会自动调用该指定的错误处理页面(此属性要和 isErrorPage 一起使用)
isErrorPage	指定 JSP 文件是否进行异常处理。可以设置为 true 或 false，如果设置为 true，则 errorPage 指定的页面出错时才能跳转到此页面进行错误处理
contentType	指定 JSP 程序页面的编码方式和 JSP 页面响应的 MIME 类型(默认的 MIME 类型为 text/html，默认的字符集类型为 charset=iso8859-1)。例如，contentType="text/html; charset=GBK"
pageEncoding	指定页面的编码方式。默认值为 pageEncoding="iso8859-1"，若设为中文编码，则可以是 pageEncoding="GBK"
isELIgnored	指定 JSP 程序文件是否支持 EL 表达式

【例 3-12】 编写 jspdate.jsp，显示服务器时间，如图 3-13 所示。

jspdate.jsp 的代码如下：

```
<%@page language="java" contentType="text/html;charset=utf-8"    pageEncoding="utf-8"%>
<%@page import="java.util.Date"%>
<!DOCTYPE HTML PUBLIC "-//W3C//DTD HTML 4.01 Transitional//EN">
<html>
    <head>
        <title>page directive </title>
    </head>
    <body>
        <%
        Date dnow = new Date();
        int dhours = dnow.getHours();
        int dminutes = dnow.getMinutes();
        int dseconds = dnow.getSeconds();
        out.print("服务器时间：" + dhours + ":" + dminutes + ":" + dseconds);
        %>
    </body>
</html>
```

jspdate.jsp 的运行结果如图 3-13 所示。

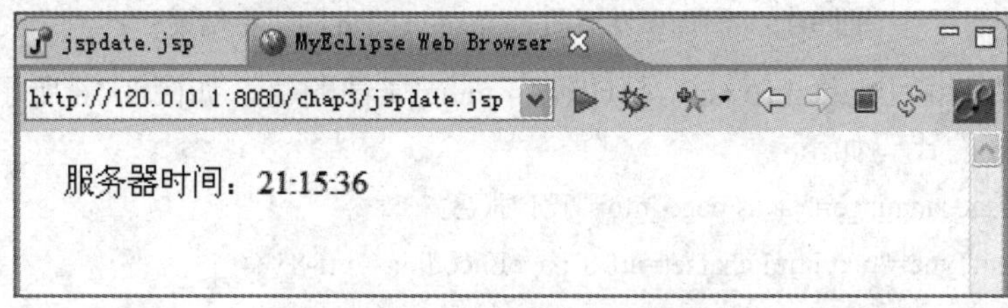

图 3-13　jspdate.jsp 的运行结果

在显示服务器时间时，使用了 Java 的 Date 类。因此必须导入“java.util.Date”类，否则程序出错。

【例 3-13】 编写 contenttype.jsp，体会 contentType 属性的重要性，如图 3-14 所示。

contenttype.jsp 的代码如下：

```
<%@ page import="java.util.Date,java.text.DateFormat" %>
<html>
  <head><title>page</title></head>
  <body>
    <% Date date = new Date();
    String s = DateFormat.getDateInstance().format(date);
    String s2 = DateFormat.getDateInstance(DateFormat.FULL).format(date);
    %>
```

```
        <p align="center">DateTime:<%=s%>
        <p align="center">DateTime:<%=s2%>
    </body>
</html>
```

contenttype.jsp 的运行结果如图 3-14 所示。

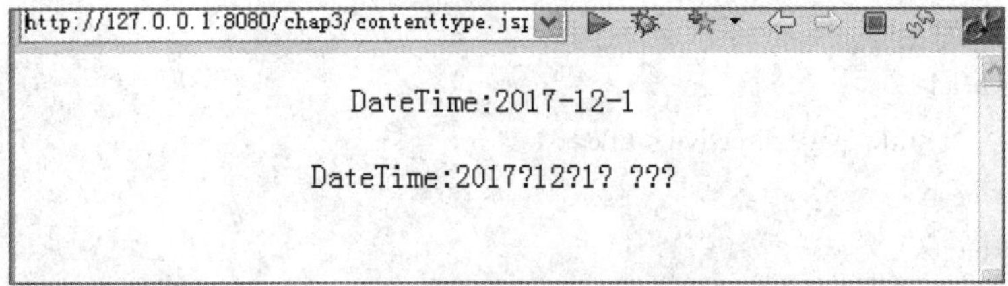

图 3-14 contenttype.jsp 的运行结果

为了解决乱码问题，需要在 page 指令中添加属性 contentType="text/html;charset=utf-8"，添加该属性后，运行结果如图 3-15 所示。

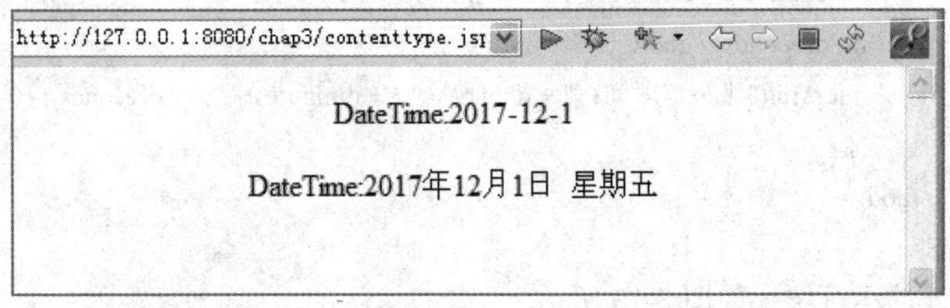

图 3-15 添加属性后的 contenttype.jsp 的运行结果

【例 3-14】 编写 pageinfo.jsp，打印输出 page 属性的值，如图 3-16 所示。

pageinfo.jsp 的代码如下：

```
<%@ page language="java" page info="我！张惠妹"
  contentType="text/html;charset=utf-8"pageEncoding="utf-8"%>
<!DOCTYPE HTML PUBLIC "-//W3C//DTD HTML 4.01 Transitional//EN">
<html>
    <head>
        <title>page</title>
    </head>
    <body>
            谁呀？
        <%
        String s=getServletInfo();
        out.print("<BR>"+s);
        %>
    </body>
</html>
```

pageinfo.jsp 的运行结果如图 3-16 所示。

图 3-16　pageinfo.jsp 的运行结果

注意:

当 JSP 页面被转译成 Java 文件时，转译成的类是 Servlet 的一个子类，所以在 JSP 页面中可以使用 Servlet 类的方法，即 getServletInfo()。

3.4.2　include 指令

使用 include 指令可以方便地把在多个页面中重复显示的内容抽取出来，大大减少代码的重复量，方便对重复内容的维护。其语法格式如下：

```
<%@ include file="被包含文件地址" %>
```

include 指令只有一个 file 属性，该属性用于指定插入到 JSP 页面当前位置的文件资源。需要注意的是，插入的路径一般使用相对路径。

被插入文件可以是一个 JSP 程序文件、HTML 文件、文本文件或一段 Java 代码，但要保证被插入的文件是可访问的。

include 指令实际上是先将所包含的文件的内容导入包含页中，然后一起进行编译，最后以整齐的内容展现给用户，即先包含，再集中进行编译处理。

如果被嵌入的文件经常需要改变，建议使用<jsp:include>操作指令，因为它是动态的 include 语句。

【例 3-15】 编写一个名为 include.jsp 的 JSP 页面和两个分别名为 top.txt 和 bottom.txt 的文档。将这三个文件保存在同一 Web 服务目录中。include.jsp 使用 include 指令加载在 top.txt 和 bottom.txt。

(1) include.jsp 的代码如下：

```
<%@ page language="java" contentType="text/html;charset=utf-8"  pageEncoding="utf-8"%>
  <html>
    <head>
        <title>include</title>
    </head>
    <body>
        <%@ include file="top.txt"%>
        <hr>
        <p align="center">
        <%
```

```
            out.println("此书出版了，快来看看吧！还有更多的好书等着您呢！");
        %>
        </p>
        <%@ include file="bottom.txt"%>
    </body>
</html>
```

(2) top.txt 的代码如下：

```
<html>
    <head>
      <title>《Tomcat 与 JAVA Web 开发技术详解》网站</title>
    </head>
    <body>
      <p align="center"><b><font size="5">《Tomcat 与 JAVA Web 开发技术详解》网站
</font></b></p>
```

(3) bottom.txt 的代码如下：

```
    <hr>
    <p align="center">
    <font size="3">@电子工业出版社版权所有 2004-2008</font><br>
    <font size="3">制作人：张三</font><br>
    <font size="3">联系方式：zhangsan_11@163.com</font><br>
    </body>
</html>
```

include.jsp 的运行结果如图 3-17 所示。

图 3-17 include.jsp 的运行结果

3.4.3 taglib 指令

taglib 指令是定义一个标签库以及自定义标签的前缀。在使用该指令前，需要导入 standard.jar 和 jsp-api.jar 两个包。其语法格式如下：

```
<%@ taglib uri="" prefix="c"%>
```

其中：prefix 是一个标签库别名；taglib 的 uri 属性用于定位标签库描述符的位置，它是唯一标识和前缀相关的标签库描述符，可以使用绝对或相对 URL。

这里自定义的标记有标记和元素之分，因为 JSP 文件能够转化为 XML 文件，所以了解标记和元素之间的关系很重要。标记只不过是 JSP 元素的一部分。JSP 元素可以包括开始标记和结束标记，也可以包含其他的文本、标记、元素。例如，一个<jsp:plugin>元素包含了<jsp:plugin>开始标记和</jsp:plugin>结束标记，同样也可以包含<jsp:params>和<jsp:fallback>元素。

必须在使用自定义标记之前使用<%@taglib%>指令，而且可以在一个页面中多次使用，但是前缀名在一个页面中只能使用一次。请不要使用 jsp、jspx、java、javax、servlet 和 sun 等作为前缀名。

3.5　动　　作

JSP 动作利用 XML 语法格式的标记来控制 Servlet 引擎的行为。利用 JSP 动作可以动态地插入文件，重用 JavaBean 组件，把用户重定向到另外的页面，为 Java 插件生成 HTML 代码。JSP 动作包括：

(1) <jsp:include>；

(2) <jsp:forward>；

(3) <jsp:useBean>；

(4) <jsp:getProperty>；

(5) <jsp:setProperty>；

(6) <jsp:plugin>；

(7) <jsp:param>。

其中，<jsp:useBean>、<jsp:getProperty>和<jsp:setProperty>动作和 JavaBean 结合得非常紧密。

3.5.1　<jsp:include>

<jsp:include>动作标签(简称动作)可以将另外一个文件内容包含到当前 JSP 页面中，被包含的页面可以是静态代码，也可以是动态代码。其格式如下：

```
<jsp:include page="url" flush="false|true">
<jsp:param name="参数名 1" value="参数值 1"/>
<jsp:param name="参数名 2" value="参数值 2"/>
    ⋮
</jsp:include>
```

其中：page 用于指定被包含文件的相对路径；flush 为可选参数，用于设置是否刷新缓冲区，如果为 true，则在当前页面输出使用了缓冲区的情况下，先刷新缓冲区，然后再执行包含操作。

前面已经介绍过 include 指令，它在 JSP 程序文件被转换成 Servlet 的时候引入文件，而这里的<jsp:include>动作不同，它在页面被请求时插入文件。<jsp:include>动作的文件引入时间决定了它的效率要稍微差一点，而且被引用文件不能包含某些 JSP 代码(如不能设置 HTTP 头)，但它的灵活性要好得多。

<jsp:include>动作可以包含动态或静态文件，但包含的过程有所不同。如果文件是动态的，则需要经过 JSP 引擎编译执行，否则只是简单地把文件内容加到 JSP 主页面中(这种情况和 include 指令类似)。不能仅从文件名上判断一个文件是动态的还是静态的，如 jspcn.jsp 就有可能只是包含一些静态信息而已。<jsp:include>能够同时处理这两类文件，因此就不需要在包含时判断此文件是动态的还是静态的。

另外需要注意的是，同样是用来包含文件，<jsp:include>动作和<%@ include %>指令是有所不同的。<%@ include %>指令在 JSP 页面转化成 Servlet 时才嵌入被包含文件，而<jsp:include>动作在页面被请求访问时即嵌入，因此所含文件的变化总会被检查到，更适合包含动态文件。

如果被包含的文件是动态的，那么还可以通过使用<jsp:param>动作元素传递参数名和参数值。

【例 3-16】 编写两个 JSP 页面，分别为 doinclude.jsp 和 max.jsp，在 doinclude.jsp 中用<jsp:include>动作包含文件 max.jsp，doinclude.jsp 传递两个实数到 max.jsp。在 max.jsp 中实现接收传递过来的两个实数，并求出两个实数的最大值。

(1) doinclude.jsp 的代码如下：

```
<%@ page language="java" contentType="text/html;charset=utf-8"   pageEncoding="utf-8"%>
<!DOCTYPE HTML PUBLIC "-//W3C//DTD HTML 4.01 Transitional//EN">
<html>
      <head>
      <title>include </title>
      </head>
      <body>
            <%
            double dx=3.14,dy=4.3;
            %>
            <p>
            主页面信息：加载 max.jsp 文件，求两个数的最大值，下面开始加载......<br>
            <jsp:include page="max.jsp">
                  <jsp:param name="dx" value="<%=dx%>" />
                  <jsp:param name="dy" value="<%=dy%>" />
            </jsp:include>
                  <br>主页面信息：现在已经加载完毕。
            </p>
      </body>
</html>
```

(2) max.jsp 的代码如下：

```
<%@ page language="java" contentType="text/html;charset=utf-8"   pageEncoding="utf-8"%>
<html>
      <head>
```

```
            <title>include 任务</title>
        </head>
        <body>
            <%!
            public double getMax(double x,double y){
            if(x>y)
            return x;
            else
            return y;
            }
            %>
            (<%=request.getParameter("dx") %>,<%= request.getParameter("dy")%>)
            中最大数：
            <%=getMax(Double.parseDouble(request.getParameter("dx")),
            Double.parseDouble(request.getParameter("dy")))%>
        </body>
    </html>
```

doinclude.jsp 的运行结果如图 3-18 所示。

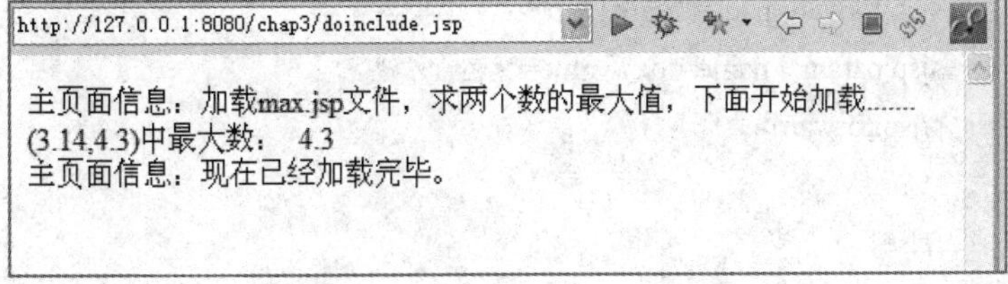

图 3-18　doinclude.jsp 的运行结果

代码 request.getParameter("dx")用于获得参数名为"dx"的值。

3.5.2　<jsp:forward>

<jsp:forward>动作用于将页面响应转发到另外的页面，既可以转发到静态的 HTML 页面，也可以转发到动态的 JSP 页面，或者转发到容器中的 Servlet。

JSP 的 forward 动作的格式对于 JSP 1.0，使用如下语法：

```
<jsp:forward page="{relativeURL|<%=expression%>}"/>
```

对于 JSP 1.1 以上，可使用如下语法：

```
<jsp:forward page="{relativeURL|<%=expression%>}">
  <jsp:param.../>
      ⋮
</jsp:forward>
```

其中，{relativeURL|<%=expression%>}处也可以设置为固定的待跳转页面的名称。

第二种语法用于在转发时增加额外的请求参数。增加的请求参数的值可以通过

HttpServletRequest 类的 getParameter()方法获取。

【例 3-17】 编写三个 JSP 页面，分别为 forward.jsp、ward1.jsp 和 ward2.jsp，在 forward.jsp 文件中定义一个 int 型变量 i 并赋予初始值，接下来判断 i 的值是否大于 1，如果大于 1，则应用<jsp:forward>动作转发到 ward1.jsp，否则，应用<jsp:forward>动作转发到 ward2.jsp。在 ward1.jsp 和 ward2.jsp 页面中输出 i 的值。

(1) forward.jsp 的代码如下：

```
<%@ page language="java" contentType="text/html;charset=utf-8" pageEncoding="utf-8"%>
<!DOCTYPE HTML PUBLIC "-//W3C//DTD HTML 4.01 Transitional//EN">
<html>
    <head>
        <title>forward</title>
    </head>
    <body >
        <h3>
        <%
        int i=5;
        if(i<1){
        %>
        <jsp:forward page="ward1.jsp">
        <jsp:param   name="dx" value="<%=i%>"/>
        </jsp:forward>
        <%
        }else{
        %>
        <jsp:forward page="ward2.jsp">
        <jsp:param   name="dy" value="<%=i%>"/>
        </jsp:forward>
        <%
        }
        %>
        </h3>
    </body>
  </html>
```

(2) ward1.jsp 的代码如下：

```
<%@ page language="java" contentType="text/html;charset=utf-8"
    pageEncoding="utf-8"%>
<html>
    <head>
        <title>forward</title>
```

```
        </head>
        <body>
                <h2>i 的初始值为<%=request.getParameter("dx")%></h2><br>
        </body>
    </html>
```

(3) ward2.jsp 的代码如下：

```
<%@ page language="java" contentType="text/html;charset=utf-8"
    pageEncoding="utf-8"%>
<html>
    <head>
        <title></title>
    </head>
    <body>
        <h2>i 的初始值为<%=request.getParameter("dy")%></h2><br>
    </body>
</html>
```

运行 forward.jsp，结果如图 3-19 所示。

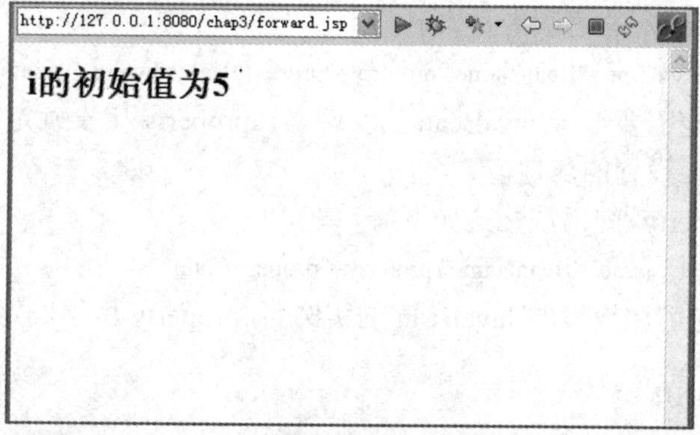

图 3-19　forward.jsp 的运行结果 1

修改 forward.jsp 文件中 i 的初始值为 0，运行 forward.jsp，结果如图 3-20 所示。

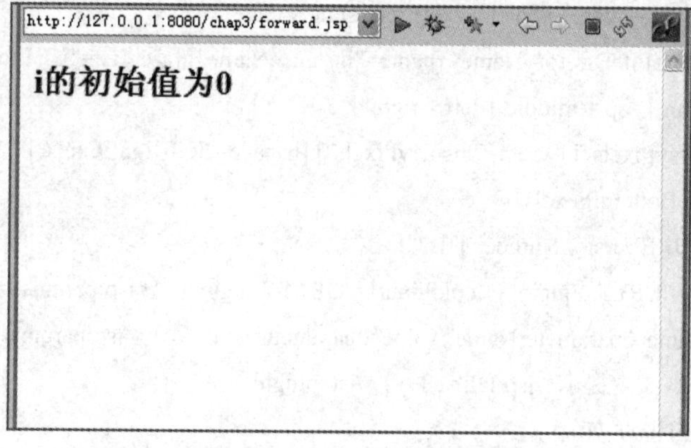

图 3-20　forward.jsp 的运行结果 2

3.5.3 <jsp: useBean>、<jsp: setProperty>和<jsp: getProperty>

<jsp: useBean>、<jsp: setProperty>和<jsp: getProperty>这三个动作都是与 JavaBean 相关的动作。其中，<jsp:useBean> 动作用于在 JSP 页面中初始化一个 Java 实例，<jsp:setProperty> 动作用于为 JavaBean 实例的属性设置值，<jsp:getProperty>动作用于输出 JavaBean 实例的属性。

如果多个 JSP 页面中需要重复使用某段代码，我们可以把这段代码定义为 Java 类的方法，然后让多个 JSP 页面调用该方法，这样可以达到较好的代码复用效果。

(1) <jsp:useBean>的语法格式如下：

```
<jsp:useBean id="name" class="classname"
scope="page | request | session | application" />
```

其中，ID 表示 JavaBean 的实例名，class 用于确定 JavaBean 的实现类，scope 用于指定 JavaBean 实例的生存范围，该范围有以下四个值：

page：该 JavaBean 实例仅在该页面有效。

request：该 JavaBean 实例对本次请求有效。

session：该 JavaBean 实例在本次 session 内有效。

application：该 JavaBean 实例在本应用内一直有效。

(2) <jsp:setProperty>的语法格式如下：

```
<jsp:setProperty name="BeanName" proterty="propertyName" value="value"/>
```

其中，name 用于确定需要设置 JavaBean 的实例名，property 用于确定需要设置的属性名，value 则用于确定需要设置的属性值。

(3) <jsp:getProperty>的语法格式如下：

```
<jsp:getProperty name="BeanName" proterty="propertyName" />
```

其中，name 用于确定需要设置的 JavaBean 的实例名，property 用于确定需要输出的属性名。

3.5.4 <jsp:plugin>

<jsp:plugin>动作主要用于下载服务器端的 JavaBean 或 Applet 到客户端执行。由于程序在客户端执行，因此客户端必须安装虚拟机。<jsp:plugin> 的语法格式如下：

```
<jsp:plugin type="bean | applet" code="classFileName"
codebase="classFileDiretoryName" [name="instanceName"] [archive="URLtoArchive"]
[align="bottom | top | middle | left | right"]
[heigh="displayPixels"] [width="displayPixels"] [hspace="leftRightPixels"]
 [vspace="topBottomPiexels"]
[jreversion="JREVersionNumber | 1.2"]
 [nspluginurl="URLToPlugin"] [iepluginurl="URLToPlugin"]> [<jsp:parames>
[jsp:param name="parameterName" value="parameterValue"/>] </jsp:params>]
[<jsp:fallback>文本提示</jsp:fallback> ] </jsp:plugin>
```

关于这些属性的说明如下：

type：指定被执行的 Java 程序的类型。

code：指定被执行的文件名，该属性值必须以“.class”扩展名结尾。

codebase：指定被执行文件所在的目录。

name：给该程序起一个名字用来标识该程序。

archive：指向一些要预先载入的将要使用到的类的路径。

hspace、vspace：显示左右、上下的留白。

jreversion：能正确运行该程序必需的 JRE 版本。

nspluginurl、iepluginurl：浏览器下载运行所需 JRE 的地址。

<jsp:fallback>动作：当不能正确显示该 Applet 时，显示该指令中的文本提示。

3.5.5 <jsp: param>

<jsp:param>动作用于设置参数值。这个指令本身不能单独使用，因为单独的 param 指令没有实际意义。<jsp:param>动作可以与以下三个动作结合使用：

(1) <jsp:include>；

(2) <jsp:forward>；

(3) <jsp:plugin>。

当与<jsp:include>动作结合使用时，<jsp:param>动作用于将参数值传入被导入的页面；当与<jsp:forward>动作结合使用时，<jsp:param>动作用于将参数值传入被转向的页面；当与<jsp:plugin>动作结合使用时，<jsp:param>动作用于将参数传入页面中的 JavaBean 实例或 Applet 实例。

<jsp:param>动作的语法格式如下：

```
<jsp:param name="paramName" value="paramValue"/>
```

3.6 JSP 异常

JSP 在执行时会出现两类异常，实际上也就是 javax.servlet.jsp 包中的两类异常：JspError 和 JspException。

(1) JspError 发生在 JSP 程序文件转换成 Servlet 文件时，通常称之为“转换期错误”。这类错误通常由语法错误引起，导致无法编译，因而在页面中报“HTTP 500”类型的错误。这类错误由 JspError 类负责处理，其原型为

```
public class JspError extends JspException
```

一旦 JspError 异常发生，动态页面的输出将被终止，然后被定位到错误页。

(2) JspException 发生在编译后的 Servlet Class 文件在处理 request 请求时，因为逻辑上的错误而导致“请求期异常”。这样的异常通常由 JspException 类负责处理，其原型为

```
public class JspException extends java.lang.Exception
```

或者也可以自定义错误处理页面来处理这类错误(可以使用 page 指令的 errorPage 属性和 iserrorPage 属性进行控制)。

本 章 小 结

本章介绍了一些 JSP 技术的语法知识，主要讲解了 JSP 的基本构成。JSP 程序文件由五种基本元素组成：HTML 标记符号、JSP 标签、声明的变量、Java 表达式、Java 程序片段。在 JSP 程序文件中又以 JSP 指令和 JSP 动作最为重要。读者在学习过程中需要通过编程实践来牢固地掌握这些语法，毕竟语法本身是既定的，而如何使用却是灵活的。在遵循最基本的语法基础上，灵活地组织语言结构，会产生良好的效果，而其中的很多经验是需要在实践中不断积累的。

习　题

1．简述 JSP 程序文件的组成元素，并说明每个元素的含义。

2．JSP 程序文件中含有哪三种指令元素？它们的作用分别是什么？

3．"<%!"和"%>"之间声明的变量与"<%"和"%>"之间声明的变量有何不同?

4．如果有两个用户访问一个 JSP 页面，该页面中的 Java 程序片段将被执行几次?

5. 假设有两个不同用户访问下列 JSP 页面 hello.jsp，请问第一个和第二个访问 hello.jsp 页面的用户看到的页面结果有何不同?

```
hello.jsp
<%@ page contentType="text/html;charset=utf-8" %>
<%@ page isThreadSafe="false" %>
    <html>
    <body>
        <%!
        int sum=1;
        void add(int m){
            sum = sum +m;
        }
        %>
        <%
        int n =100;
        add(n);
        %>
        <%=sum%>
    </body>
</html>
```

6．阅读下面的代码，描述代码实现的功能。

```
<%@ page contentType="text/html;charset=utf-8" %>
<html>
```

```
    <body>
        <%
        for(char c='A';c<='Z';c++)  {
          out.println(" "+c);
        }
      %>
    </body>
  </html>
```

7．下面是 IE 窗口访问 JSP 页面的代码。连续刷新页面，输出的结果是 X，紧接着重新启动一个新的 IE 窗口运行该 JSP 代码，连续刷新两次，输出的结果是 Y，则 X 和 Y 的值分别是什么？

```
<%@ page contentType="text/html; charset=utf-8"%>
<html>
<%
 Integer cnt = (Integer)application.getAttribute("hitCount");
if ( cnt == null){
      cnt = new Integer(1);
 }else{
        cnt = new Integer(cnt.intValue() + 1 );
 }
%>
```

8．请简单叙述 include 指令标记和 include 动作标记的不同。

9．编写三个 JSP 页面，即 main.jsp、circle.jsp 和 ladder.jsp，将三个 JSP 页面保存在同一 Web 服务器目录中。main.jsp 使用 include 动作标记加载 circle.jsp 和 ladder.jsp 页面。circle.jsp 页面可以计算并显示圆的面积。ladder.jsp 页面可以计算并显示梯形的面积。当 circle.jsp 和 ladder.jsp 被加载时，获取 main.jsp 页面 include 动作标记的 param 子标记提供的圆的半径以及梯形的上底、下底和高的值。

第 4 章

JSP 内置对象

JSP 内置对象由 JSP 容器自动为 JSP 页面提供，可以使用标准的变量来访问这些对象，并且不用编写任何额外的代码就可以在 JSP 网页中使用。在 JPS 2.0 规范中定义了九个内置对象：request(请求对象)、response(响应对象)、session(会话对象)、application(应用程序对象)、out(输出对象)、page(页面对象)、config(配置对象)、exception(异常对象)、pageContext(页面上下文对象)。在这一章中，我们将对它们进行介绍，并通过示例来介绍它们的具体使用方法。

4.1　JSP 内置对象概述

JSP 内置对象是 JSP 容器为每个页面提供的 Java 对象，开发者可以直接使用它们而不用显式声明。JSP 内置对象也被称为预定义变量。JSP 所支持的九个内置对象如表 4-1 所示。

表 4-1　JSP 所支持的九个内置对象

对 象 名	对 象 说 明
request	HttpServletRequest 类的实例
response	HttpServletResponse 类的实例
out	JspWriter 类的实例，用于把结果输出至网页上
session	HttpSession 类的实例
application	ServletContext 类的实例，与应用上下文有关
config	ServletConfig 类的实例
pageContext	PageContext 类的实例，提供对 JSP 页面所有对象以及命名空间的访问
page	类似于 Java 类中的 this 关键字
exception	Exception 类的对象，代表发生错误的 JSP 页面中对应的异常对象

4.2　request 对象

request 对象又称为请求对象，其最主要的作用在于接收参数。当客户端请求一个 JSP 页面时，JSP 容器会将客户端的请求信息包装在这个 request 对象中，请求信息的内容包括请求的头信息、请求的方式、请求的参数名称和参数值等。request 对象封装了用户提交的信息，通过调用该对象相应的方法可以获取来自客户端的请求信息，然后作出响应。

4.2.1　常用方法

request 对象的常用方法如表 4-2 所示。

表 4-2　request 对象的常用方法

方 法 名	方 法 说 明
getAttribute(String name)	返回指定属性的属性值
getAttributeNames()	返回所有可用属性名的枚举
getCharacterEncoding()	返回字符编码方式
getContentLength()	返回请求体的长度(字节数)
getContentType()	得到请求体的 MIME 类型
getInputStream()	得到请求体中一行的二进制流
getParameter(String name)	返回 name 指定参数的参数值
getParameterNames()	返回可用参数名的枚举
getParameterValues(String name)	返回包含参数 name 的所有值的数组
getProtocol()	返回请求用的协议类型及版本号
getServerName()	返回接受请求的服务器主机名
getServerPort()	返回服务器接受此请求所用的端口号
getReader()	返回解码了的请求体
getRemoteAddr()	返回发送此请求的客户端 IP 地址
getRemoteHost()	返回发送此请求的客户端主机名
setAttribute(String key,Object obj)	设置属性的属性值
getRealPath(String path)	返回一虚拟路径的真实路径
getMethod()	返回客户向服务器传送数据的方式
getRequestURL()	返回发出请求字符串的客户端地址
getSession()	创建一个 session 对象

4.2.2　获取表单数据

【例 4-1】 编写两个 JSP 页面，分别为 a.jsp 和 b.jsp。在 a.jsp 页面中有一个表单，用户通过该表单输入一个字符串并提交给 b.jsp 页面，b.jsp 页面获取 a.jsp 提交的字符串，并输出这个字符串及其长度。

(1) a.jsp 的代码如下：

```
<%@ page language="java" contentType="text/html;charset=utf-8"
    pageEncoding="utf-8"%>
<!DOCTYPE HTML PUBLIC "-//W3C//DTD HTML 4.01 Transitional//EN">
<html>
    <head>
        <title>内置对象</title>
```

```
        </head>
        <body >
            <form action="b.jsp" method="post">
                输入字符串：
                <input type="text" name="str">
                <br>
                <input type="submit" value="submit">
            </form>
        </body>
    </html>
```

(2) b.jsp 的代码如下：

```
    <%@ page language="java" contentType="text/html;charset=utf-8"   pageEncoding="utf-8"%>
    <!DOCTYPE HTML PUBLIC "-//W3C//DTD HTML 4.01 Transitional//EN">
    <html>
        <head>
            <title>内置对象</title>
        </head>
        <body >
            <%
                String str = request.getParameter("str");
                if (str == null)
                    str = "";
                out.print("输入的字符串是:" + str);
                out.print("<br>长度:" + str.length());
            %>
        </body>
    </html>
```

运行 a.jsp，结果如图 4-1 所示，在 a.jsp 运行结果的页面输入“hello”，点击“submit”按钮，跳转到 b.jsp。b.jsp 的运行结果如图 4-2 所示。

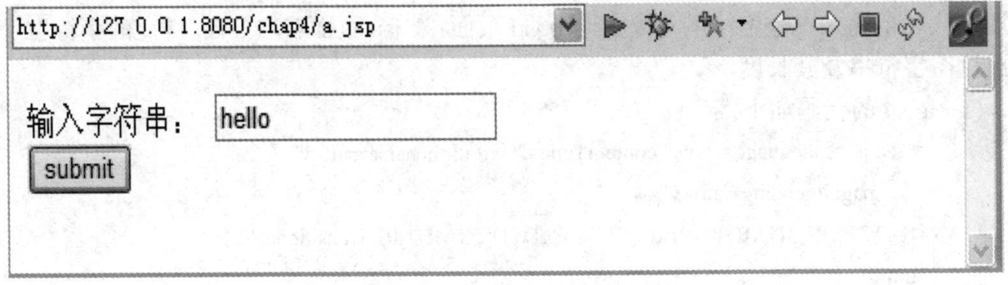

图 4-1　a.jsp 的运行结果

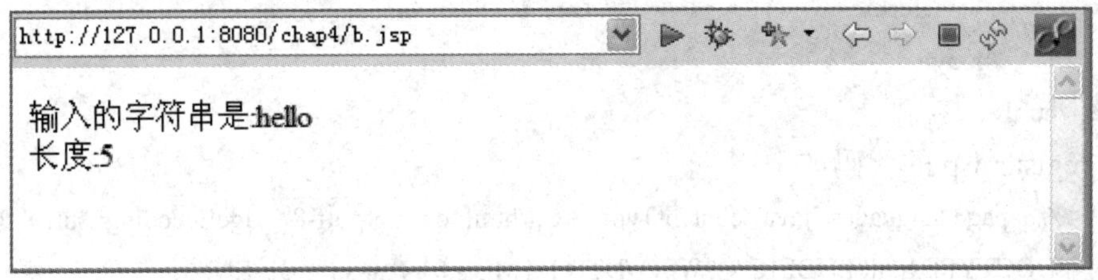

图 4-2　b.jsp 的运行结果

【例 4-2】 编写两个 JSP 页面，分别为 register.html 和 register.jsp，用户通过该表单输入用户的姓名、密码、自我介绍，选择性别、爱好、班级并提交给 register.jsp 页面。在 register.jsp 页面显示用户输入的内容。

(1) register.html 的代码如下：

```
<html>
    <head>
        <meta http-equiv="Content-Type" content="text/html; charset=utf-8">
        <title>注册表单</title>
    </head>
    <body>
        <h1 align="center">注册表单</h1>
        <form action=" register.jsp" method="post">
            <p>姓名：<input type="text" name="name" size="10">
            <p>密码：<input type="password" name="pass" size="10">
            <p>性别：<input type="radio" name="gender" value="男" checked>男
                <input type="radio" name="gender" value="女">女
            <p>爱好：<input type="checkbox" name="hobby" value="文学">文学
                <input type="checkbox" name="hobby" value="音乐">音乐
                <input type="checkbox" name="hobby" value="运动">运动
            <p>班级：<select name="class">
                    <option value="1">1 班
                    <option value="2">2 班
                    <option value="3">3 班
                    <option value="4">4 班
                    <option value="5">5 班
                    <option value="6">6 班
                </select>
            <p>自我介绍：
            <p><textarea name="introduce" rows="5" cols="20"></textarea>
            <p><input type="submit" value="确定">
                <input type="reset" value="重填">
```

```
        </form>
    </body>
</html>
```

(2) register.jsp 的代码如下：

```
<%@ page language="java" contentType="text/html; charset=utf-8" pageEncoding="utf-8"%>
<!DOCTYPE html PUBLIC "-//W3C//DTD HTML 4.01 Transitional//EN"
    "http://www.w3.org/TR/html4/loose.dtd">
<html>
    <head>
        <meta http-equiv="Content-Type" content="text/html; charset=utf-8">
        <title>处理表单</title>
    </head>
    <body>
    <%
    request.setCharacterEncoding("utf-8");// 设置接收的字符集
    // 从 request 接收表单数据
    String name = request.getParameter("name");
    String pass = request.getParameter("pass");
    String gender = request.getParameter("gender");
    String[] hobby = request.getParameterValues("hobby"); // 复选框用数组接收
    String class1 = request.getParameter("class");
    String introduce = request.getParameter("introduce");
    // 把数组 hobby 拼接成一个字符串 s_hobby
    String s_hobby = "";
    if (hobby != null) {
        for (int i = 0; i < hobby.length; i++) {
            s_hobby = s_hobby + hobby[i];
            // 如果不是最后一个数组元素，加一个逗号作为分隔符
            if (i < hobby.length - 1) {
                s_hobby = s_hobby + ",";
            }
        }
    }
    %>
    <h1 align=center>你好！</h1>
    <p>姓名：<%=name%>
    <p>密码：<%=pass%>
    <p>性别：<%=gender%>
    <p>爱好：<%=s_hobby%>
```

```
            <p>班级：<%=class1%>
            <p>自我介绍：
            <p><%=introduce%>
        </body>
    </html>
```

运行 register.html。

在 register.html 运行结果的页面输入内容，如图 4-3 所示，点击“确定”按钮，register.jsp 的运行结果如图 4-4 所示。

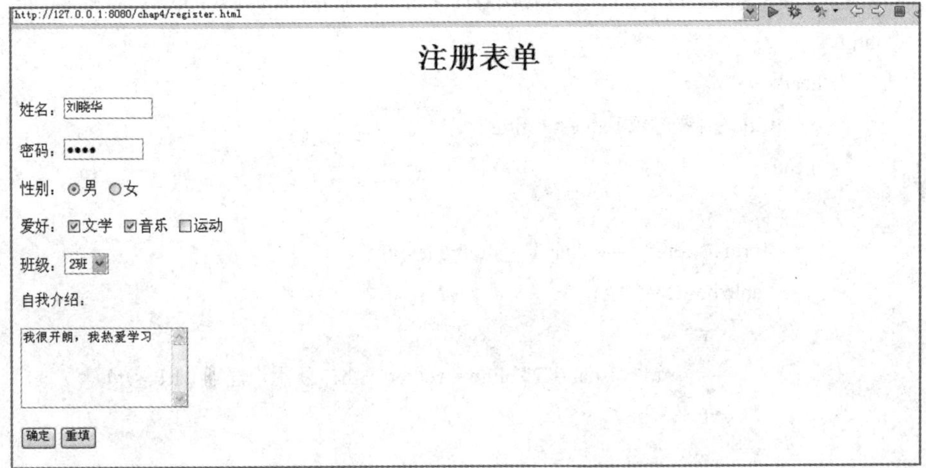

图 4-3　register.html 的运行结果

图 4-4　register.jsp 的运行结果

4.2.3 乱码处理

【例 4-3】 编写两个 JSP 页面，分别为 regist.jsp 和 handle.jsp。在 regist.jsp 中有一个注册表单，用户通过该表单输入用户名、密码，选择性别并提交给 handle.jsp，在 handle.jsp 中接收表单输入信息，并将信息进行相应的处理(判空、编码转换)后输出在页面上。

(1) regist.jsp 的代码如下：

```
<%@ page language="java" contentType="text/html;charset=utf-8"
    pageEncoding="utf-8"%>
<!DOCTYPE HTML PUBLIC "-//W3C//DTD HTML 4.01 Transitional//EN">
<html>
    <head>
        <title>内置对象 request </title>
    </head>
    <body >
        <form action="handle.jsp"    method="post">
        <table border="1">
            <tr>
                <td colspan="2" align="center"><h1>新用户注册</h1></td>
            </tr>
            <tr>
                <td width="120">用户名：</td>
                <td><input name="username" type="text" size="25"></td>
            </tr>
            <tr>
                <td>密码：</td>
                <td><input   name="userpsd" type="password"   size="25"></td>
            </tr>

            <tr>
                <td align="right">性别：</td>
                <td><p>
                    <input type="radio"   name="sex"   value="男">男
                    <input type="radio"   name="sex"   value=" 女">女
                    </p></td>
            </tr>
            <tr>
                <td> </td>
                <td>
                <input type="submit"   value="确认提交">
```

```
                    <input type="submit"    value="全部重写">
                    </td>
                </tr>
            </table>
        </form>
    </body>
</html>
```

运行 regist.jsp，结果如图 4-5 所示。

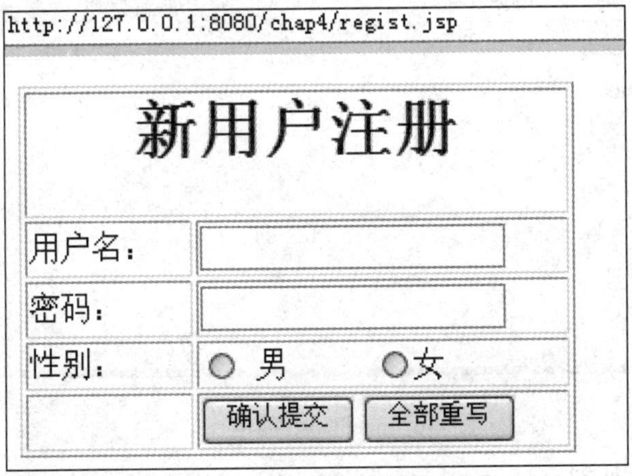

图 4-5　regist.jsp 的运行结果

(2) handle.jsp 的代码如下：

```
<%@ page language="java" contentType="text/html;charset=utf-8"
    pageEncoding="utf-8"%>
<!DOCTYPE HTML PUBLIC "-//W3C//DTD HTML 4.01 Transitional//EN">
<html>
    <head>
        <title>内置对象</title>
    </head>
    <body >
        <%
            String name = request.getParameter("username");
            String password = request.getParameter("userpsd");
            String sex = request.getParameter("sex");
            if (name != null)
                out.print("用户名 :" + name + "<br>");
            if (password != null)
                out.print("密码 :" + password + "<br>");
            if (sex != null) {
```

```
                sex = new String(sex.getBytes("iso8859-1"), "utf-8");
                out.print("性别 :" + sex);
            }
        %>
    </body>
</html>
```

handle.jsp 的运行结果如图 4-6 所示。

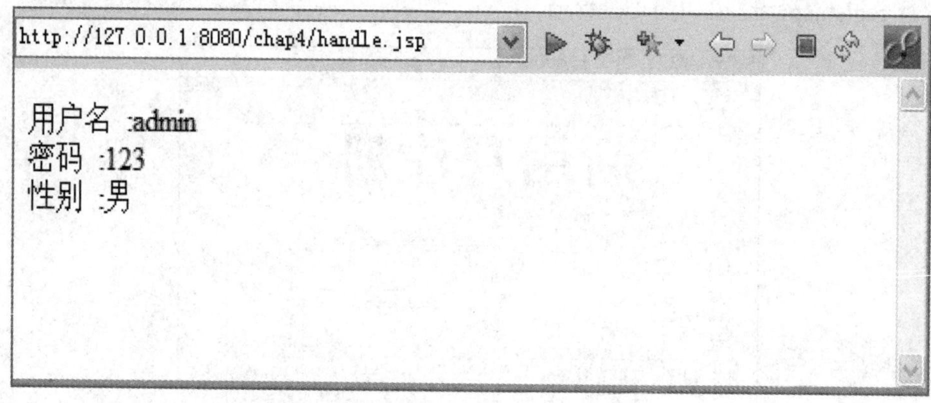

图 4-6　handle.jsp 的运行结果

handle.jsp 中的代码“sex = new String(sex.getBytes("iso8859-1"), "utf-8");”可实现乱码处理。此外，可以通过“request.setCharacterEncoding("utf-8");”统一设计编码。

4.2.4　页面跳转

利用 request 对象的方法获取请求转发对象 RequestDispatcher，实现页面的跳转。实现跳转需要以下两个步骤：

(1) 获取请求转发对象：

```
RequestDispatcher rd = request.getRequestDispatcher("目的页面 url");
```

(2) 跳转到目的页面：

```
rd.forward(request,response);
```

【例 4-4】 编写四个 JSP 页面，分别为 input.jsp、deal.jsp、java.jsp 和 net.jsp。input.jsp 中有一个表单，用户通过该表单输入姓名和选择课程(java 或 net)并提交给 deal.jsp，在 deal.jsp 页面接收参数并根据用户选择的不同课程跳转到不同页面。选择“java”跳转到 java.jsp，选择“net”跳转到 net.jsp，并在 java.jsp 和 net.jsp 页面显示用户姓名和课程。

(1) input.jsp 的代码如下：

```
<%@ page language="java" contentType="text/html;charset=utf-8"
    pageEncoding="utf-8"%>
<!DOCTYPE HTML PUBLIC "-//W3C//DTD HTML 4.01 Transitional//EN">
<html>
    <head>
```

```
            <title>内置对象 request</title>
        </head>
        <body >
            <form action="deal.jsp" method="post">
                姓名：
                <input type="text" name="name" value="" />
                <br />
                课程：
                <input type="radio" name="course" value="java" />
                java
                <input type="radio" name="course" value="net" />
                .net
                <br />
                <input type="submit" name="submit" value="提交" />
            </form>
        </body>
    </html>
```

(2) deal.jsp 的代码如下：

```
<%@ page language="java" contentType="text/html;charset=utf-8"   pageEncoding="utf-8"%>
<!DOCTYPE HTML PUBLIC "-//W3C//DTD HTML 4.01 Transitional//EN">
<html>
    <head>
        <title>内置对象 request</title>
    </head>
    <body >
        <%
            String course = request.getParameter("course");
            if (course.equals("java")) {
                //跳转到 java.jsp
                RequestDispatcher rd = request.getRequestDispatcher("java.jsp");
                rd.forward(request, response);
            } else if (course.equals("net")) {
                //跳转到 net.jsp
                RequestDispatcher rd = request.getRequestDispatcher("net.jsp");
                rd.forward(request, response);
            }
        %>
    </body>
</html>
```

(3) java.jsp 的代码如下：

```
<%@ page language="java" contentType="text/html;charset=utf-8"
    pageEncoding="utf-8"%>
<!DOCTYPE HTML PUBLIC "-//W3C//DTD HTML 4.01 Transitional//EN">
<html>
    <head>
        <title>request</title>
    </head>
    <body >
        <p>
            这是 java.jsp
        </p>
        <%
            String name = request.getParameter("name");
            name = new String(name.getBytes("iso8859-1"), "utf-8");
            out.println("<p>欢迎来到 java 课程：" + name + "同学！</p>");
        %>
    </body>
</html>
```

(4) net.jsp 的代码如下：

```
<%@ page language="java" contentType="text/html;charset=utf-8"
    pageEncoding="utf-8"%>
<!DOCTYPE HTML PUBLIC "-//W3C//DTD HTML 4.01 Transitional//EN">
<html>
    <head>
        <title>内置对象</title>
    </head>
    <body >
        <p>
            这是 net.jsp
        </p>
        <%
            String name = request.getParameter("name");
            name = new String(name.getBytes("iso8859-1"), "utf-8");
            out.println("<p>欢迎来到 net 课程：" + name + "同学！</p>");
        %>
    </body>
</html>
```

运行 input.jsp，结果如图 4-7 所示。

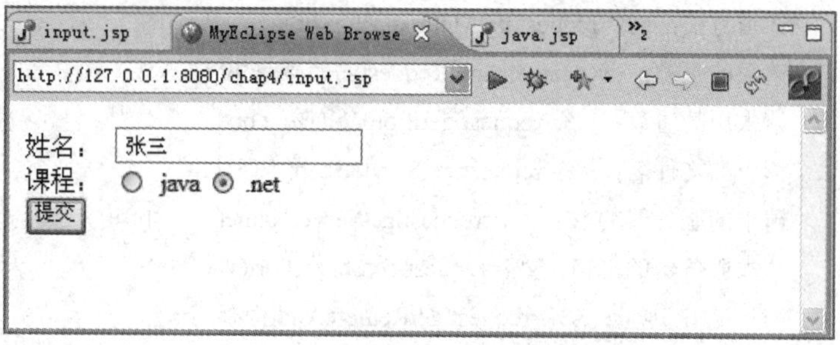

图 4-7　input.jsp 的运行结果

选择“net”选项后，点击“提交”按钮，结果如图 4-8 所示。

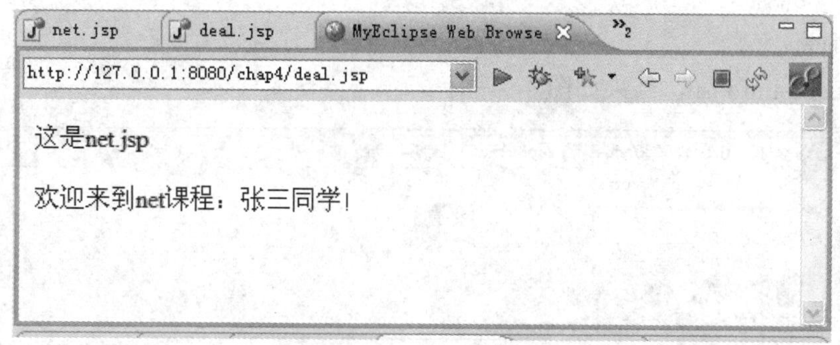

图 4-8　net.jsp 的运行结果

注意:

RequestDispatcher 与<jsp:forward/>都是在服务器端跳转的，在 request 对象中的信息被保留并带到目标页面。跳转到目标页面后，浏览器不会显示新页面的地址。以上两种方法跳转前后属于同一次请求。

4.2.5　获取 request 信息

【例 4-5】 编写 requestinfo.jsp，在页面输出客户端、服务器的信息。

requestinfo.jsp 的代码如下：

```
<%@ page language="java" contentType="text/html;charset=utf-8"   pageEncoding="utf-8"%>
<!DOCTYPE HTML PUBLIC "-//W3C//DTD HTML 4.01 Transitional//EN">
<html>
    <head>
        <title>内置对象</title>
    </head>
    <body >
        <form action="" method="post">
        <input type="text" name="name">
        <input type="submit" value="提交">
```

```
    </form>
        请求方式：<%=request.getMethod()%><br>
        请求的资源：<%=request.getRequestURI()%><br>
        请求用的协议：<%=request.getProtocol()%><br>
        请求的文件名：<%=request.getServletPath()%><br>
        请求的服务器的 IP：<%=request.getServerName()%><br>
        请求服务器的端口：<%=request.getServerPort()%><br>
        客户端 IP 地址：<%=request.getRemoteAddr()%><br>
        客户端主机名：<%=request.getRemoteHost()%><br>
        表单提交来的值：<%=request.getParameter("name")%><br>
    </body>
</html>
```

运行 requestinfo.jsp，结果如图 4-9 所示。

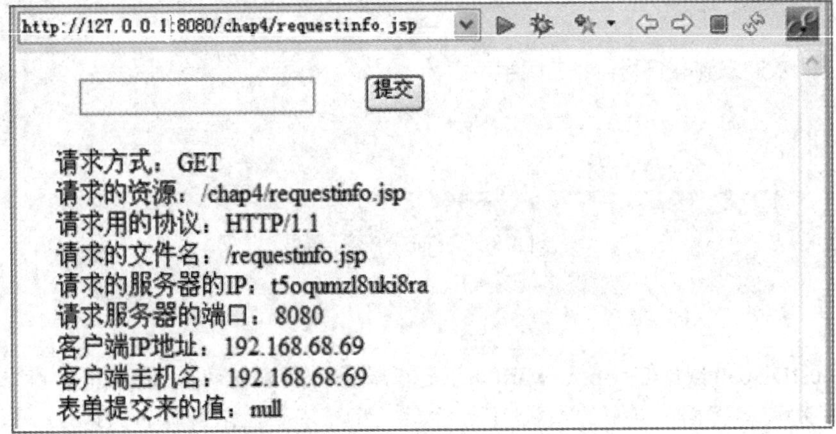

图 4-9 requestinfo.jsp 的运行结果 1

在 requestinfo.jsp 页面的表单中输入“admin”，点击“提交”按钮后的运行结果如图 4-10 所示。

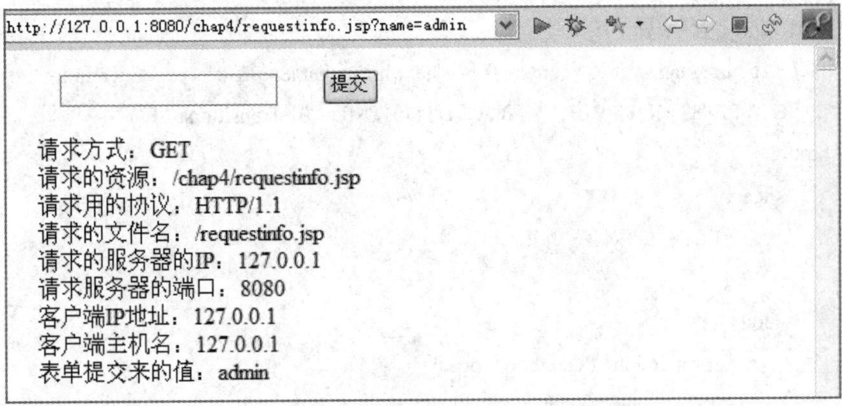

图 4-10 requestinfo.jsp 的运行结果 2

4.3　response 对象

response 对象用于动态响应客户端请求，控制发送给用户的信息，并将动态生成的响应结果返回客户端浏览器。response 对象只提供了一个数据集合 Cookie，它用于在客户端写入 Cookie 值。若指定的 Cookie 不存在，则创建该 Cookie；若存在，则自动进行更新。

4.3.1　常用方法

response 对象的常用方法如表 4-3 所示。

表 4-3　response 对象的常用方法

方 法 名	方 法 说 明
addCookie(Cookie cookie)	向客户端写入一个 Cookie
addHeader(String name,String value)	添加 HTTP 文件头
containsHeader(String name)	判断名为 name 的 header 文件头是否存在
encodeURL(String url)	把 session ID 作为 URL 参数返回客户端
getOutputStream()	获得返回到客户端的输出流对象
sendError(int)	向客户端发送错误信息，如 404 错误信息
sendRedirect(String url)	重定向请求
setContentType(String type)	设置响应的 MIME 类型
setHeader(String　name, String　value)	设置指定的 HTTP 文件的头信息值，如果该值已经存在，则新值会覆盖原有的旧值

4.3.2　response 重定向

response 重定向将用户从当前页面定向到另一个 JSP 页面。

【例 4-6】 同例 4-4。

在本例页面跳转采用 response 对象实现，只需要修改例 4-4 中的 deal.jsp 文件。其代码如下：

```
String course=request.getParameter("course");
if(course.equals("java")){
 //跳转到 java.jsp
 response.sendRedirect("java.jsp?course="+course);
  }else if(course.equals("net")){
 //跳转到 net.jsp
 response.sendRedirect("net.jsp?course="+course);
  }  %>
```

其中“response.sendRedirect("java.jsp?course="+course);”是页面参数传递。

如果需要将上一次请求对象中的参数传递到重定向页面，则可以在 sendRedirect 所跳转的页面的后面通过“?”和“&”拼接参数。其语法格式如下：

```
response.sendRedirect("目的页面?参数 1=参数值&参数 2=参数值&参数 3=参数值…");
```

可见，response.sendRedirect 实现请求跳转，重新发起一次请求。

注意:

用<jsp:forward>动作和 response 对象中 sendRedirect 方法都可以实现页面的重定向，但二者是有区别的。使用<jsp:forward>只能在本网站内跳转，并且跳转后在地址栏中仍然显示以前页面的 URL，跳转前后的两个页面属于同一个 request，用户程序可以用 request 来设置或传递用户程序数据。但 response.sendRedirect 则不一样，它相对于前者是绝对跳转，在地址栏中，显示的是跳转后页面的 URL，跳转前后的两个页面不属于同一个 request，当然也可用其他技术手段来保证 request 为同一个，但这不是本节的讨论范围。对于后者来说，可以跳转到任何一个地址的页面，例如 response. sendRedirect("http://www.baidu.com/")。

4.3.3 Cookie

建立商业站点或者功能比较完善的个人站点，常常需要记录访问者的一些信息，基于 Internet 的各种服务系统应运而生。例如，论坛作为 Internet 发展的产物之一，在 Internet 中发挥着越来越重要的作用，它是用户获取、交流、传递信息的主要场所之一，常常需要记录访问者的一些基本信息(如身份识别号码、密码、用户在 Web 站点购物的方式或用户访问该站点的次数等)。目前，通常通过 Cookie 和 session 技术来记录访问者的一些基本信息。

Cookie 技术自诞生以来就是广大网络用户和 Web 开发人员争论的一个焦点。有一些网络用户，甚至包括一些资深的 Web 专家也对它的产生和推广感到不满，这并不是因为 Cookie 技术的功能太差或其他技术性能上的问题，而是因为 Cookie 的使用对网络用户的隐私构成了危害。因为 Cookie 是由 Web 服务器保存在用户浏览器上的小文本文件，它包含有关用户的信息。

Cookie 技术的产生源于 HTTP 协议在互联网上的快速发展。随着互联网的深层次发展，带宽等限制不存在了，人们需要更复杂的互联网交互活动，就必须同服务器保持活动状态。于是，在浏览器发展初期，为了适应用户的需求，技术上推出了各种保持 Web 浏览状态的手段，其中就包括了 Cookie 技术。1993 年，网景公司雇员 Lou Montulli 为了让用户在访问某网站时，进一步提高访问速度，同时也为了进一步实现个人化网络，发明了今天被广泛使用的 Cookie。

Cookie 在网络系统中几乎无处不在，当我们浏览以前访问过的网站时，网页中可能会出现：“你好×××”，这会让我们感觉很亲切。这其实是通过访问主机中的一个文件来实现的，这个文件就是 Cookie。在 Internet 中，Cookie 实际上是由 Web 服务器创建并将信息存储在用户计算机上的文件。Cookies 是指某些网站为了辨别用户身份、进行 session 跟踪而存储在用户本地终端上的数据，而这些数据通常会经过加密处理。

Cookie 在计算机中是一个存储在浏览器目录中的文本文件，当浏览器运行时，将其存储在 RAM 中(此种 Cookie 称为 session Cookie)。若用户从该网站或服务器退出，则 Cookie 可存储在用户本地的硬盘上(此种 Cookie 称为 Persistent Cookie)。

在通常情况下，当用户结束浏览器会话时，系统将终止所有的 Cookie。当 Web 服务器创建了 Cookie 后，在其有效期内，当用户访问同一个 Web 服务器时，浏览器首先要检查本地的 Cookie，并将其原样发送给 Web 服务器。这种状态信息称为“Persistent Client State HTTP Cookie”，简称为 Cookies。

当然，Cookie 功能并不是每一个浏览器都支持的，有些浏览器是禁止使用 Cookie 功能的。

【例 4-7】 编写两个 JSP 页面，分别为 cookie1.jsp 和 cookie2.jsp。在 cookie1.jsp 文件中创建两个 Cookie 对象，设置最大保存时间为 60 秒，通过 response 对象将 Cookie 设置到客户端。在 cookie2.jsp 文件中实现取得客户端设置的 Cookie，并输出在页面上。

(1) cookie1.jsp 的代码如下：

```
<%@ page language="java" contentType="text/html;charset=utf-8"   pageEncoding="utf-8"%>
<html>
    <head>
        <title>内置对象</title>
    </head>
    <body >
        <%
            Cookie c1 = new Cookie("name", "aaa");
            Cookie c2 = new Cookie("password", "111");
            // 最大保存时间为 60 秒
            c1.setMaxAge(60);
            c2.setMaxAge(60);
            // 通过 response 对象将 Cookie 设置到客户端
            response.addCookie(c1);
            response.addCookie(c2);
        %>
    </body>
</html>
```

(2) cookie2.jsp 的代码如下：

```
<%@ page language="java" contentType="text/html;charset=utf-8"
    pageEncoding="utf-8"%>
<html>
    <head>
        <title>内置对象</title>
    </head>
    <body >
        <%
            //通过 request 对象，取得客户端设置的全部 Cookie
            //实际上，客户端的 Cookie 是通过 HTTP 头信息发送到服务器端上的
            Cookie c[] = request.getCookies();
        %>
```

```
        <%
            for (int i = 0; i < c.length; i++) {
                Cookie temp = c[i];
        %>
        <h1><%=temp.getName()%>
            -->
            <%=temp.getValue()%></h1>
        <%
            }
        %>
    </body>
</html>
```

运行 cookie1.jsp，再运行 cookie2.jsp，cookie2.jsp 的运行结果如图 4-11 所示。

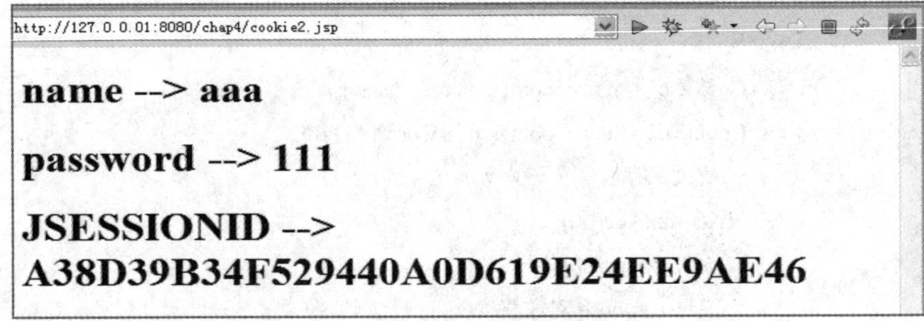

图 4-11　cookie2.jsp 的运行结果

4.3.4 response 的 HTTP 文件头

setHeader(String　name, String　value)方法可以添加新的响应头和头的值。例如：

```
response.setHeader("refresh","5");  //页面每 5 秒刷新一次
response.setHeader("refresh","2;url=otherPagename");  //2 秒跳到其他页面
```

【例 4-8】 编写 refresh.jsp，实现在 response 对象添加一个响应头 refresh，其头的值是“3”。那么客户收到这个头之后，每隔 3 秒刷新一次页面。

refresh.jsp 的代码如下：

```
<%@ page contentType="text/html;charset=utf-8" %>
<%@ page import="java.util.*" %>
<html>
    <body>
        <font size=5>
        <p>现在的时间是：<br>
        <%
        out.println(""+new Date());
```

```
            response.setHeader("refresh","3");
        %>
        </font>
    </body>
</html>
```

refresh.jsp 的运行结果如图 4-12 所示。

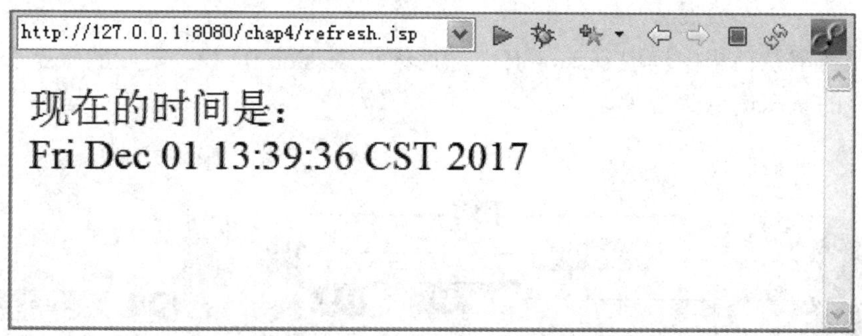

图 4-12　refresh.jsp 的运行结果

4.4　session 对象

session 在计算机中，尤其是在网络应用中，被称为“会话控制”。例如，我们打电话时从拿起电话拨号到挂断电话这中间的一系列过程可以称之为一个 session。有时候我们可以看到这样的话：“在一个浏览器会话期间……”，是指一个浏览器窗口从打开到关闭这个期间，这里的“会话”一词用的就是其本身的意义。session 对象存储特定用户会话所需的属性及配置信息。这样，当用户在应用程序的 Web 页之间跳转时，存储在 session 对象中的变量将不会丢失，而会在整个用户会话中一直存在下去。当用户请求来自应用程序的 Web 页时，如果该用户还没有会话，则 Web 服务器将自动创建一个 session 对象。当会话过期或被放弃后，服务器将终止该会话。session 对象最常见的一个用法就是存储用户的首选项。例如，如果用户指明不喜欢查看图形，就可以将该信息存储在 session 对象中。需要注意的是，会话状态仅在支持 Cookie 的浏览器中保留。

4.4.1　工作原理

当 session 一词与网络协议相关联时，它往往隐含了“面向连接”和“保持状态”这样两个含义：“面向连接”指的是通信双方在通信之前要先建立一个通信的渠道，如打电话，直到对方接了电话通信才能开始，与此相对的是写信，在把信发出去时发信人并不能确认对方的地址是否正确，通信渠道不一定能建立，但对发信人来说，通信已经开始了；“保持状态”则是指通信的一方能够把一系列的消息关联起来，使得消息之间可以互相依赖，例如，一个服务员能够认出再次光临的老顾客，并且记得上次这个顾客还欠店里一块钱。

HTTP 本身是一种无状态的协议，也就是客户端连续发送的多个请求之间没有联系，下一次请求不关心上一次请求的状态。

而在实际运用中我们却希望服务器能记住客户端请求的状态，例如，在网上购物系统中，服务器端应该能够识别并跟踪记录每个登录到系统中的用户挑选并购买商品的整个流程。为此，Web 服务器必须采用一种机制来唯一标识一个用户，同时记录该用户的状态，这就要用到会话跟踪技术。

session 的工作原理如图 4-13 所示。当会话开始时，Web 服务器为 session 对象分配唯一的 session ID，将其发送给客户端，当客户再次发送 HTTP 请求时，客户端将 session ID 再传回来。

Web 服务器从请求中读取 session ID，然后根据 session ID 找到对应的 session 对象，从而得到客户的状态信息。

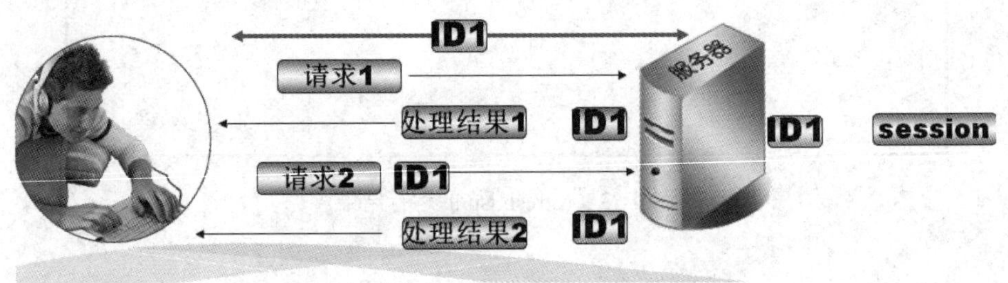

图 4-13　session 的工作原理

4.4.2 常用方法

session 对象的常用方法如表 4-4 所示。

表 4-4　session 对象的常用方法

方 法 名	方 法 说 明
getAttribute(String name)	获取与指定名字相关联的 session 属性值
getAttributeNames()	取得 session 内所有属性的集合
getCreationTime()	返回 session 创建时间，最小单位为千分之一秒
getId()	返回 session 创建时 JSP 引擎为它设的唯一的 ID
getLastAccessedTime() ,	返回此 session 中客户端最后一次访问时间
getMaxInactiveInterval()	返回两次请求间隔时间，以秒为单位
getValueNames()	返回一个包含此 session 中所有可用属性的数组
invalidate()	取消 session，使 session 不可用
isNew()	判断是否是新创建的 session，如果是，返回 true，否则返回 false
removeValue(String name)	删除 session 中指定的属性
setAttribute(String name, Object value)	设置指定名称的 session 属性值
setMaxInactiveInterval()	设置两次请求间隔时间，以秒为单位

4.4.3 常用技术

1. session ID

当一个客户端访问服务器的一个 JSP 页面时，JSP 引擎产生一个 session 对象，同时分配一个 String 类型的 ID，并发给客户端。客户端将其存储于 Cookie，其标志了一个唯一的 ID。采用 getId()方法可返回 session 对象在服务器端的编号。服务器端通过此 ID 唯一识别一个用户并提供特殊的服务。

【例 4-9】 编写两个 JSP 页面，分别为 session1.jsp 和 session2.jsp。在两个 JSP 页面中显示会话 ID。同时 session1.jsp 有一个超链接，链接到 sesssion2.jsp。

(1) session1.jsp 的代码如下：

```
<%@ page language="java" contentType="text/html;charset=utf-8"
    pageEncoding="utf-8"%>
<!DOCTYPE HTML PUBLIC "-//W3C//DTD HTML 4.01 Transitional//EN">
<html>
    <head>
        <title>内置对象</title>
    </head>
    <body >
        <%
        String id = session.getId();
        %>
            您正在访问的页面是：session1.jsp<br>
            您的会话 ID 是：<%=id %>
        <a href="session2.jsp">跳转到 session2.jsp</a>
    </body>
</html>
```

(2) session2.jsp 的代码如下：

```
<%@ page language="java" contentType="text/html;charset=utf-8"
    pageEncoding="utf-8"%>
<!DOCTYPE HTML PUBLIC "-//W3C//DTD HTML 4.01 Transitional//EN">
<html>
    <head>
        <title>内置对象</title>
    </head>
    <body >
        <%
        String id = session.getId();
        %>
```

```
        您正在访问的页面是：session2.jsp<br>
        您的会话 ID 是：<%=id %><br>
    </body>
</html>
```

运行 session1.jsp，结果如图 4-14 所示。

图 4-14 session1.jsp 的运行结果

点击图 4-14 中的超链接，跳转到 session2.jsp，结果如图 4-15 所示。

图 4-15 session2.jsp 的运行结果

2. 注销登录

【例 4-10】 编写一个 session 应用的实例，实现注销、登录功能。编写三个 JSP 页面，分别为 login.jsp(登录页面)、welcome.jsp(欢迎页面)和 logout.jsp(注销页面)。在 login.jsp 页面有一个登录表单，用户通过该表单输入正确的用户名、密码并提交给 welcome.jsp 页面，在 welcome.jsp 页面显示用户名并有一个“注销”的超链接，用户点击“注销”，完成用户注销，两秒后跳转到登录页面。

合法用户名为“admin”，密码为“123456”。下面介绍 session 的 setAttribute 方法：

```
public void setAttribute(String name, Object obj)
```

将参数 Object 指定的 obj 对象添加到 session 对象中，并为添加的对象指定一个 name，如果添加的两个对象的 name 相同，则先前添加的对象被清除。

session 的 getAttribute 方法的语法格式如下：

```
public Object getAttibute(String name)
```

获取 session 对象中含有名字是 name 的对象。由于任何对象都可以添加到 session 对象中，因此用该方法取回对象时，应强制转化为原来的类型。

(1) login.jsp 的代码如下：

```
<%@ page language="java" contentType="text/html;charset=utf-8"   pageEncoding="utf-8"%>
<!DOCTYPE HTML PUBLIC "-//W3C//DTD HTML 4.01 Transitional//EN">
<html>
```

```
        <head>
            <title>session </title>
        </head>
        <body >
            <form action="login.jsp" method="post">
                用户名：
                <input type="text" name="uname">
                <br />
                密码：
                <input type="password" name="upass">
                <br />
                <input type="submit" value="登录">
                <input type="reset" value="重写">
            </form>
            <%
                String name = request.getParameter("uname");
                String password = request.getParameter("upass");
                if (!(name == null|| "".equals(name)|| password == null|| "".equals(password))) {
                    if ("admin".equals(name) &&"1234".equals(password)) {
                        response.setHeader("refresh", "2;url=welcome.jsp");
                        session.setAttribute("username", name);
            %>
            <h3>
                用户登录成功，两秒后跳转到欢迎页面
            </h3>
            <h3>
                如何没有跳转，请按
                <a href="welcome.jsp">这里</a>
            </h3>
            <%
                }
                }
            %>
        </body>
    </html>
```

(2) welcome.jsp 的代码如下：

```
<%@ page language="java" contentType="text/html;charset=utf-8"
    pageEncoding="utf-8"%>
<!DOCTYPE HTML PUBLIC "-//W3C//DTD HTML 4.01 Transitional//EN">
```

```
<html>
    <head>
        <title>session </title>
    </head>
    <body >
        <%
        if(session.getAttribute("username")!=null){
        %>
        <h3>
            欢迎<%=session.getAttribute("username")%>光临本系统,
            <a href="logout.jsp">注销!</a>
        </h3>
        <%
        }else{
        %>
        <h3>
            请先进行系统的
            <a href="login.jsp">登录</a>
        </h3>
        <%}%>
    </body>
</html>
```

(3) logout.jsp 的代码如下：

```
<%@ page language="java" contentType="text/html;charset=utf-8"
    pageEncoding="utf-8"%>
<!DOCTYPE HTML PUBLIC "-//W3C//DTD HTML 4.01 Transitional//EN">
<html>
    <head>
        <title>session </title>
    </head>
    <body >
        <%
            response.setHeader("refresh", "2;url=login.jsp");//定时跳转
            session.invalidate();//注销
        %>
        <h3>
            你好，你已经退出本系统，两秒后跳回首页
        </h3>
        <h3>
```

```
                如没有跳转，请按
                <a href="login.jsp">这里</a>
        </body>
    </html>
```

运行 login.jsp，结果如图 4-16 所示。

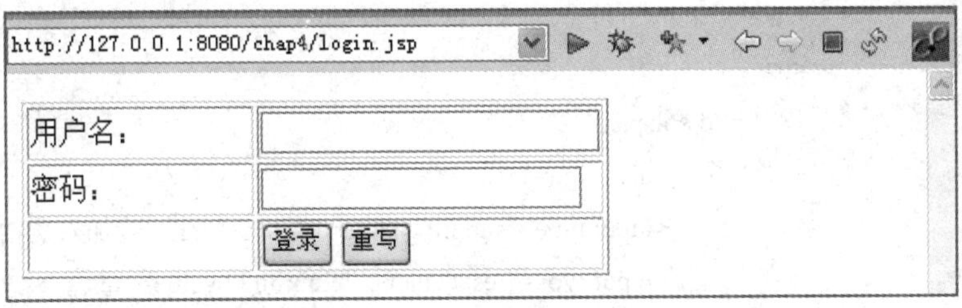

图 4-16　login.jsp 的运行结果

在 login.jsp 页面输入用户名“admin”和密码“123456”，点击“登录”按钮，结果如图 4-17 所示。

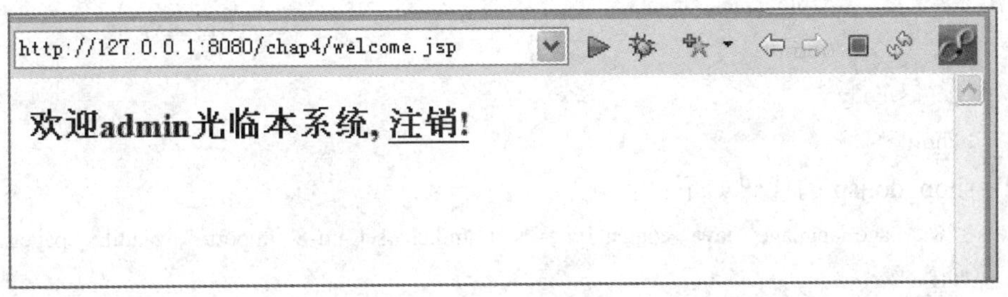

图 4-17　welcome.jsp 的运行结果

在如图 4-17 所示的页面中点击“注销！”的超链接，跳转到登录页面。

3. 购物车

【例 4-11】应用 session 实现购物车。编写三个 JSP 页面，分别为 shop.jsp、shop_do.jsp 和 pay.jsp。用户在 shop.jsp 页面中输入商品名称，点击“加入购物车”按钮，跳转到 shop_do.jsp，在 shop_do.jsp 页面，显示用户购买的商品，同时用户可以选择“继续购买商品”或“到收银台结账”按钮。点击“到收银台结账”按钮，跳转到 pay.jsp，在 pay.jsp 页面显示用户购买的商品。点击“继续购买商品”按钮，跳转到 shop.jsp。

(1) shop.jsp 的代码如下：

```
<%@ page language="java" contentType="text/html;charset=utf-8"   pageEncoding="utf-8"%>
<!DOCTYPE HTML PUBLIC "-//W3C//DTD HTML 4.01 Transitional//EN">
<html>
        <head>
                <title>内置对象</title>
        </head>
        <body >
                <form id="form1" method="post" action="shop_do.jsp">
```

```
            <p><strong>请输入你要购买的商品</strong></p>
            <table width="300" border="1">
                <tr>
                    <td>商品名：</td>
                    <td><input type="text" name="goods"></td>
                </tr>
                <tr>
                    <td colspan="2">
                        <div align="center">
                        <input type="submit" name="Submit" value="加入购物车">
                        <input type="reset" name="Submit2" value="重选">
                        </div>
                    </td>
                </tr>
            </table>
            </form>
        </body>
</html>
```

(2) shop_do.jsp 的代码如下：

```
<%@ page language="java" contentType="text/html;charset=utf-8" import="java.util.*" pageEncoding=
"utf-8"%>
<!DOCTYPE HTML PUBLIC "-//W3C//DTD HTML 4.01 Transitional//EN">
<html>
    <head>
        <title>session</title>
    </head>
    <body >
        <%
        String goodsName = request.getParameter("goods");//获取商品名称
        if(!goodsName.equals("")){
        //解决中文乱码问题
        goodsName = new String(goodsName.getBytes("iso8859-1"),"utf-8");
        ArrayList list = null;   //定义保存商品的动态数组
        list = (ArrayList)session.getAttribute("list");//通过 list 属性取得购物车
        if(list==null){
            list = new ArrayList();
            list.add(goodsName);
            session.setAttribute("list", list);
        }else{
```

```
                list.add(goodsName);
            }
        %>
        <%
        }else{
            response.sendRedirect("shop.jsp");
        }
        %>
        <center>
            <strong>提示：您刚才选择了商品
                <font color="red"><%=goodsName %></font>
                ，请问您还想做什么？
            </strong><br><br>
            <button onclick="location.href='shop.jsp'">继续购买商品</button>
            <button onclick="location.href='pay.jsp'">到收银台结账</button>
        </center>
        </body>
    </html>
```

(3) pay.jsp 的代码如下：

```
<%@ page language="java" contentType="text/html;charset=utf-8" import="java.util.*"
    pageEncoding="utf-8"%>
<!DOCTYPE HTML PUBLIC "-//W3C//DTD HTML 4.01 Transitional//EN">
<html>
    <head>
        <title>session 任务</title>
    </head>
    <body >
            非常感谢您的光临！您本次在我们这里购买了以下商品：<br>
        <%
        ArrayList list = (ArrayList)session.getAttribute("list");
        for(int i=0;i<list.size();i++){
            String goodsName = (String)list.get(i);
        %>
    <br>
        商品序号：<%=i+1 %>，商品名称：<%=goodsName %><br>
        <%} %>
    </body>
</html>
```

运行 shop.jsp，结果如图 4-18 所示。

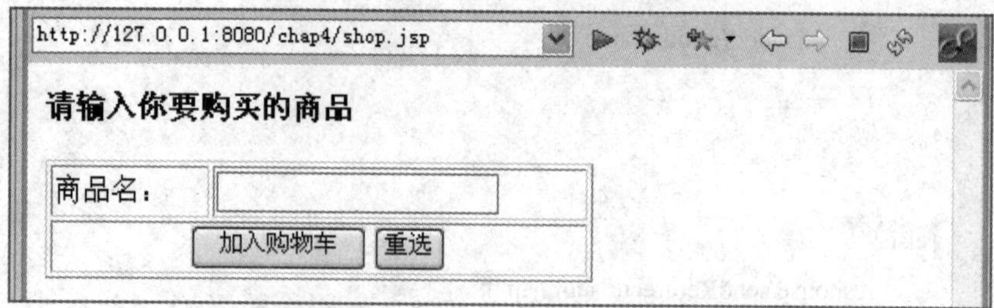

图 4-18 shop.jsp 的运行结果

在如图 4-18 所示的页面中输入商品“apple”，点击“加入购物车”按钮，跳转到 shop_do.jsp，结果如图 4-19 所示。

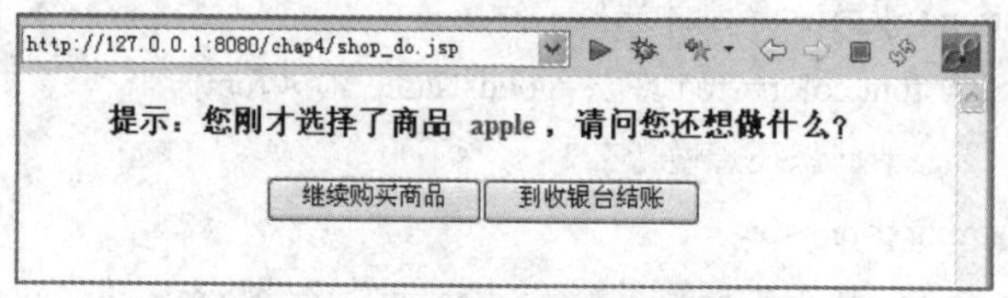

图 4-19 shop_do.jsp 的运行结果

在如图 4-19 所示的页面中点击“到收银台结账”按钮，页面跳转到 pay.jsp，结果如图 4-20 所示。

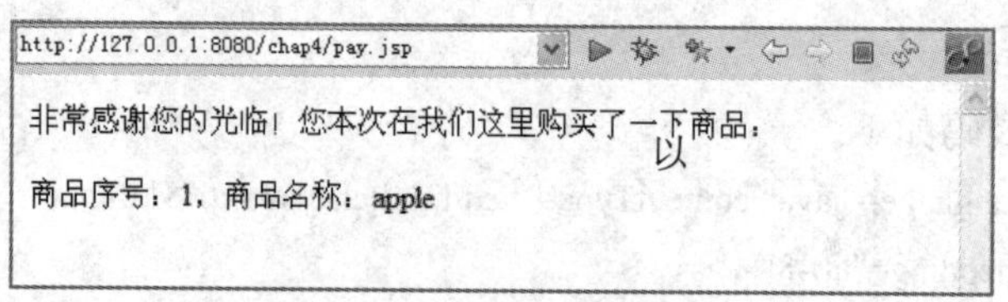

图 4-20 pay.jsp 的运行结果

4.4.4 生命周期

session 是有生命周期的。sesison 的失效有以下三种情况：

(1) 客户关闭浏览器。

(2) session 对象调用 invalidate()方法。

(3) session 对象达到了设置的最长的“发呆”时间。“发呆”时间默认是 30 分钟，用户可以修改“发呆”时间。修改“发呆”时间需要修改 Tomcat 安装目录/conf/web.xml 文件。其代码如下：

```
Tomcat 安装目录/conf/web.xml (默认 30 分钟)
<session-config>
<session-timeout>30</session-timeout>
</session-config>
```

4.5 application 对象

application 对象又称为应用对象。application 对象用来在多个程序或者是多个用户之间共享数据，用户使用的所有 application 对象的作用都是一样的，这与 session 对象不同，服务器一旦启动，就会自动创建 application 对象，并一直保持下去，直至服务器关闭，而服务器关闭，application 会自动消失，不需要垃圾回收机制。

与 session 对象相比，application 对象生命周期更长，类似于系统的“全局变量”。

4.5.1　常用方法

application 对象的常用方法如表 4-5 所示。

表 4-5　application 对象的常用方法

方法名	方法说明
getAttribute(String name)	获取应用对象中指定名字的属性值
getAttributeNames()	获取应用对象中所有属性的名字，一个枚举
getInitParameter()	返回应用对象中指定名字的初始参数值
getServletInfo()	返回 Servlet 编译器中当前版本信息
setAttribute(String name,Object obj)	设置应用对象中指定名字的属性值

4.5.2　常用技术

由于 application 一直存在于服务器端，因此可以利用此特性对网页进行计数。

【例 4-12】 编程实现应用 application 内置对象实现计数器。

```
<%@ page language="java" contentType="text/html;charset=utf-8"
    pageEncoding="utf-8"%>
<!DOCTYPE HTML PUBLIC "-//W3C//DTD HTML 4.01 Transitional//EN">
<html>
    <head>
        <title>内置对象</title>
    </head>
    <body >
        <%
        if(application.getAttribute("count")==null){
        application.setAttribute("count","1");
        out.println("欢迎，您是第 1 位访客！");
        }else{
        int i=Integer.parseInt((String)application.getAttribute("count"));
        i++;
        application.setAttribute("count",String.valueOf(i));
            out.println("欢迎，您是第"+i+"位访客！");
            }
            %>
```

```
    </body>
</html>
```

运行结果就是访问到该页面之后显示“您是第几位访客”，刷新之后数目会增加，更换浏览器或者更换客户端地址都会使其访问值正常递增。

application 的存活范围比 request 和 session 都要大。只要服务器没有关闭，application 对象中的数据就会一直存在，在整个服务器的运行过程中，application 对象只有一个，它会被所有的用户共享。

4.6 pageContext 对象

pageContext 对象代表页面上下文，该对象主要用于访问 JSP 之间的共享数据。pageContext 对象是 JSP 中很重要的一个内置对象，不过在一般的 JSP 程序中，很少用到它。它是 javax.servlet.jsp.PageContext 类的实例对象，可以使用 PageContext 类的方法。实际上，pageContext 对象提供了对 JSP 页面所有的对象及命名空间的访问。

4.6.1 常用方法

pageContext 对象的常用方法如表 4-6 所示。

表 4-6 pageContext 对象的常用方法

方 法 名	方 法 说 明
getSession()	返回当前页中的 HttpSession 对象(session)
getRequest()	返回当前页的 ServletRequest 对象(request)
getResponse()	返回当前页的 ServletResponse 对象(response)
getException()	返回当前页的 Exception 对象(exception)
getServletConfig()	返回当前页的 ServletConfig 对象(config)
getServletContext()	返回当前页的 ServletContext 对象
setAttribute(String name,Object attribute)	设置属性及属性值
setAttribute(String name,Object obj,int scope)	在指定范围内设置属性
getAttribute(String name)	取属性的值
getAttribute(String name,int scope)	在指定范围内取属性的值
findAttribute(String name)	寻找一属性，返回其属性值或 null
removeAttribute(String name)	删除某属性
removeAttribute(String name,int scope)	在指定范围删除某属性
getAttributeScope(String name)	返回某属性的作用范围
forward(String relativeUrlPath)	使当前页面重定向到另一页面

4.6.2 应用

【例 4-13】 编程实现通过 pageContext 对象获得保存在 request、session、application 和 pageContext 对象中的信息。

pageContext.jsp 的代码如下：

```
<%@ page language="java" contentType="text/html;charset=utf-8"  pageEncoding="utf-8"%>
<html>
    <head>
        <title>pageContext</title>
    </head>
    <body >
        <%
        pageContext.setAttribute("name","jason test");
        request.setAttribute("name","java");
        session.setAttribute("name","android");
        application.setAttribute("name","jsp") ;
        %>
        page value:<%=pageContext.getAttribute("name")%><br>
        request value：<%=pageContext.getRequest().getAttribute("name")%><br>
        session value：<%=pageContext.getSession().getAttribute("name")%><br>
        application value：<%=pageContext.getServletContext().getAttribute("name")%><br>
    </body>
</html>
```

pageContext.jsp 的运行结果如图 4-21 所示。

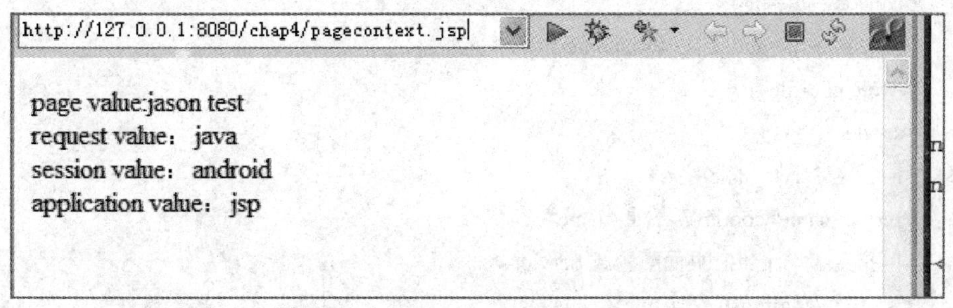

图 4-21　pageContext.jsp 的运行结果

4.7　config 对象

config 对象代表当前 JSP 配置信息，但 JSP 页面通常无需配置，因此也就不存在配置信息。该对象在 JSP 页面中非常少用，但在 Servlet 则用处相对较大。

config 对象的主要作用是取得服务器的配置信息。通过 pageContext 对象的 getServletConfig()方法可以获取一个 config 对象。当一个 Servlet 初始化时，容器把某些信息通过 config 对象传递给这个 Servlet。开发者可以在 web.xml 文件中为应用程序环境中的 Servlet 程序和 JSP 页面提供初始化参数。

4.7.1 常用方法

config 对象的常用方法如表 4-7 所示。

表 4-7 config 对象的常用方法

方 法 名	方 法 说 明
getServletContext()	返回含有服务器相关信息的 ServletContext 对象
getInitParameter(String name)	返回初始化参数的值
getInitParameterNames()	返回 Servlet 初始化所需所有参数的枚举
getServletContext()	返回含有服务器相关信息的 ServletContext 对象

4.7.2 常用技术

【例 4-14】 编写 config.jsp 实现读取 web.xml 文件中名为 name、age 的参数配置信息。

(1) 修改 web.xml 代码，修改之后的代码如下：

```
<?xml version="1.0" encoding="UTF-8"?>
<web-app version="2.5"
    xmlns="http://java.sun.com/xml/ns/javaee"
    xmlns:xsi="http://www.w3.org/2001/XMLSchema-instance"
    xsi:schemaLocation="http://java.sun.com/xml/ns/javaee
    http://java.sun.com/xml/ns/javaee/web-app_2_5.xsd">
<welcome-file-list>
<welcome-file>index.jsp</welcome-file>
</welcome-file-list>
<servlet>
<!--指定 Servlet 的名字-->
<servlet-name>config</servlet-name>
<!--指定哪一个 JSP 页面配置成 Servlet-->
<jsp-file>/config.jsp </jsp-file>
<!--配置名为 name 的参数，值为 linbingwen-->
<init-param>
<param-name>name</param-name>
<param-value>linbingwen</param-value>
</init-param>
<!--配置名为 age 的参数，值为 30-->
<init-param>
<param-name>age</param-name>
<param-value>100</param-value>
</init-param>
</servlet>
```

```
<servlet-mapping>
<!--指定将 configServlet 配置到/config 路径-->
<servlet-name>config</servlet-name>
<url-pattern>/config</url-pattern>
</servlet-mapping>
</web-app>
```

(2) config.jsp 的代码如下：

```
<%@ page language="java" contentType="text/html;charset=utf-8"
    pageEncoding="utf-8"%>
<!DOCTYPE HTML PUBLIC "-//W3C//DTD HTML 4.01 Transitional//EN">
<html>
    <head>
        <title>config</title>
    </head>
    <body >
        <!--输出该 JSP 中名为 name 的参数配置信息-->
         name 配置参数的值：<%=config.getInitParameter("name")%><br/>
        <!--输出该 JSP 中名为 age 的参数配置信息-->
        age 配置参数的值：<%=config.getInitParameter("age")%><br/>
    </body>
</html>
```

config.jsp 的运行结果如图 4-22 所示。

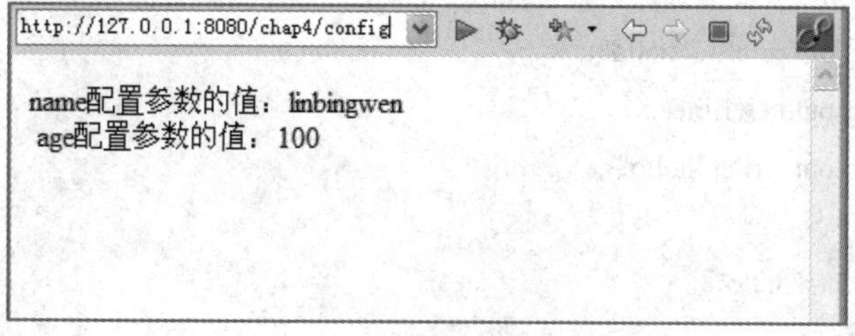

图 4-22　config.jsp 的运行结果

4.8　out 对 象

out 对象用于在 Web 浏览器内输出信息，并且管理应用服务器上的输出缓冲区。在使用 out 对象输出数据时，可以对数据缓冲区进行操作，及时清除缓冲区中的残余数据，为其他的输出让出缓冲空间。在数据输出完毕后，要及时关闭输出流。

4.8.1　常用方法

out 对象的常用方法如表 4-8 所示。

表 4-8 out 对象的常用方法

方 法 名	方 法 说 明
clear()	清除缓冲区的内容
clearBuffer()	清除缓冲区的当前内容
flush()	清空流
getBufferSize()	返回缓冲区字节数的大小，如不设缓冲区，则为 0
getRemaining()	返回缓冲区还剩余多少可用
isAutoFlush()	返回缓冲区满时，是自动清空还是抛出异常
close()	关闭输出流

4.8.2 常用技术

【例 4-15】 编写 out.jsp，实现使用三种方式在页面打印输出字符串 hello。

out.jsp 的代码如下：

```
<%@ page language="java" contentType="text/html;charset=utf-8"   pageEncoding="utf-8"%>
<!DOCTYPE HTML PUBLIC "-//W3C//DTD HTML 4.01 Transitional//EN">
<html>
      <head>
            <title>内置对象</title>
      </head>
      <body >
            <h2 align="center">
            <%
               out.println("hello");
               out.newLine();
               out.write("hello");
              %>
            <%="hello"%>
            </h2>
      </body>
</html>
```

out.jsp 的运行结果如图 4-23 所示。

图 4-23 out.jsp 的运行结果

该程序中用三种方法输出了三个 hello 字符串，"out.newLine();"是输出一个"n"，并不是输出一个"
"，所以在浏览器上显示不出来。可以将 out.print 和 out.write 缩写成一个"="。在缺省情况下，服务器端要输出到客户端的内容，不直接写到客户端，而是先写到一个输出缓冲区中，只有在下面三种情况下，才会把该缓冲区的内容输出到客户端上。

(1) 该 JSP 网页已完成信息的输出。

(2) 输出缓冲区已满。

(3) JSP 中调用了 out.flush()或 response.flushbuffer()。

【例 4-16】 编写 outtwo.jsp，实现使用 out 对象输出一个 HTML 表格。

outtwo.jsp 的代码如下：

```
<%@ page language="java" contentType="text/html;charset=utf-8"   pageEncoding="utf-8"%>
<!DOCTYPE HTML PUBLIC "-//W3C//DTD HTML 4.01 Transitional//EN">
<html>
    <head>
        <title>内置对象</title>
    </head>
    <body >
        <%
        int BufferSize=out.getBufferSize();
        int Available=out.getRemaining();
        %>
        <%
        String[] str = new String[5];
         str[0] = "out";
        str[1] = "输出";
        out.println("<html>");
        out.println("<head>");
         out.println("<title>使用 out 对象输出 HTML 表格</title>");
         out.println("</head>");
        out.println("<body>");
         out.println("<table cellspacing=1 bgcolor=#000000 border=0 width=200>");
        out.println("<tr>");
         out.println("<td bgcolor=#ffffff width=100 align=center>数组序列</td>");
         out.println("<td bgcolor=#ffffff width=100 align=center>数组值</td>");
        out.println("</tr>");
        for(int i=0;i<2;i++){
        out.println("<tr>");
        out.println("<td bgcolor=#ffffff>str["+i+"]</td>");
        out.println("<td bgcolor=#ffffff>"+str[i]+"</td>");
        out.println("</tr>");
```

```
            }
            out.println("<tr>");
            out.println("<td bgcolor=#ffffff>BufferSize:</td>");
            out.println("<td bgcolor=#ffffff>"+BufferSize+ "</td>");
            out.println("</tr>");
            out.println("<tr>");
            out.println("<td bgcolor=#ffffff>Available:</td>");
            out.println("<td bgcolor=#ffffff>"+Available+ "</td>");
            out.println("</tr>");
            out.println("</table>");
            out.println("</body>");
            out.println("</html>");
            out.close();
            %>
        </body>
    </html>
```

outtwo.jsp 的运行结果如图 4-24 所示。

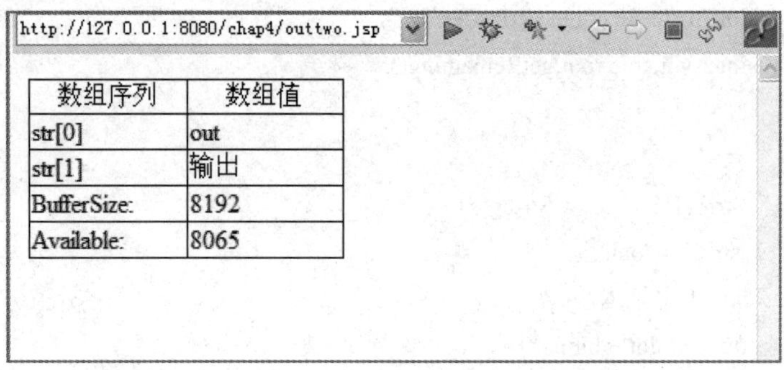

数组序列	数组值
str[0]	out
str[1]	输出
BufferSize:	8192
Available:	8065

图 4-24　outtwo.jsp 的运行结果

4.9　page 对象

page 对象指向当前 JSP 页面本身，有点像类中的 this 关键字，它是 java.lang.Object 类的实例。它代表 JSP 被编译成 Servlet，可以使用它来调用 Servlet 类中所定义的方法。

【例 4-17】 编写 page.jsp，实现在页面打印 page 对象的值。

page.jsp 的代码如下：

```
<%@ page language="java" contentType="text/html;charset=utf-8"
    pageEncoding="utf-8"%>
<!DOCTYPE HTML PUBLIC "-//W3C//DTD HTML 4.01 Transitional//EN">
<html>
    <head>
```

```
        <title>内置对象</title>
    </head>
    <body >
        取 page 的值:<%=this.getServletInfo()%>
    </body>
</html>
```

page.jsp 的运行结果如图 4-25 所示。

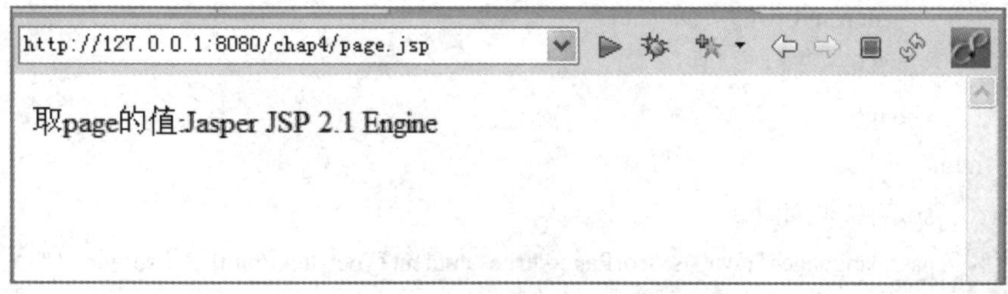

图 4-25　page.jsp 的运行结果

4.10　exception 对象

exception 对象是用来处理 JSP 页面文件在执行时所有发生的错误和异常的。JSP 页面文件必须在 isErrorPage=true 的情况下才可以使用该对象。该对象一般配合 page 指令一起使用，通过指定某个页面为错误处理页面，把所有的错误都集中到那个页面进行处理，可以使整个系统的性能得到加强。被调用的错误页面的结果，只有在错误页面中才可使用，即在页面指令中设置<%@page isErrorPage="true"%>。

4.10.1　常用方法

exception 对象的常用方法如表 4-9 所示。

表 4-9　exception 对象的常用方法

方 法 名	方 法 说 明
getMessage()	返回描述异常的消息
toString()	返回关于异常的简短描述消息
printStackTrace()	显示异常及其栈轨迹
FillInStackTrace()	重写异常及其栈轨迹

4.10.2　示例

【例 4-18】 编写两个 JSP 页面，分别为 errorthrow.jsp 和 error.jsp。在 errorthrow.jsp 中抛出一个异常。在 errorthrow.jsp 中使用 page 指令设定：如果当前页面发生异常，就重定向到 error.jsp，并在 error.jsp 中打印 exception 对象的信息。

(1) errorthrow.jsp 的代码如下：

```
<%@ page language="java"    errorPage="error.jsp" contentType="text/html;charset=utf-8"%>
<html>
    <head>
        <title>Compute error</title>
    </head>
    <body bgcolor="#FFFFFF">
        <%
        int result=1/0;
        %>
    </body>
</html>
```

(2) error.jsp 的代码如下：

```
<%@ page language="java" isErrorPage="true" contentType="text/html;charset=utf-8"%>
<html>
    <head>
        <title>Compute error</title>
    </head>
    <body bgcolor="#FFFFFF">
        <div align="center">
        Error String:toString() Method<br>
        <%
            out.println(exception.toString());
        %>
        </div>
    </body>
</html>
```

注意:

exception 对象不能在 JSP 程序文件中直接使用，如果要使用 exception 对象，则要在 page 指令中设定“<%@ isErrorPage="true"%>”。

本 章 小 结

本章介绍了 JSP 技术的内置对象。在 JPS 2.0 规范中定义了九个内置对象：request(请求对象)、response(响应对象)、session(会话对象)、application(应用程序对象)、out(输出对象)、page(页面对象)、config(配置对象)、exception(异常对象)、pageContext(页面上下文对象)。内置对象使用起来非常方便，即使读者对 Java 不是很熟悉，也可以开发具有一定功能的 JSP 页面。但是想要真正熟练掌握这些内置对象，还是离不开对 Java 语言的理解。

习　题

1. 假设 JSP 使用的表单中有如下的 GUI(复选框)：

<input type="checkbox" name="item" value="bird">鸟

<input type="checkbox" name="item" value="apple">苹果

<input type="checkbox" name="item" value="cat">猫

<input type="checkbox" name="item" value="moon">月亮

该表单所请求的 JSP 可以使用内置对象 request 获取该表单提交的数据，那么，下列哪些是 request 获取该表单提交的值的正确语句?

(1) String a=request.getParameter("item");

(2) String b=request.getParameter("checkbox");

(3) String c[]=request.getParameterValues("item");

(4) String d[]=request.getParameterValues("checkbox");

2. 如果表单提交的信息中有汉字，接收该信息的页面应做怎样的处理?

3. 编写两个 JSP 页面，即 inputString.jsp 和 computer.jsp。用户可以使用 inputString.jsp 提供的表单输入一个数字，并提交给 computer.jsp 页面，该页面通过内置对象获取 inputString.jsp 页面提交的数字，计算并显示该数字的平方值。

4. 有下列代码：

```
请选择您的籍贯：
<select name="jiguan">
<option value="北京">北京</option>
<option value="天津">天津</option>
<option value="上海">上海</option>
<option value="重庆">重庆</option>
</select>
```

该页面提交后，为了获得用户的选择项，实现语句为

String nativePlace=____。

5. response 调用 sendRedirect(url)方法的作用是什么?

6. 一个用户在不同 Web 服务器目录中的 session 对象相同吗?

7. 一个用户在同一 Web 服务器目录中的不同子目录的 session 对象相同吗?

8. application 对象有什么特点？它与 session 对象有什么区别？

9. 编写一个程序，实现通过 config 对象获取 web.xml 文件用户的基本信息，如用户名、用户性别、用户年龄等。

第5章 JavaBean技术

JavaBean的产生使JSP页面中的业务逻辑变得更加清晰，程序中的实体对象及业务逻辑可以单独封装到Java类之中，在JSP页面中，可以通过JSP自身的动作标签来操作JavaBean，这改变了HTML网页代码与Java代码混合使用的编写方式，不仅提高了程序的可读性、易维护性，而且提高了代码的重用性。把JavaBean应用到JSP编程中，使JSP的发展进入了一个崭新的阶段。

5.1 JavaBean简介

在JSP网页开发的初级阶段，并没有框架与逻辑分层的概念，故需要将Java代码嵌入网页之中，对JSP页面中的一些业务逻辑进行处理，如字符串处理、数据库操作等。纯JSP开发方式如图5-1所示。

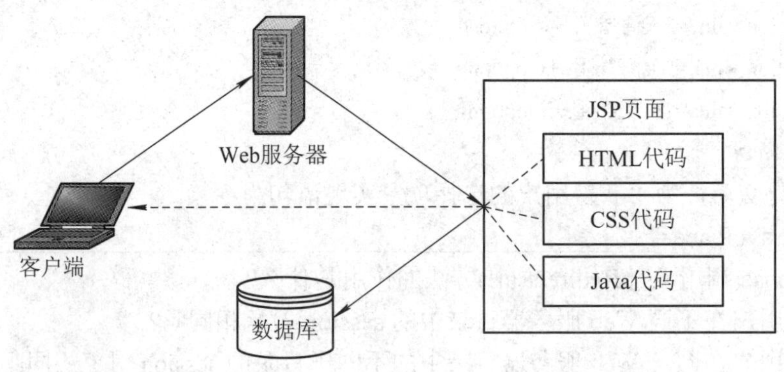

图5-1 纯JSP开发方式

纯JSP开发方式虽然看似流程简单，但将Java代码与HTML代码写在一起，使得JSP页面十分混乱，给程序的测试、开发、维护都带来很多不便，所以在Java Web程序开发的过程中，可应用JavaBean组件与JSP整合开发，从而提高程序的灵活性与健壮性。如果把所有的程序代码(HTML和Java)都写到JSP页面中，则会使整个程序代码又长又复杂，还会造成日后维护上的困难。JSP搭配JavaBean来使用，可将HTML和Java代码分离，这主要是为了便于日后维护。

可利用 JavaBean 的优点，将日常用到的程序写成 JavaBean 组件，当在 JSP 页面中使用时，只需调用 JavaBean 组件来执行用户所要的功能，不用再重复写相同的程序，这样也可以节省开发所需的时间。

如果使 HTML 代码与 Java 代码相分离，将 Java 代码单独封装成为一个处理某种业务逻辑的类，然后在 JSP 页面中调用此类，则可以降低 HTML 代码与 Java 代码之间的耦合度，简化 JSP 页面，提高 Java 程序代码的重用性及灵活性。这种与 HTML 代码相分离，而使用 Java 代码封装的类，就是一个 JavaBean 组件。在 Java Web 的开发中，可以使用 JavaBean 组件来完成业务逻辑的处理。应用 JavaBean 与 JSP 整合的开发方式如图 5-2 所示。

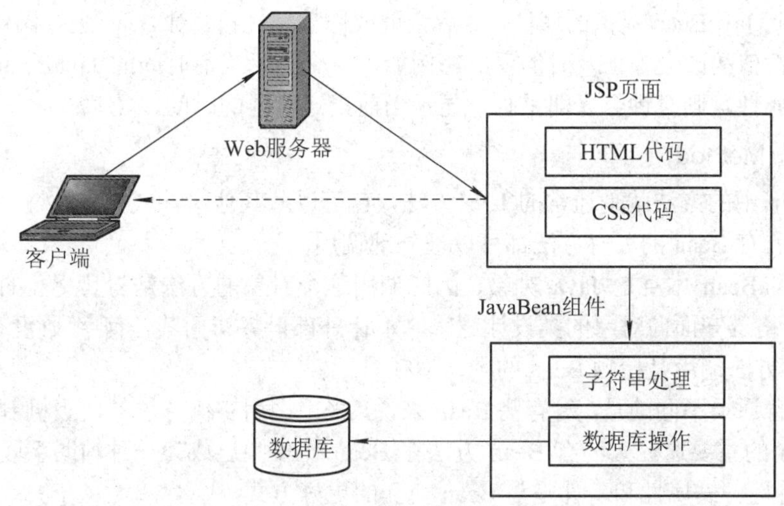

图 5-2　JSP+JavaBean 开发方式

由图 5-2 可以看出，JavaBean 的应用简化了 JSP 页面，在 JSP 页面中只包含了 HTML 代码、CSS 代码等，但 JSP 页面可以引用 JavaBean 组件来完成某一业务逻辑，如字符串处理、数据库操作等。

5.1.1　JavaBean 技术介绍

JavaBean 实质上是通过 Java 代码封装的 Java 类，它在服务器应用过程中充当一个可重用的 Java 软件组件模型，JSP 页面可以引用一个或多个 JavaBean 组件对象，同样，一个 JavaBean 组件对象也可以被多个 JSP 页面所引用，从而实现了代码重用的效果，提高了程序的灵活性。

一个 JavaBean 是一个公共的类，带有一个没有参数的构造方法，属性一般是私有的，每个属性有对应的公共的 get 和 set 方法(get 方法用来获取属性的值，set 方法用来设置属性的值)。JavaBean 还可以像普通的类一样定义其他的方法(如业务操作)。

5.1.2　JavaBean 的属性、事件和方法

从基本组成来说，可以将 JavaBean 看成一个黑盒子，即只需要知道其功能而不必关注

其内部结构。黑盒子只介绍其外部特征并定义与其他部分的接口，如按钮、窗口、颜色、形状等。作为一个黑盒子的模型，可把 JavaBean 看成用于接收事件和处理事件以便进行某个操作的组件。一个 JavaBean 由以下三部分组成。

1．属性(Properties)

JavaBean 提供了高层次的属性概念，属性在 JavaBean 中不只是传统的面向对象概念中的属性，它同时还得到了属性读取和属性写入的 API 的支持。属性值的读取和写入可以通过调用适当的 Bean 方法进行。例如，Bean 可能有一个名字属性，这个属性的值可能需要调用 String getName()方法读取，而写入属性值可能需要调用 void setName(String str)方法。

每个 JavaBean 属性通常都应该遵循简单的命名规则，这样应用程序构造器工具和最终用户才能找到 JavaBean 提供的属性，然后查询或修改属性值，对 Bean 进行操作。JavaBean 还可以对属性值的改变作出及时的反应。例如，一个显示当前时间的 JavaBean，如果改变时钟的时区属性，则时钟会立即重画，显示当前指定时区的时间。

2．方法(Method)

JavaBean 中的方法就是通常的 Java 方法，它可以从其他组件或脚本环境中调用。在默认情况下，所有 Bean 的公有方法都可以被外部调用。

由于 JavaBean 本身是 Java 对象，因此调用这个对象的方法是与其交互的唯一途径。JavaBean 严格遵守面向对象的类设计逻辑，不让外部世界访问其任何字段(没有 public 字段)。因此，方法调用是接触 Bean 的唯一途径。

但是和普通类不同的是，对有些 Bean 来说，采用调用实例方法的低级机制并不是操作和使用 Bean 的主要途径。公有 Bean 方法在 Bean 操作中已成为一种辅助手段，因为两个高级 Bean 特性——属性和事件是与 Bean 交互的更好方式。

因此 Bean 可以提供让客户使用的 public 方法，但应当认识到，Bean 设计人员希望看到绝大部分 Bean 的功能反映在属性和事件中，而非在人工调用和各个方法中。

3．事件(Event)

Bean 与其他软件组件交流信息的主要方式是发送和接收事件。我们可以将 Bean 的事件支持功能看成集成电路中的输入/输出引脚，工程师将引脚连接在一起组成系统，让组件进行通信。有些引脚用于输入，有些引脚用于输出，相当于事件模型中的发送事件和接收事件。

事件为 JavaBean 组件提供了一种发送通知给其他组件的方法。在 AWT 事件模型中，一个事件源可以注册事件监听器对象。当事件源检测到发生了某种事件时，它将调用事件监听器对象中的一个适当的事件处理方法来处理这个事件。

由此可见，JavaBean 也是普通的 Java 对象，只不过它遵循了一些特别的约定而已。

5.1.3 JavaBean 的种类

起初，JavaBean 的目的是将可以重复使用的软件代码打包成为标准的组件模型，在传统的应用中，主要用于实现一些可视化界面，如一个窗体、按钮、文本框等，这样的 JavaBean 称为可视化的 JavaBean。随着技术的不断发展与项目需求的不断增多，目前 JavaBean 主要用于实现一些业务逻辑或封装一些业务对象，由于这样的 JavaBean 并没有可视化的界面，所以又称之为非可视化的 JavaBean。

可视化的 JavaBean 一般应用于 Swing 的程序中，在 Java Web 开发中并不采用，而是使用非可视化的 JavaBean 来实现一些业务逻辑或封装一些业务对象。下面就通过实例来介绍非可视化的 JavaBean。非可视化的 JavaBean 的代码如下：

```
package bean;
public class Team {
private int id;
private String name;
private String slogan;
private String leader;
public int getId() {
    return id;
}
public void setId(int id) {
    this.id = id;
}
public String getName() {
    return name;
}
public void setName(String name) {
    this.name = name;
}
public String getSlogan() {
    return slogan;
}
public void setSlogan(String slogan) {
    this.slogan = slogan;
}
public String getLeader() {
    return leader;
}
public void setLeader(String leader) {
    this.leader = leader;
}
}
```

5.1.4　JavaBean 的编写规范

JavaBean 的编写规范如下：

(1) JavaBean 是一个 public 类。

(2) JavaBean 类里有一个无参构造方法，在使用<jsp:useBean>实例化 JavaBean 类时调用。

(3) JavaBean 内的属性(变量)都为私有的，这些属性只能通过 JavaBean 内的方法访问或改变，以保证数据的完整性和封装性。

(4) 设置和获取属性(变量)值时使用 set***和 get***方法。

5.1.5 JavaBean 的特性

一个 JavaBean 和一个 Java Applet 相似，是一个非常简单的遵循某种严格协议的 Java 类。每个 JavaBean 的功能都可能不一样，但它们都必须支持以下特征。

1. 持续性

持续性允许一个构件保存它的状态，因此它还能被重新创建。JavaBean 的持续性是指使用 Java 环境对象序列化机制产生 I/O 流，当其他程序获取这种二进制流，就可以恢复成原来的 Java 对象，构件创建者只需实现可序列化的接口以使构件保持持续即可。持续的流可能为一个 Java 文件或一个网络连接。

2. 制定性

制定性是 JavaBean 构件的新特性之一。简而言之，Bean 的创建者不仅创建运行状态的构件，而且通过扩展 java.awt.Component 类创建 UI 工具箱的类。这个 UI 工具箱可被用来制定 Bean 的一个实例。JavaBean 构件可随同自己的 UI 工具箱类发布，智能地制定该构件。开发环境可制定任何别人创建的构件。可视化开发工具只是寻找相关的制定器类并在其窗口中创建一个它的实例，而不需要其他构件。

3. 自查性

对于能在开发环境中复用的 Java 构件，需要有查询一个 Bean 能做些什么和产生及监听事件的类，这被称为遵循 JavaBean 规范并且是 Java1.1 提供的基本的反映机制的扩展。反映机制允许运行状态进行查询以得到对象的类并由此得到其公开的方法和变量。Bean 的自查机制进行了扩展，可查找指定的设计方式的使用。通过 BeanInfo 类，Bean 的作者可以公开需要公开的公共方法和变量。当作为构件复用现存 Java 代码时，BeanInfo 类也是很有用的。编程人员可通过创建一个 BeanInfo 类，具体指定要用到的和设置属性的方法名，由此覆盖缺省的自查。

4. 封装性

JavaBean 构件常被打包为 JAR 文件。JAR 的格式允许构件作为一个单独的实体，随同其支持类(如制定编辑器、BeanInfo 和其他资源文件)被打包。开发环境必须了解 JAR 的格式并使用其 manifest 文件制作 JAR 包。包含一个 JavaBean 构件的 JAR 还可能包括该构件的序列化版本。若这个持续的实例存在，便使用它。这样，提供商就可以发布该构件的可用的或制定好的版本。

5.1.6　JavaBean 的任务

JavaBean 的任务就是："Write once，run anywhere，reuse everywhere"，即"一次性编写，任何地方执行，任何地方重用"。这个任务实际上就是要解决困扰软件工业的日益增加的复杂性，提供一个简单的、紧凑的和优秀的问题解决方案。

(1) 一个开发良好的软件组件应该一次性编写完成，而不需要再重新编写代码以增强或完善功能。因此，JavaBean 应该提供一个实际的方法来增强现有代码的利用率，而不需要在原有代码上重新进行编程。除了在节约开发资源方面的意义外，一次性编写 JavaBean 组件也可以在版本控制方面起到非常好的作用。开发者可以不断地对组件进行改进，而不必从头开始编写代码。这样就可以在原有基础上不断提高组件功能，而不会犯相同的错误。

(2) JavaBean 组件在任何地方执行是指组件可以在任何环境和平台上使用，这可以满足各种交互式平台的需求。由于 JavaBean 是基于 Java 的，所以它可以很容易地得到交互式平台的支持。JavaBean 组件在任何地方执行不仅是指组件可以在不同的操作平台上运行，还包括在分布式网络环境中运行。

(3) JavaBean 组件在任何地方重用是指它能够在包括应用程序、其他组件、文档、Web 站点和应用程序构造器工具的多种方案中再利用。这也许是 JavaBean 组件最为重要的任务了，因为它正是 JavaBean 组件区别于 Java 程序的特点之一。Java 程序的任务就是 JavaBean 组件所具有的前两个任务，而这第三个任务却是 JavaBean 组件独有的。

5.1.7　JavaBean 的设计目标

1. 紧凑而方便地创建和使用

JavaBean 紧凑性的需求是基于 JavaBean 组件常常用于分布式计算环境中的，这使得 JavaBean 组件常常需要在有限的带宽连接环境下进行传输。显然，为了适应传输的效率和速度，JavaBean 组件必须越紧凑越好。另外，为了更好地创建和使用组件，应该使其越简单越好。通常为了提高组件的简易性和紧凑性，需要在设计过程中投入相对较大的精力。

现在已有的组件软件技术通常使用复杂的 API，这常常使开发者在创建组件时晕头转向。因此，JavaBean 组件必须不仅容易使用，而且便于开发。这对于组件开发者而言是至关重要的，因为这可以使开发者不必花大量精力在使用 API 进行程序设计上，从而更好地对组件进行润饰，提高组件的可观赏性。

JavaBean 组件大部分基于已有的传统 Java 编程的类结构，这对于那些已经可以熟练地使用 Java 语言的开发者非常有利，而且这可以使得 JavaBean 组件更加紧凑，因为 Java 语言在编程上吸收了以前的编程语言的大量优点，使开发出来的程序变得相当有效率。

2. 完全的可移植性

JavaBean API 与独立于平台的 Java 系统相结合，提供了独立于平台的组件解决方案。因此，组件开发者可以不必再为带有 Java Applet 平台特有的类库而担心了。最终的结果都是计算机共享可重复使用的组件，并在任何支持 Java 的系统中无需改动即可执行。

3. 继承 Java 的强大功能

现有的Java结构已经提供了多种容易应用于组件的功能。其中一个比较重要的是Java本身的内置类的发现功能，该功能可以使对象在运行时彼此动态地交互作用，这样对象就可以从开发系统或其开发历史中独立出来。对于JavaBean而言，由于它是基于Java语言的，因此它自然地继承了这个对于组件技术而言非常重要的功能，而不再需要任何额外开销来支持。

JavaBean继承现有Java功能中还有一个重要的方面，就是持久性，它保存对象并获得对象的内部状态。通过Java提供的序列化(Serialization)机制，JavaBean可以自动处理持久性。当然，在需要的时候，开发者也可以自己建立定制的持久性方案。

4. 支持应用程序构造器

JavaBean 的另一个设计目标是设计环境和开发者如何使用 JavaBean 创建应用程序。JavaBean体系结构支持指定设计环境属性和编辑机制以便于JavaBean组件的可视化编辑，开发者可以使用可视化应用程序构造器无缝地组装和修改 JavaBean 组件，就像 Windows 平台上的可视化开发工具VBX或OCX控件处理组件一样。通过这种方法，组件开发者可以指定在开发环境中使用和操作组件的方法。

5. 支持分布式计算

支持分布式计算虽然不是 JavaBean 体系结构中的核心元素，但也是 JavaBean 的一个主要设计目标。

JavaBean使得开发者可以在任何时候使用分布式计算机制，但不使用分布式计算的核心支持来给自己增加额外负担。这正是出于JavaBean组件的紧凑性考虑的。当然，分布式计算需要大量的额外开销。

5.2 在 JSP 中使用 JavaBean

JavaBean是用Java语言编写的可重用组件，它可以应用于系统的很多层中，如PO、VO、DTO、POJO等，其应用十分广泛。

5.2.1 JavaBean 标签

1. <jsp:useBean >标签

<jsp:useBean >标签可以定义一个具有一定生存范围及一个唯一ID的JavaBean的实例，JavaServer Pages 通过 ID 来识别 JavaBean，也可以通过 id.method 类似的语句来操作JavaBean。在执行过程中，<jsp:useBean>标签首先会尝试寻找已经存在的具有相同 id 和scope值的JavaBean实例，如果没有找到，那么它就会自动创建一个新的实例。<jsp:useBean >标签的语法格式如下：

```
<jsp:useBean id="name" scope="page|request|session|application" type="typeName" class="className"/>
```

表5-1所示为<jsp:useBean>标签中相关属性的含义。

表 5-1　<jsp:useBean>标签中相关属性的含义

属性名	描　述
ID	JavaBean 对象的唯一标志，代表了一个 JavaBean 对象的实例。它具有特定的存在范围(page|request|session|application)。在 JavaServer Pages 中通过 id 来识别 JavaBean
scope	代表了 JavaBean 对象的生存时间，可以是 page、request、 session 和 application 中的一种： ① page：页面范围，仅在当前页面有效； ② request：请求范围，一个 JavaBean 对象可以保存在一次服务器跳转范围中； ③ session：会话范围，在一个用户的操作范围中保存，重新打开浏览器时才会声明新的 JavaBean； ④ application：全局范围，在整个服务器上保存，服务器关闭时才会消失
class	代表了 JavaBean 对象的 class 名字，特别注意大小写要完全一致
type	指定了脚本变量定义的类型，默认为脚本变量定义和 class 中的属性一致，一般采用默认值

2. <jsp:setProperty>标签

<jsp:setProperty>标签主要用于设置 Bean 的属性值。<jsp:setProperty>标签的语法格式如下：

```
<jsp:setProperty name="所使用的 Bean 的名称"   last_syntax/>
```

last_syntax 代表的语法如下：

```
property="*" |
property="propertyName" |
property="propertyName" param="parameterName" |   property="propertyName"
value="propertyValue"
```

表 5-2 所示为<jsp:setProperty>标签中相关属性的含义。

表 5-2　<jsp:setProperty>标签中相关属性的含义

属性名	描　述
name	代表了通过<jsp:useBean> 标签定义的 JavaBean 对象实例
property	代表了用户想设置值的属性 property 名字。如果使用 property="*"，程序就会反复查找当前 ServletRequest 的所有参数，并且匹配 JavaBean 中相同名字的属性 property，通过 JavaBean 中属性的 set 方法赋值 value 给这个属性。如果 value 属性为空，则不会修改 JavaBean 中的属性值
param	代表了页面请求的参数名字，<jsp:setProperty>标签不能同时使用 param 和 value
value	代表了赋给 Bean 的属性 property 的具体值

3. <jsp:getProperty>标签

<jsp:getProperty>标签主要用于设置 Bean 的属性值。<jsp:getProperty>标签的语法格式

如下：

```
<jsp:setProperty   name="所使用的 Bean 的名称"   property="propertyName"/>
```

表 5-3 所示为<jsp:getProperty>标签中相关属性的含义。

表 5-3 <jsp:getProperty>标签中相关属性的含义

属性名	描　述
name	代表了想要获得属性值的 Bean 的实例
property	代表了想要获得值的 property 的名字

5.2.2 获取 JavaBean 属性信息

在 JavaBean 对象中，为了防止外部直接对 JavaBean 属性的调用，通常将 JavaBean 中的属性设置为私有的(private)，但需要为其提供公共的(public)访问方法，也就是 get×××()方法。下面通过实例来讲解如何获取 JavaBean 属性信息。

【例 5-1】 创建学生 JavaBean 用来保存学生信息，再编写一个 JSP 页面 show.jsp，在 show.jsp 中创建学生对象并给对象属性赋值，最后实现在页面输出学生对象的属性值。

(1) 学生 JavaBean 的代码如下：

```
package bean;
publicclass Student {
    private long no;
    private String name;
    private int age;
    private String sex;
    private String major;
    public long getNo() {
        return no;
    }
    public void setNo(long no) {
        this.no = no;
    }
    public String getName() {
        return name;
    }
    public void setName(String name) {
        this.name = name;
    }
    public int getAge() {
        return age;
    }
```

```
    public void setAge(int age) {
        this.age = age;
    }
    public String getSex() {
        return sex;
    }
    public void setSex(String sex) {
        this.sex = sex;
    }
    public String getMajor() {
        return major;
    }
    public void setMajor(String major) {
        this.major = major;
    }
}
```

(2) show.jsp 的代码如下：

```
<%@ page language="java" import="bean.Student" contentType="text/html;charset=utf-8" pageEncoding=
"utf-8"%>
<html>
    <head>
        <title>JavaBean </title>
    </head>
    <body>
        <%
        Student zhangsan = new Student();
        zhangsan.setName("张三");
        zhangsan.setNo(201601);
        zhangsan.setSex("男");
        zhangsan.setAge(20);
        zhangsan.setMajor("软件技术");
        out.print("姓名:"+zhangsan.getName()+"</br>");
        out.print("学号:"+zhangsan.getNo()+"</br>");
        out.print("性别:"+zhangsan.getSex()+"</br>");
        out.print("年龄:"+zhangsan.getAge()+"</br>");
        out.print("专业:"+zhangsan.getMajor ()+"</br>");
         %>
    </body>
</html>
```

代码运行结果显示学生信息如图 5-3 所示。

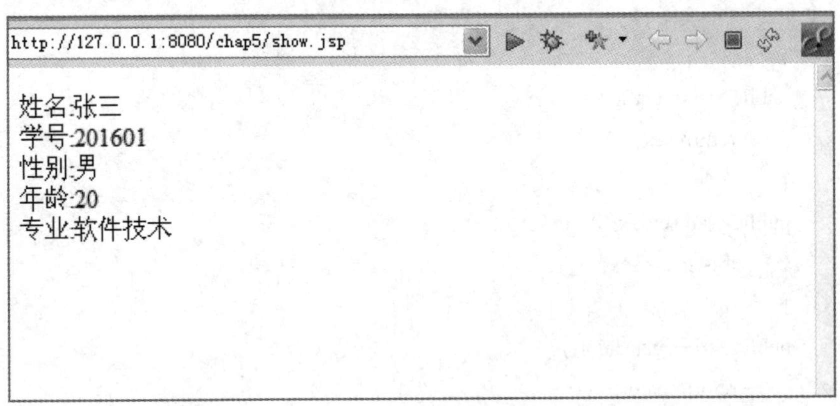

图 5-3　显示学生信息

【例 5-2】 在例 5-1 的基础上，编写 studentinfo.jsp，应用 JavaBean 标签，完成学生对象的创建、对象属性的赋值，输出学生对象的属性值。

studentinfo.jsp 的代码如下：

```
<%@ page language="java" contentType="text/html;charset=utf-8" pageEncoding="utf-8"%>
<jsp:useBean id="zhangsan" class="bean.Student"></jsp:useBean>
<!DOCTYPE HTML PUBLIC "-//W3C//DTD HTML 4.01 Transitional//EN">
<html>
    <head>
        <title>JavaBean </title>
    </head>
    <body>
        <jsp:setProperty property="name" name="zhangsan" value="张三"/>
        <jsp:setProperty property="no" name="zhangsan" value="201601"/>
        <jsp:setProperty property="sex" name="zhangsan" value="男"/>
        <jsp:setProperty property="age" name="zhangsan" value="20"/>
        <jsp:setProperty property="major" name="zhangsan" value="软件技术"/>
        姓名：<jsp:getProperty property="name" name="zhangsan"/><br>
        学号：<jsp:getProperty property="no" name="zhangsan"/><br>
        性别：<jsp:getProperty property="sex" name="zhangsan"/><br>
        年龄：<jsp:getProperty property="age" name="zhangsan"/><br>
        专业：<jsp:getProperty property="major" name="zhangsan"/><br>
    </body>
</html>
```

应用 JavaBean 标签设置对象信息，显示学生信息如图 5-4 所示。

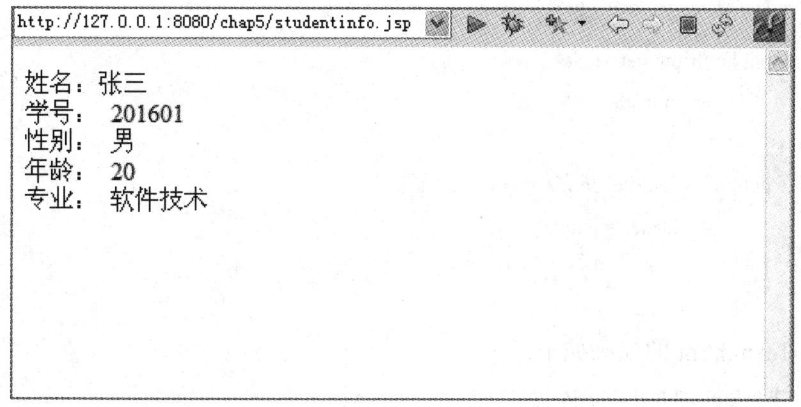

图 5-4　JavaBean 标签设置对象信息并显示学生信息

【例 5-3】 创建小组 JavaBean，再编写两个页面：表单 addTeam.html 和表单提交页面 addTeam.jsp。用户通过表单输入信息，提交给 addTeam.jsp，再应用<jsp:setProperty>给小组对象属性赋值，应用<jsp:getProperty>取得小组对象属性的值。

(1) 小组 JavaBean 的代码如下：

```
package bean;
public class Team {
    private int id;
    private String name;
    private String slogan;
    private String leader;
    public int getId() {
        return id;
    }
    public void setId(int id) {
        this.id = id;
    }
    public String getName() {
        return name;
    }
    public void setName(String name) {
        this.name = name;
    }
    public String getSlogan() {
        return slogan;
    }
    public void setSlogan(String slogan) {
        this.slogan = slogan;
```

```
    }
    public String getLeader() {
        return leader;
    }
    public void setLeader(String leader) {
        this.leader = leader;
    }
}
```

(2) addTeam.html 的代码如下：

```
<form action="addTeam.jsp" method="post">
<p>组名：<input type="text" name="name">
<p>口号：<input type="text" name="slogan">
<p>组长：<input type="text" name="leader">
<p><input type="submit" value="确定">
<input type="reset" value="重填">
</form>
```

运行 addTeam.html，显示效果如图 5-5 所示。

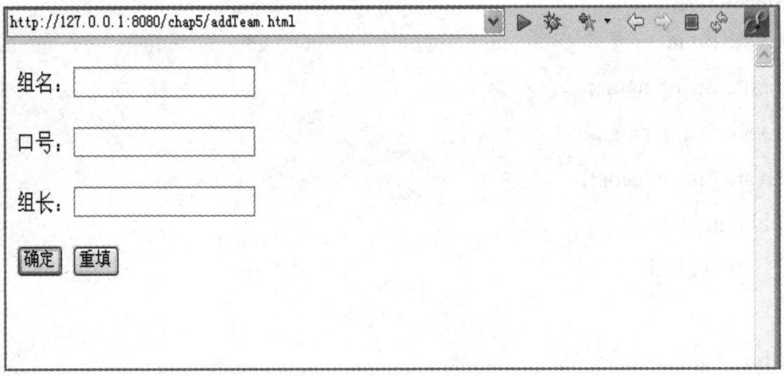

http://127.0.0.1:8080/chap5/addTeam.html

组名：

口号：

组长：

确定 重填

图 5-5　增加小组页面

(3) addTeam.jsp 的代码如下：

```
<%@ page language="java" contentType="text/html;charset=utf-8" pageEncoding="utf-8"%>
<html>
    <head>
        <title>JavaBean 任务</title>
    </head>
    <body>
        <%request.setCharacterEncoding("utf-8");%>
        <jsp:useBean id="team" class="bean.Team"/>
        <jsp:setProperty name="team" property="*"/>
        <h1 align="center">增加小组</h1>
        <p>组名：<jsp:getProperty name="team" property="name"/>
```

```
        <p>口号：<jsp:getProperty name="team" property="slogan"/>
        <p>组长：<jsp:getProperty name="team" property="leader"/>
    </body>
</html>
```

在 addTeam.jsp 页面输入信息，点击“确定”按钮，显示效果如图 5-6 所示。

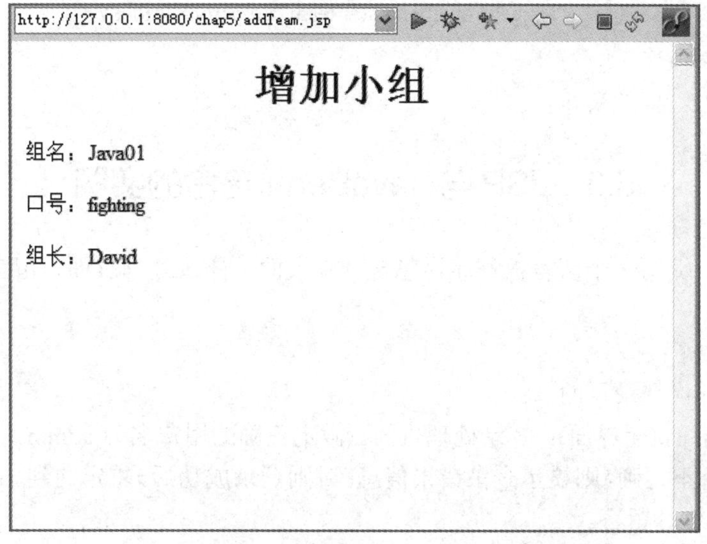

图 5-6　JavaBean 标签接收、显示表单数据

(4) 修改 addTeam.html 页面。表单部分代码如下：

```
<form action="addTeam.jsp" method="post">
<p>组名：<input type="text" name="sname">
<p>口号：<input type="text" name="sslogan">
<p>组长：<input type="text" name="sleader">
<p><input type="submit" value="确定">
<input type="reset" value="重填">
</form>
```

相应的 addTeam.jsp 代码需要修改如下：

```
<%@ page language="java" contentType="text/html;charset=utf-8" pageEncoding="utf-8"%>
<html>
    <head>
        <title>JavaBean 任务</title>
    </head>
    <body>
        <%request.setCharacterEncoding("utf-8");%>
        <jsp:useBean id="team" class="bean.Team"/>
         <jsp:setProperty name="team" property="name"   param="sname"/>
         <jsp:setProperty name="team" property="slogan"   param="sslogan"/>
```

```
            <jsp:setProperty name="team" property="leader"    param="sleader"/>
            <jsp:setProperty name="team" property="name"    param="sname"/>
            <h1 align="center">增加小组</h1>
            <p>组名：<jsp:getProperty name="team" property="name"/>
            <p>口号：<jsp:getProperty name="team" property="slogan"/>
            <p>组长：<jsp:getProperty name="team" property="leader"/>
        </body>
    </html>
```

5.3 JSP 与 JavaBean 结合的实例

【例 5-4】 编写一个留言板程序，包含登录页面、登录处理页面、留言板页面和显示留言信息页面。

具体描述如下：

(1) login.jsp：登录页面。

(2) doLogin.jsp(无界面)：登录处理页面。假定正确的用户名为 admin，口令为 123。如果用户名和口令不正确，则显示登录错误信息；否则登录成功后，重定向到 messageBoard.jsp (留言板页面)，进行留言。

(3) messageBoard.jsp：留言板页面。该页面用于实现留言。

(4) showMessage.jsp：显示留言信息页面。该页面用于显示留言者(必须为 login.jsp 页面中输入的用户名)、标题和内容。需要注意的是，显示的留言者信息用 session 保存。

(5) JavaBean：Message。

(6) 转换工具：Mytools。

程序如下：

(1) login.jsp 的代码如下：

```
<%@ page language="java" contentType="text/html;charset=utf-8"
    pageEncoding="utf-8"%>
<html>
    <head>
        <title>JavaBean</title>
    </head>
    <body align="center">
        <form action="dologin.jsp" mehtod="post">
            用户名：
            <input type="text" name="username" size="25" />
            <br>
            口    令：
            <input type="password" name="password" size="25" />
            <br>
```

```
            <input type="submit" value="提交" />
            <input type="reset" value="重置" />
        </form>
    </body>
</html>
```

(2) doLogin.jsp 的代码如下：

```
<%@ page language="java" contentType="text/html;charset=utf-8"
    pageEncoding="utf-8"%>
<html>
    <head>
        <title>JavaBean 任务</title>
    </head>
    <body>
        <%
        String userName=request.getParameter("username");
        session.setAttribute("name"，userName);
        String passWord=request.getParameter("password");
        if(userName.equals("admin")&&passWord.equals("123"))
    response.sendRedirect("messageBoard.jsp");
        else
            response.sendError(500，"登录错误，用户名或密码不正确！");
        %>
    </body>
</html>
```

(3) messageBoard.jsp 的代码如下：

```
<%@ page language="java" contentType="text/html;charset=utf-8"
    pageEncoding="utf-8"%>
<html>
    <head>
        <title>JavaBean </title>
    </head>
    <body align="center">
        <form action="showMessage.jsp" method="post">
        <table border="1" rules="rows">
        <tr height="30">
        <td>留言标题：   </td>
        <td><input type="text" name="title" size="35"></td>
        </tr>
        <tr>
```

```
            <td>留言内容：</td>
            <td>
                <textarea name="content" rows="8" cols="34"></textarea>
            </td>
            </tr>
            <tr align="center" height="30">
            <td colspan="2">
            <input type="submit" value="提交">
                <input type="reset" value="重置">
            </td>
            </tr>
        </table>
        </body>
    </html>
```

(4) showMessage.jsp 的代码如下：

```
<%@ page language="java" contentType="text/html;charset=utf-8"
        pageEncoding="utf-8"%>
<html>
    <head>
        <title>JavaBean </title>
    </head>
    <body align="center">
        <%@page import="bean.toolbean.Mytools"%
          <jsp:useBeanid="message" class="bean.valuebean.Message" scope="request">
            <jsp:setProperty name="message" property="*"/>
        </jsp:useBean>
    </body>
</html>
```

(5) Message JavaBean 的代码如下：

```
package bean.valuebean;
public class Message{
private String title;
private String content;
public String getTitle() {
    return title;
}
public void setTitle(String title) {
    this.title = title;
}
```

```
    public String getContent() {
        return content;
    }
    public void setContent(String content) {
        this.content = content;
    }
}
```

(6) 转换字符串工具类的代码如下：

```
package bean.toolbean;
public classMytools {
    public static String change(String str) {
        str = str.replace("<",  "&lt;");
        str = str.replace(">",  "&gt;");
        return str;
    }
}
```

运行 login.jsp，显示效果如图 5-7 所示。

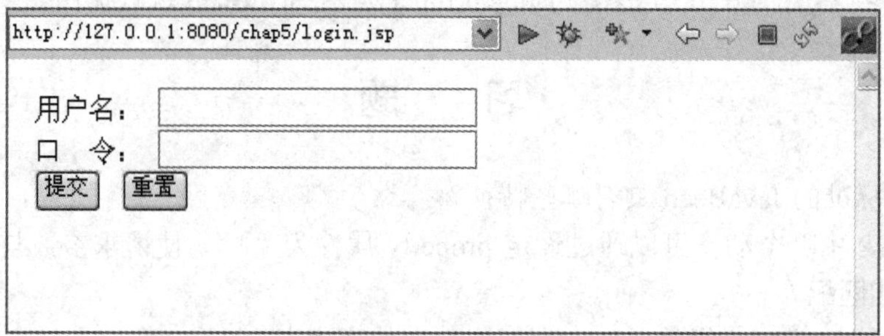

图 5-7　登录页面

在 login.jsp 页面中，输入正确的用户名和口令，点击“提交”按钮，跳转到 messageBoard.jsp，显示效果如图 5-8 所示。

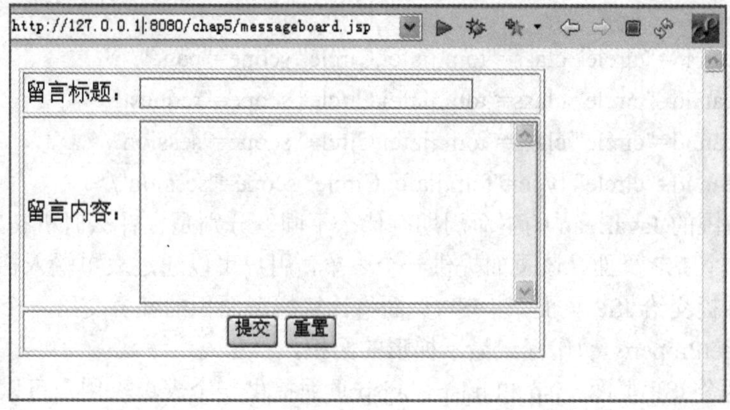

图 5-8　添加留言页面

在 messageBoard.jsp 页面中输入留言信息，点击“提交”按钮，页面显示效果如图 5-9 所示。

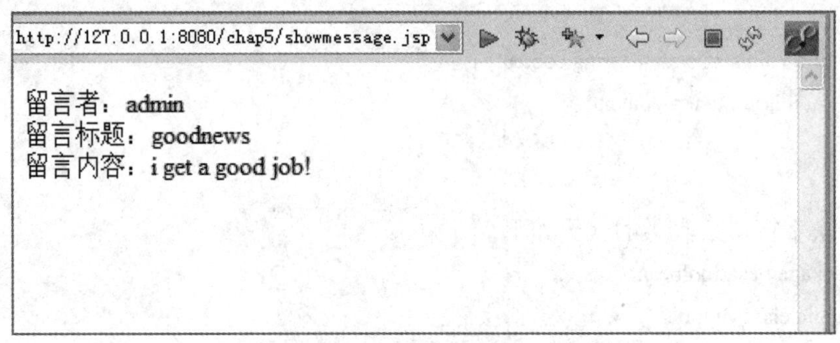

图 5-9　显示留言页面

本 章 小 结

本章介绍了 JavaBean 的相关知识，简单介绍了 JavaBean 属性、事件和方法、种类、编写规范、特性、任务、设计目标等，重点介绍了如何编写 JavaBean 和应用动作元素 <jsp:useBean/>、<jsp:setPropery/>、<jsp:getPropery/>对 JavaBean 进行调用。

习　　题

1．一个标准的 JavaBean 具有哪些特征？

2．在 JSP 中哪个动作可以通过设定 property 属性为“*”，使请求参数与 JavaBean 中的同名属性相匹配？

3．什么是 JavaBean 组件？JavaBean 组件有什么优点？

4．假设 Web 服务器目录 mymoon 中的 JSP 页面要使用一个 Bean，该 Bean 的包名为 blue.sky。请说明应当怎样保存 Bean 的字节码文件。

5．tom.jiafei.Circle 是创建 Bean 的类，下列哪个标记是正确创建 session 周期 Bean 的标记?

<jsp:useBean id="circle" class="tom.jiafei.Circle" scope="page"/>

<jsp:useBean id="circle" class="tom.jiafei.Circle" scope="request"/>

<jsp:useBean id="circle" class="tom.jiafei.Circle" scope="session"/>

<jsp:useBean id="circle" type="tom.jiafei.Circle" scope="session"/>

6．不同范围的 JavaBean 的生命周期有什么不同？分别是在什么时机初始化的？

7．编写一个 JSP 页面，该页面提供一个表单，用户可以通过表单输入梯形的上底、下底和高的值，并提交给 JSP 页面，该 JSP 页面将计算梯形面积的任务交给一个 Bean 去完成。JSP 页面使用 getProperty 动作标记显示梯形的面积。

8．编写两个 JSP 页面 a.jsp 和 b.jsp，a.jsp 页面提供一个表单，用户可以通过表单输入矩形的两个边长并提交给 b.jsp 页面，b.jsp 页面调用一个 Bean 去完成计算矩形面积的任务。

b.jsp 页面使用 getProperty 动作标记显示矩形的面积。

9．在 Java EE 中，User 类提供了 username 属性，在 index.jsp 中通过表单提交信息至 user.jsp 页面，如果提交的信息为“ruby”，则 user.jsp 页面中最终的显示结果是什么？

index.jsp 中有如下代码片段：

```
<form action="user.jsp" method="post">
    <input type="text" name="username">
    <input type="submit" value="提交">
</form>
```

user.jsp 中有如下代码片段：

```
<body>
    <jsp:useBean id="user" class="cn.prd.User"></jsp:useBean>
        <jsp:setProperty name="user" property="username" param="username"/>
        <jsp:getProperty name="user" property="username"/>
</body>
```

10．阅读以下代码片段：

```
<%@ page language="java" import="java.util.*" pageEncoding="utf-8"%>
<!DOCTYPE HTML PUBLIC "-//W3C//DTD HTML 4.01 Transitional//EN">
<html>
    <head>
        <title>车辆信息</title>
    </head>
    <body>
        <jsp:useBean id="autoBean" class="AutoBean"      scope="request" />
        品牌：___________<br />
    </body>
</html>
```

已知在 AutoBean 中定义了一个 autoBrand 属性，用于表示车辆所属的品牌，在横线处填写正确的代码。

第 6 章 Servlet 技术

HTML 页面是静态的，客户端和服务器不能互动，但在现实需求中需要服务器处理用户提交的数据并作出响应，如用户注册、数据查询……。Servlet 就是一种能够和用户互动的技术，能够处理用户提交的数据并作出响应。Servlet 是基于 Java 的、与平台无关的服务器端组件。

6.1 Servlet 概述

Web 刚刚开始用于提供服务，服务供应商们就意识到动态内容的需求。最早朝这个方向发展的技术之一是 Applet，它专注于利用客户平台提供动态的用户体验。与此同时，开发人员也开始研究使用服务器平台达到同样的目的。最初，通用网关接口(CGI)脚本是产生动态内容的主要技术。尽管 CGI 脚本技术被广泛使用，但它却存在着许多缺陷，包括平台相关和缺少控制性。为了解决这些缺陷，出现了 Java Servlet 技术。它以可移植的方式提供了动态的、基于用户的网页内容。

6.1.1 Servlet 的定义

Servlet(Server Applet)是 Java Servlet 的简称，也称为小服务程序或服务连接器，它是用 Java 编写的服务器端程序，主要功能在于交互式地浏览和修改数据，生成动态 Web 内容。

狭义的 Servlet 是指用 Java 编程语言实现的一个接口，广义的 Servlet 是指任何实现了这个 Servlet 接口的类。在一般情况下，人们将 Servlet 理解为后者。Servlet 运行于支持 Java 的应用服务器中。从原理上讲，Servlet 可以响应任何类型的请求，但在绝大多数情况下，Servlet 只用来扩展基于 HTTP 的 Web 服务器。

最早支持 Servlet 标准的是 JavaSoft 的 Java Web Server，此后，一些其他的基于 Java 的 Web 服务器开始支持 Servlet 标准。

Java Servlet 是用 Java 编程语言实现的类。它扩展了通过请求-响应模式访问的应用程序的服务器端性能。尽管 Servlet 可以响应任何类型的请求，但通常用它们来扩展 Web 服务器端的应用程序。对于这样的应用，Java Servlet 技术定义了专用于 HTTP 的 Servlet 类。类包 javax.servlet 和 javax.servlet.http 提供了编写 Servlet 的接口和类。所有的 Servlet 必须实现定义了生命周期方法的 Servlet 接口。当实现通用服务时，可以使用或扩展由 Java Servlet API

提供的 GenericServlet 类。HttpServlet 类提供了如 doGet 和 doPost 这样专门用于处理 HTTP 服务的方法。

6.1.2　Servlet 的特点

1. 高效

在服务器上仅有一个 Java 虚拟机在运行，它的优势在于当 Servlet 被客户端发送的第一个请示激活以后，它将继续运行在后台，等待以后的请求。每个请求将生成一个线程而不是一个进程。

2. 方便

Servlet 提供了大量的实用工具例程，例如，处理很难完成的 html 表单数据、读取和设置 http 头、处理 Cookie、跟踪会话。

3. 移植性好

Servlet 程序使用 Java 语言编写，Servlet API 具有完善的标准。现在有很多企业编写 Servlet，使其无需任何实质上的改动就可以移植到 apache 和 Microsoft IIS 上。

4. 功能强大

在 Servlet 中，许多使用传统 CGI 程序很难完成的任务都可以轻松地完成。例如，Servlet 能够直接和 Web 服务器交互，而普通的 CGI 程序不能。Servlet 还能够在各个程序之间共享数据，使得数据库连接池之类的功能很容易实现。

5. 灵活性和可扩展性

Java 类具有继承性、构造函数等特点，使得 Servlet 应用灵活，可随意扩展。

6. 小巧

Java Servlet 能直接或借助插件在几乎所有 Web 服务器上运行。

7. 共享数据

Java Servlet 之间能共享数据，很容易实现数据库连接池。它能方便地管理 request 请求，简化 session 和获取前一页面信息的操作。而在 CGI 之间通信则很困难。由于每个 CGI 程序的调用都开始一个新的进程，调用间通信通常要通过文件进行，因而相当缓慢。同一台服务器上的不同 CGI 程序之间的通信也相当麻烦。

8. 安全

有些 CGI 版本有明显的安全弱点，即使是使用最新的标准和 PERL 等语言，系统也没有基本安全框架，而要靠一组事实上的规则。然而 Java 定义有完整的安全机制，包括 SSL/CA 认证、安全政策等规范。

6.1.3　Servlet 的工作原理

用户通过浏览器向服务器发送一个 Servlet 请求，Web 服务器软件(Servlet 容器)收到请求后，执行对应的 Servlet 程序，处理用户提交的数据，然后向客户端发送应答，浏览器收到应答后把结果显示出来。Servlet 的工作原理如图 6-1 所示。

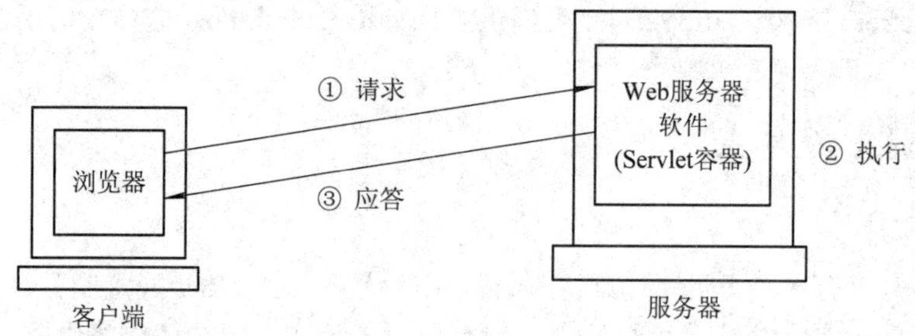

图 6-1 Servlet 的工作原理

6.1.4 Servlet 的生命周期

Servlet 的生命周期(如图 6-2 所示)开始于其被装载到 Servlet 容器中，结束于被终止或重新装入时。Servlet 的生命周期分为三个阶段：初始化阶段、响应客户请求阶段和终止阶段。在 javax.servlet.Servlet 接口中定义了三个方法：init、service 和 destroy，它们分别在 Servlet 生命周期的不同阶段被调用。

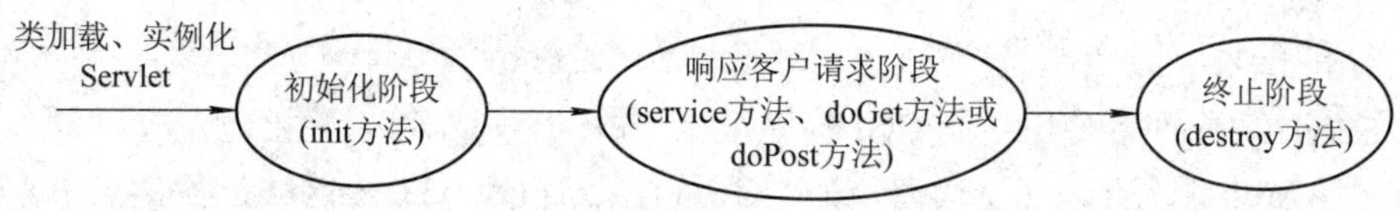

图 6-2 Servlet 的生命周期

1. 初始化阶段

在下列情形下，Servlet 容器装载 Servlet：

(1) Servlet 容器启动时自动装载某些 Servlet。

(2) 在 Servlet 容器启动后，客户首次向 Servlet 发出请求。

(3) Servlet 的类文件被更新后，重新装载 Servlet。

Servlet 被装载后，Servlet 容器创建一个 Servlet 实例并且调用 Servlet 的 init 方法进行初始化。在 Servlet 的整个生命周期，init 方法只会被调用一次。

2. 响应客户请求阶段

对于到达 Servlet 容器的 Servlet 请求，Servlet 容器创建特定于这个请求的 ServletRquest 对象和 ServletResponse 对象，然后调用 Servlet 的 service 方法。service 方法从 ServletRequest 对象获取客户请求信息并处理该请求，通过 ServletResponse 对象返回响应结果。

3. 终止阶段

当 Web 应用被终止或 Servlet 容器终止运行，又或 Servlet 容器重新装载 Servlet 的新实例时，Servlet 容器会先调用 Servlet 的 destroy 方法。在 destroy 方法中，可以释放 Servlet 所占用的资源。

Servlet 执行的步骤如下：

(1) 客户端将请求发送给服务器。

(2) 服务器从浏览器的地址栏获得请求的信息，并根据配置文件 web.xml 找到所响应的

Servet 执行。如果找不到，则会报 404 错误信息。

(3) 如果是第一次请求，则会实例化该 Servlet，调用 init 方法进行初始化，该方法在 Servlet 的生命周期里只被调用一次。然后分配线程进行响应。如果不是第一次访问，那么会直接分配一个线程进行客户的响应。

(4) 在 Servlet 响应之前，服务器会产生 request、response 对象，并且把客户请求的信息封装到 request 对象中，然后把这两个对象传递给 Servlet 的 service 方法执行。

(5) service 方法根据请求的方式来调用不同的方法执行。例如，对于 get 请求，service 方法会将 request、response 对象传递给 doGet 方法执行，把执行后的结果保存到 response 对象中，再返回给客户。

(6) 服务器关闭后，会调用 Servlet 的 destroy 方法进行销毁。

6.2　Servlet API 编程常用接口和类

Java Servlet API 是一组类，用于定义 Web 客户端和 Web Servlet 之间的标准接口。API 将请求封装成对象，这样服务器可以将它们传递到 Servlet；响应也是这样的封装，因此服务器可以将它们传递回客户端。Java Servlet API 有两个包：javax.servlet 包含了支持与普通协议无关的 Servlet 的类；javax.servlet.http 包含了对 HTTP 协议的特别支持。Servlet 主要的类、接口的结构如图 6-3 所示。

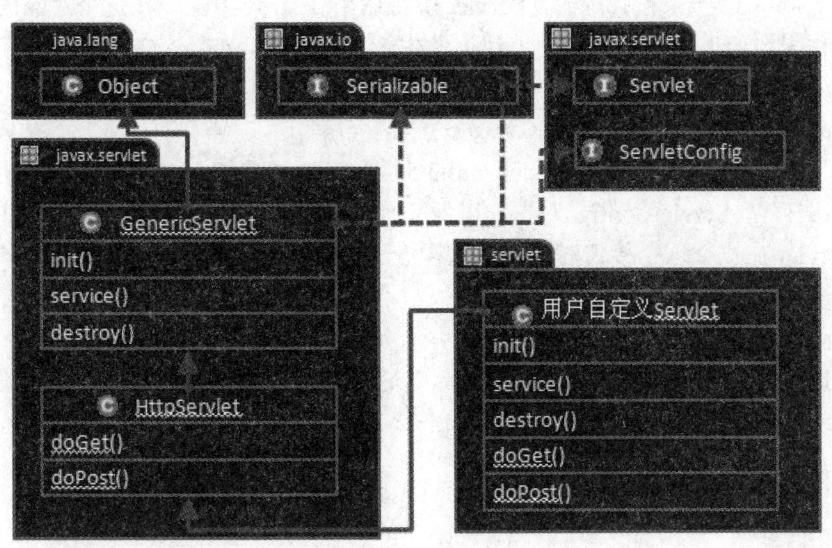

图 6-3　Servlet 主要的类、接口的结构

6.2.1　Servlet 接口

1. 定义

Servlet 接口的定义如下：

```
public interface Servlet
```

这个接口定义了一个Servlet。

2．方法

(1) init方法：

```
public void init(ServletConfig config) throws ServletException;
```

Servlet引擎会在Servlet实例化之后并在置入服务之前精确地调用init方法。在调用service方法之前，必须成功退出init方法。

如果init方法抛出一个ServletException，那么用户不能将这个Servlet置入服务中；如果在超时范围内没完成init方法，那么可以假定这个Servlet不具备相应的功能，用户也不能将其置入服务中。

(2) service方法：

```
public void service(ServletRequest request，ServletResponse response)
throws ServletException，IOException;
```

Servlet引擎调用service方法以允许Servlet响应请求。在Servlet未成功初始化之前无法调用这个方法。在Servlet初始化之前，Servlet引擎能够封锁未决的请求。

在一个Servlet对象被卸载后到一个新的Servelt被初始化之前，Servlet引擎不能调用这个方法。

(3) destroy方法：

```
public void destroy();
```

当一个Servlet从服务中被去除时，Servlet引擎调用destroy方法。在这个对象的service方法所有线程未全部退出或者没被引擎认为发生超时操作时，destroy方法不能被调用。

(4) getServletConfig方法:

```
public ServletConfig getServletConfig();
```

getServletConfig方法返回一个ServletConfig对象，作为一个Servlet的开发者，用户应该通过init方法存储ServletConfig对象，以便init方法能返回这个对象。为了用户的便利，GenericServlet在执行这个接口时，已经这样做了。

(5) getServletInfo方法：

```
public String getServletInfo();
```

getServletInfo方法允许Servlet向主机的Servlet运行者提供有关它本身的信息。返回的字符串应该是纯文本格式而不应有任何标志(如HTML、XML等)。

6.2.2 HttpServlet类

1．定义

HttpServlet类的定义如下：

```
public class HttpServlet extends GenericServlet implements Serializable
```

HttpServlet是一个抽象类，用来简化HTTP Servlet写作的过程。它是GenericServlet类的扩充，提供了一个处理HTTP的框架。

在HttpServlet类中的service方法支持如get、post这样的标准HTTP方法。这一支持过程是通过分配它们到适当的方法(如doGet、doPost)来实现的。

2. 方法

(1) doDelete 方法：

```
protected void doDelete(HttpServletRequest request, HttpServletResponse response) throws ServletException,
IOException;
```

doDelete 被 HttpServlet 类的 service 方法调用，用来处理一个 HTTP Delete 操作。这个操作允许客户端请求从服务器上删除 URL。这一操作可能有负面影响，用户对此要负责任。

这一方法的默认执行结果是返回一个 HTTP BAD_REQUEST 错误。当用户要处理 DELETE 请求时，必须重载这一方法。

(2) doGet 方法：

```
protected void doGet(HttpServletRequest request, HttpServletResponse response) throws ServletException,
IOException;
```

doGet 被 HttpServlet 类的 service 方法调用，用来处理一个 HTTP Get 操作。这个操作允许客户端简单地从一个 HTTP 服务器“获得”资源。对 doGet 方法的重载将自动支持 head 方法。这一方法的默认执行结果是返回一个 HTTP BAD_REQUEST 错误。

Get 操作应该是安全而且没有负面影响的，这个操作可以安全地重复。

(3) doHead 方法：

```
protected void doHead(HttpServletRequest request, HttpServletResponse response) throws ServletException,
IOException;
```

doHead 被 HttpServlet 类的 service 方法调用，用来处理一个 HTTP Head 操作。默认的情况是，这个操作会按照一个无条件的 Get 方法来执行，该操作不向客户端返回任何数据，而仅仅是返回包含内容长度的头信息。与 HTTP Get 操作一样，HTTP Head 操作应该是安全而且没有负面影响的，这个操作可以安全地重复。

doHead 方法的默认执行结果是自动处理 HTTP Head 操作，不需要被一个子类执行。

(4) doOptions 方法：

```
protected void doOptions(HttpServletRequest request, HttpServletResponse response) throws ServletException,
IOException;
```

doOptions 被 HttpServlet 类的 service 方法调用，用来处理一个 HTTP Option 操作。这个操作自动决定支持哪一种 HTTP 方法。

(5) doPost 方法：

```
protected void doPost(HttpServletRequest request, HttpServletResponse response) throws ServletException,
IOException;
```

doPost 被 HttpServlet 类的 service 方法调用，用来处理一个 HTTP Post 操作。该操作包含请求体的数据，Servlet 应该按照它执行。这个操作可能有负面影响，例如更新存储的数据或在线购物。

doPost 方法的默认执行结果是返回一个 HTTP BAD_REQUEST 错误。当用户要处理 post 操作时，必须在 HttpServlet 的子类中重载这一方法。

(6) doPut 方法：

```
protected void doPut(HttpServletRequest request, HttpServletResponse response) throws ServletException,
IOException;
```

doPut 被 HttpServlet 类的 service 方法调用，用来处理一个 HTTP Put 操作。该操作类似于通过 FTP 发送文件。这个操作可能有负面影响，例如更新存储的数据或在线购物。

doPut 方法的默认执行结果是返回一个 HTTP BAD_REQUEST 错误。当用户要处理 put 操作时，必须在 HttpServlet 的子类中重载这一方法。

(7) doTrace 方法：

```
protected void doTrace(HttpServletRequest request, HttpServletResponse response) throws ServletException,
IOException;
```

doTrace 被 HttpServlet 类的 service 方法调用，用来处理一个 HTTP Trace 操作。这个操作的默认执行结果是产生一个响应，这个响应包含一个反映 trace 请求中发送的所有头域的信息。

当用户开发 Servlet 时，在多数情况下需要重载 doTrace 方法。

(8) getLastModified 方法：

```
protected long getLastModified(HttpServletRequest request);
```

getLastModified 方法返回这个请求实体的最后修改时间。为了支持 get 操作，用户必须重载这一方法，以精确地反映最后修改的时间。这将有助于浏览器和代理服务器减少装载服务器和网络资源，从而更加有效地工作。返回的数值是自 1970-1-1 日(GMT)以来的毫秒数。

默认的执行结果是返回一个负数，这标志着最后修改时间未知，它不能被一个有条件的 get 操作使用。

(9) service 方法：

```
protected void service(HttpServletRequest request, HttpServletResponse response) throws ServletException,
IOException;
```

这是一个 Servlet 的 HTTP-specific 方案，每当一个客户请求一个 HttpServlet 对象，该对象的 service()方法就被调用，而且传递给这个方法一个请求(ServletRequest)对象和一个响应(ServletResponse)对象作为参数。当用户开发 Servlet 时，在多数情况下不必重载 service 方法。

6.2.3 ServletConfig 接口

1. 定义

ServletConfig 接口定义如下：

```
public interface ServletConfig
```

这个接口定义了一个对象，通过这个对象，Servlet 引擎配置一个 Servlet 并且允许 Servlet 获得一个有关它的 ServletContext 接口的说明。每一个 ServletConfig 对象对应唯一的 Servlet。

2. 方法

(1) getInitParameter 方法：

```
public String getInitParameter(String name);
```

这个方法返回一个包含 Servlet 指定的初始化参数的 String。如果这个参数不存在，则返回空值。

(2) getInitParameterNames 方法：

```
public Enumeration getInitParameterNames();
```

这个方法返回一个列表 String 对象，该对象包括 Servlet 的所有初始化参数名。如果 Servlet

没有初始化参数，则 getInitParameterNames 返回一个空的列表。

(3) getServletContext 方法：

```
public ServletContext getServletContext();
```

这个方法返回这个 Servlet 的 ServletContext 对象。

6.2.4　HttpServletRequest 接口

1．定义

HttpServletRequest 接口定义如下：

```
public interface HttpServletRequest extends ServletRequest;
```

该接口用来处理一个对 Servlet 的 HTTP 格式的请求信息。

2．方法

(1) getAuthType 方法：

```
public String getAuthType();
```

getAuthType 方法返回这个请求的身份验证模式。

(2) getCookies 方法：

```
public Cookie[] getCookies();
```

这个方法返回一个数组，该数组包含这个请求中当前的所有 Cookie。如果这个请求中没有 Cookie，则返回一个空数组。

(3) getDateHeader 方法：

```
public long getDateHeader(String name);
```

这个方法返回指定的请求头域的值，这个值被转换成一个反映自 1970-1-1 日(GMT)以来的精确到毫秒的长整数。

如果请求头域不能被转换，则抛出一个 IllegalArgumentException。如果这个请求头域不存在，则这个方法返回–1。

(4) getHeader 方法：

```
public String getHeader(String name);
```

这个方法返回一个请求头域的值。与 getDateHeader 方法不同的是，getHeader 方法返回一个字符串。如果这个请求头域不存在，则这个方法返回 –1。

(5) getHeaderNames 方法：

```
public Enumeration getHeaderNames();
```

这个方法返回一个 String 对象的列表，该列表反映请求的所有头域名。有的引擎可能不允许通过这种方法访问头域，在这种情况下，这个方法返回一个空的列表。

(6) getIntHeader 方法：

```
public int getIntHeader(String name);
```

这个方法返回指定的请求头域的值，这个值被转换成一个整数。如果头域的值不能被转换，则抛出一个 IllegalArgumentException。如果这个请求头域不存在，则这个方法返回–1。

(7) getMethod 方法：

```
public String getMethod();
```

则这个方法返回请求使用的 HTTP 方法(如 get、post 和 put)。

(8) getPathInfo 方法：

```
public String getPathInfo();
```

这个方法返回在请求 URL 的 Servlet 路径之后的额外路径信息。如果这个请求 URL 包括一个查询字符串，则在返回值内将不包括这个查询字符串。这个路径在返回之前必须经过 URL 解码。如果在这个请求 URL 的 Servlet 路径之后没有路径信息，则这个方法返回空值。

(9) getPathTranslated 方法：

```
public String getPathTranslated();
```

这个方法获得请求 URL 的 Servlet 路径之后的额外路径信息，并将它转换成一个真实的路径。在进行转换前，这个请求 URL 必须经过 URL 解码。如果在这个 URL 的 Servlet 路径之后没有附加路径信息，则这个方法返回空值。

(10) getQueryString 方法：

```
public String getQueryString();
```

这个方法返回请求 URL 所包含的查询字符串。一个查询字符串在一个 URL 中由一个“？”引出。如果没有查询字符串，则这个方法返回空值。

(11) getRemoteUser 方法：

```
public String getRemoteUser();
```

这个方法返回请求的用户名，这个信息用来作为 HTTP 的用户论证。如果在这个请求中没有用户名信息，则这个方法返回空值。

(12) getRequestedSessionId 方法：

```
public String getRequestedSessionId();
```

这个方法返回请求相应的 session ID。如果由于某种原因客户端提供的 session ID 是无效的，那么这个 session ID 将与当前 session 中的 session ID 不同，与此同时，将建立一个新的 session。如果这个请求没与一个 session 关联，则这个方法返回空值。

(13) getRequestURI 方法：

```
public String getRequestURI();
```

这个方法从 HTTP 请求的第一行返回请求 URL 中定义被请求的资源部分。如果有一个查询字符串存在，则这个查询字符串将不包括在返回值当中。例如，一个请求通过 /catalog/books?id=1 这样的 URL 路径访问，这个方法将返回/catalog/books。这个方法的返回值包括了 Servlet 路径和路径信息。

如果这个 URL 路径中的一部分经过了 URL 编码，这个方法的返回值在返回之前必须经过解码。

(14) getServletPath 方法：

```
public String getServletPath();
```

这个方法返回请求 URL 反映调用 Servlet 的部分。例如，一个 Servlet 被映射到/catalog/summer 这个 URL 路径，而一个请求使用了/catalog/summer/casual 这样的路径。反映调用 Servlet 的部分就是指/catalog/summer。

如果这个 Servlet 不是通过路径匹配来调用，则这个方法将返回一个空值。

(15) getSession 方法：

```
public HttpSession getSession();
public HttpSession getSession(boolean create);
```

这个方法返回与请求关联的当前有效的 session。如果调用这个方法时没带参数，那么在没有 session 与这个请求关联的情况下，将会新建一个 session。如果调用这个方法时带入了一个布尔型的参数，那么只有当这个参数为真时，session 才会被建立。

为了确保 session 能够被完全维持，Servlet 开发者必须在响应被提交之前调用该方法。如果带入的参数为假，而且没有 session 与这个请求关联，这个方法会返回空值。

(16) isRequestedSessionIdValid 方法：

```
public boolean isRequestedSessionIdValid();
```

这个方法检查与请求关联的 session 当前是不是有效。如果当前请求中使用的 session 无效，那么它将不能通过 getSession 方法返回。

(17) isRequestedSessionIdFromCookie 方法：

```
public boolean isRequestedSessionIdFromCookie();
```

如果请求的 session ID 是通过客户端的一个 cookie 提供的，那么该方法返回真；否则返回假。

(18) isRequestedSessionIdFromURL 方法：

```
public boolean isRequestedSessionIdFromURL();
```

如果请求的 session ID 是通过客户端的 URL 的一部分提供的，该方法返回真；否则返回假。请注意此方法与 isRequestedSessionIdFromUrl 在 URL 的拼写上不同。

(19) isRequestedSessionIdFromUrl 方法：

```
public boolean isRequestedSessionIdFromUrl();
```

这个方法被 isRequestedSessionIdFromURL 代替。

6.2.5 HttpServletResponse 接口

1．定义

HttpServletResponse 接口定义如下：

```
public interface HttpServletResponse extends ServletResponse
```

这个接口描述一个返回到客户端的 HTTP 响应。这个接口允许 Servlet 程序员利用 HTTP 协议规定的头信息。

2．成员变量

HttpServletResponse 接口成员变量如下：

```
public static final int SC_CONTINUE = 100;
public static final int SC_SWITCHING_PROTOCOLS = 101;
public static final int SC_OK = 200;
public static final int SC_CREATED = 201;
public static final int SC_ACCEPTED = 202;
public static final int SC_NON_AUTHORITATIVE_INFORMATION = 203;
public static final int SC_NO_CONTENT = 204;
```

```
public static final int SC_RESET_CONTENT = 205;
public static final int SC_PARTIAL_CONTENT = 206;
public static final int SC_MULTIPLE_CHOICES = 300;
public static final int SC_MOVED_PERMANENTLY = 301;
public static final int SC_MOVED_TEMPORARILY = 302;
public static final int SC_SEE_OTHER = 303;
public static final int SC_NOT_MODIFIED = 304;
public static final int SC_USE_PROXY = 305;
public static final int SC_BAD_REQUEST = 400;
public static final int SC_UNAUTHORIZED = 401;
public static final int SC_PAYMENT_REQUIRED = 402;
public static final int SC_FORBIDDEN = 403;
public static final int SC_NOT_FOUND = 404;
public static final int SC_METHOD_NOT_ALLOWED = 405;
public static final int SC_NOT_ACCEPTABLE = 406;
public static final int SC_PROXY_AUTHENTICATION_REQUIRED = 407;
public static final int SC_REQUEST_TIMEOUT = 408;
public static final int SC_CONFLICT = 409;
public static final int SC_GONE = 410;
public static final int SC_LENGTH_REQUIRED = 411;
public static final int SC_PRECONDITION_FAILED = 412;
public static final int SC_REQUEST_ENTITY_TOO_LARGE = 413;
public static final int SC_REQUEST_URI_TOO_LONG = 414;
public static final int SC_UNSUPPORTED_MEDIA_TYPE = 415;
public static final int SC_INTERNAL_SERVER_ERROR = 500;
public static final int SC_NOT_IMPLEMENTED = 501;
public static final int SC_BAD_GATEWAY = 502;
public static final int SC_SERVICE_UNAVAILABLE = 503;
public static final int SC_GATEWAY_TIMEOUT = 504;
public static final int SC_HTTP_VERSION_NOT_SUPPORTED = 505;
```

以上 HTTP 状态码是由 HTTP/1.1 定义的。

3．方法

(1) addCookie 方法：

```
public void addCookie(Cookie cookie);
```

这个方法在响应中增加一个指定的 Cookie。可多次调用该方法以定义多个 Cookie。为了设置适当的头域，该方法应该在响应被提交之前调用。

(2) containsHeader 方法：

```
public boolean containsHeader(String name);
```

这个方法检查是否设置了指定的响应头。

(3) encodeRedirectURL 方法：

```
public String encodeRedirectURL(String url);
```

这个方法对 sendRedirect 方法使用的指定 URL 进行编码。如果不需要编码，就直接返回该 URL。之所以提供这个附加的编码方法，是因为在 redirect 的情况下，决定是否对 URL 进行编码的规则和一般情况有所不同。指定的 URL 必须是一个绝对 URL。相对 URL 不能被接收，会抛出一个 IllegalArgumentException。

所有提供给 sendRedirect 方法的 URL 都应通过这个方法运行，这样才能确保会话跟踪能够在所有浏览器中正常运行。

(4) encodeURL 方法：

```
public String encodeURL(String url);
```

这个方法对包含 session ID 的 URL 进行编码。如果不需要编码，就直接返回该 URL。Servlet 引擎必须提供 URL 编码方法，因为在有些情况下，我们将不得不重写 URL，例如，在响应对应的请求中包含一个有效的 session，但是这个 session 不能被非 URL(如 Cookie)的手段来维持。

所有提供给 Servlet 的 URL 都应通过这个方法运行，这样才能确保会话跟踪能够在所有浏览器中正常运行。

(5) sendError 方法：

```
public void sendError(int statusCode) throws IOException;
public void sendError(int statusCode,  String message) throws IOException;
```

这个方法用给定的状态码发给客户端一个错误响应。如果提供了一个 message 参数，则这将作为响应体的一部分被发出；否则，服务器返回错误代码所对应的标准信息。

调用这个方法后，响应立即被提交。在调用这个方法后，Servlet 不会再有更多的输出。

(6) sendRedirect 方法：

```
public void sendRedirect(String location) throws IOException;
```

这个方法使用给定的路径，给客户端发出一个临时转向的响应(SC_MOVED_TEMPORARILY)。给定的路径必须是绝对 URL。相对 URL 不能被接收，会抛出一个 IllegalArgumentException。

这个方法必须在响应被提交之前调用。调用这个方法后，响应立即被提交。在调用这个方法后，Servlet 不会再有更多的输出。

(7) setDateHeader 方法：

```
public void setDateHeader(String name, long date);
```

这个方法用一个给定的名称和日期值设置响应头，这里的日期值应该是反映自 1970-1-1 日(GMT)以来的精确到毫秒的长整数。如果响应头已经被设置，那么新的值将覆盖当前的值。

(8) setHeader 方法：

```
public void setHeader(String name, String value);
```

这个方法用一个给定的名称和域设置响应头。如果响应头已经被设置，那么新的值将覆盖当前的值。

(9) setIntHeader 方法：

```
public void setIntHeader(String name, int value);
```

这个方法用一个给定的名称和整形值设置响应头。如果响应头已经被设置，那么新的值将覆盖当前的值。

(10) setStatus 方法：

```
public void setStatus(int statusCode);
```

这个方法设置了响应的状态码，如果状态码已经被设置，那么新的值将覆盖当前的值。

以下方法已取消：

(11) encodeRedirectUrl 方法：

```
public String encodeRedirectUrl(String url);
```

该方法被 encodeRedirectURL 取代。

(12) encodeUrl 方法：

```
public String encodeUrl(String url);
```

该方法被 encodeURL 取代。

6.2.6 GenericServlet 类

1．定义

GenericServlet 类的定义如下：

```
public abstract class GenericServlet implements Servlet，ServletConfig, Serializable;
```

这个类使得编写 Servlet 更加方便，它提供了一个简单的方案，该方案用来执行有关 Servlet 生命周期的方法以及在初始化时对 ServletConfig 对象和 ServletContext 对象进行说明。

2．方法

(1) destroy 方法：

```
public void destroy();
```

在这里，destroy 方法不做任何其他的工作。

(2) getInitParameter 方法：

```
public String getInitParameter(String name);
```

这是一个简便的途径，它会调用 ServletConfig 对象同名的方法。

(3) getInitParameterNames 方法：

```
public Enumeration getInitParameterNames();
```

这是一个简便的途径，它会调用 ServletConfig 对象同名的方法。

(4) getServletConfig 方法：

```
public ServletConfig getServletConfig();
```

这个方法返回一个通过 GenericServlet 类的 init 方法产生的 ServletConfig 对象的说明。

(5) getServletContext 方法：

```
public ServletContext getServletContext();
```

这是一个简便的途径，它会调用 ServletConfig 对象同名的方法。

(6) getServletInfo 方法：

```
public String getServletInfo();
```

这个方法返回一个反映 Servlet 版本的 String。

(7) init 方法：

```
public void init() throws ServletException;
public void init(ServletConfig config) throws ServletException;
```

init(ServletConfig config)方法是一个对 Servlet 的生命周期进行初始化的简便的途径。init()方法用来让用户对 GenericServlet 类进行扩充，当使用这个方法时，用户不需要存储 config 对象，也不需要调用 super.init(config)。

init(ServletConfig config)方法会存储 config 对象然后调用 init()。如果用户重载了这个方法，必须调用 super.init(config)，这样 GenericServlet 类的其他方法才能正常工作。

(8) log 方法：

```
public void log(String msg);
public void log(String msg, Throwable cause);
```

这个方法通过 Servlet content 对象将 Servlet 的类名和给定的信息写入 log 文件中。

(9) service 方法：

```
public abstract void service(ServletRequest request, ServletResponse
response) throws ServletException, IOException;
```

这是一个抽象的方法，当用户扩展 GenericeServlet 类时，为了执行网络请求，必须执行该方法。

6.2.7 HttpSession 接口

1. 定义

HttpSession 接口定义如下：

```
public interface HttpSession
```

这个接口被 Servlet 引擎用来实现在 HTTP 客户端和 HTTP 会话两者之间的关联。这种关联可能在多处连接和请求中持续一段给定的时间。session 用来在无状态的 HTTP 协议下跳过多个请求页面来维持状态和识别用户。一个 session 可以通过 Cookie 或重写 URL 来维持。

2. 方法

(1) getCreationTime 方法：

```
public long getCreationTime();
```

这个方法返回建立 session 的时间，这个时间表示为自 1970-1-1 日(GMT)以来的毫秒数。

(2) getId 方法：

```
public String getId();
```

这个方法返回分配给 session 的标识符。一个 HTTP session 的标识符是一个由服务器来建立和维持的唯一的字符串。

(3) getLastAccessedTime 方法：

```
public long getLastAccessedTime();
```

这个方法返回客户端最后一次发出与 session 有关的请求的时间，如果这个 session 是新建立的，则返回−1。这个时间表示为自 1970-1-1 日(GMT)以来的毫秒数。

(4) getMaxInactiveInterval 方法：

```
public int getMaxInactiveInterval();
```

这个方法返回一个秒数，这个秒数表示客户端在不发出请求时，session 被 Servlet 引擎维持的最长时间。在这个时间之后，session 可能被 Servlet 引擎终止。如果这个 session 不会被终止，则这个方法返回-1。

若 session 无效后再调用这个方法，则会抛出一个 IllegalStateException。

(5) getValue 方法：

```
public Object getValue(String name);
```

这个方法返回一个以给定的名字绑定到 session 上的对象。如果不存在这样的绑定，则返回空值。

若 session 无效后再调用这个方法，则会抛出一个 IllegalStateException。

(6) getValueNames 方法：

```
public String[] getValueNames();
```

这个方法以一个数组返回绑定到 session 上的所有数据的名称。

若 session 无效后再调用这个方法，则会抛出一个 IllegalStateException。

(7) invalidate 方法：

```
public void invalidate();
```

这个方法会终止 session。所有绑定在这个 session 上的数据都会被清除，并通过 HttpSessionBindingListener 接口的 valueUnbound 方法发出通告。

(8) isNew 方法：

```
public boolean isNew();
```

该方法返回一个布尔值以判断 session 是不是新的。如果一个 session 已经被服务器建立但是还没有收到相应的客户端的请求，那么这个 session 将被认为是新的。这意味着这个客户端还没有加入会话或没有被会话公认。在它发出下一个请求时还不能返回适当的 session 认证信息。

若 session 无效后再调用这个方法，则会抛出一个 IllegalStateException。

(9) putValue 方法：

```
public void putValue(String name，Object value);
```

这个方法以给定的名字绑定给定的对象到 session 中，已存在的同名的绑定会被重置。这时会调用 HttpSessionBindingListener 接口的 valueBound 方法。

若 session 无效后再调用这个方法，则会抛出一个 IllegalStateException。

(10) removeValue 方法：

```
public void removeValue(String name);
```

这个方法取消给定名字的对象在 session 上的绑定。如果未找到给定名字绑定的对象，那么这个方法什么都不做。这时会调用 HttpSessionBindingListener 接口的 valueUnbound 方法。

若 session 无效后再调用这个方法，则会抛出一个 IllegalStateException。

(11) setMaxInactiveInterval 方法：

```
public int setMaxInactiveInterval(int interval);
```

这个方法设置一个秒数，这个秒数表示客户端在不发出请求时，session 被 Servlet 引擎维持的最长时间。

(12) getSessionContext 方法：

```
public HttpSessionContext getSessionContext();
```

这个方法返回 session 在其中得以保持的环境变量。这个方法与其他所有 HttpSessionContext 的方法一样被取消了。

6.3　Servlet 开发

6.3.1　Servlet 的创建

【例 6-1】 编写 Servlet 程序，在页面输出“你好”。

Servlet 程序的代码如下：

```
package servlet;
import java.io.IOException;
import java.io.PrintWriter;
import javax.servlet.ServletException;
import javax.servlet.ServletRequest;
import javax.servlet.ServletResponse;
import javax.servlet.http.HttpServlet;
public class Hello extends HttpServlet {
    public void service(ServletRequest request, ServletResponse response)
            throws IOException, ServletException {
        response.setContentType("text/html;charset=utf-8");
        PrintWriter out = response.getWriter();
        out.println("<html>");
        out.println("<head>");
        out.println("<title>你好</title>");
        out.println("</head>");
        out.println("<body>");
        out.println("<h1 align=center>你好！ </h1>");
        out.println("</body>");
        out.println("</html>");
    }
}
```

注意:

Servlet 程序必须继承 Javax.servlet.http.HttpServlet，这样才能被 Web 服务器(Servlet 容器)调用，从而能够让客户端通过浏览器访问。

Web 服务器(Servlet 容器)接收到访问 Servlet 的请求后，调用对应 Servlet 程序的 service 方法。在这个例子中，我们覆盖了 service 方法，完成要实现的功能。

service 方法的第一个参数是 ServletRequest 对象 request，用来接收请求信息；第二个参数是 ServletResponse 对象 response，用来处理应答信息。

response.setContentType("text/html;charset=utf-8")设置了输出类型是 HTML，字符集是 utf-8(中文)。

PrintWriter out = response.getWriter()用来获取输出流对象 out，通过调用 out.println()来向客户端输出内容。我们可以看到，在这个例子中，通过 out.println()输出的是一个简单的 HTML 页面的内容。

1. 在 web.xml 中对 Servlet 进行配置

要想让这个 Servlet 程序能够被 Web 服务器(Servlet 容器)调用，还要在配置文件 web.xml 中进行相应的配置。打开 WebContent 下的 WEB-INF 下的配置文件 web.xml 进行配置，如图 6-4 所示。

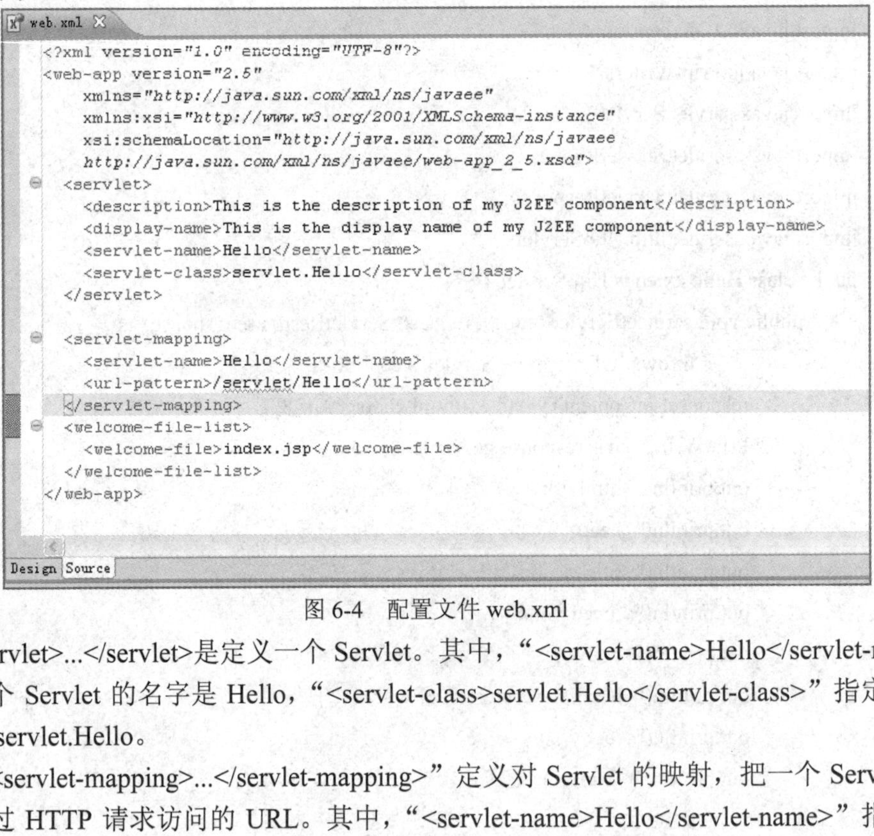

```
web.xml
<?xml version="1.0" encoding="UTF-8"?>
<web-app version="2.5"
    xmlns="http://java.sun.com/xml/ns/javaee"
    xmlns:xsi="http://www.w3.org/2001/XMLSchema-instance"
    xsi:schemaLocation="http://java.sun.com/xml/ns/javaee
    http://java.sun.com/xml/ns/javaee/web-app_2_5.xsd">
  <servlet>
    <description>This is the description of my J2EE component</description>
    <display-name>This is the display name of my J2EE component</display-name>
    <servlet-name>Hello</servlet-name>
    <servlet-class>servlet.Hello</servlet-class>
  </servlet>

  <servlet-mapping>
    <servlet-name>Hello</servlet-name>
    <url-pattern>/servlet/Hello</url-pattern>
  </servlet-mapping>
  <welcome-file-list>
    <welcome-file>index.jsp</welcome-file>
  </welcome-file-list>
</web-app>
Design Source
```

图 6-4　配置文件 web.xml

<servlet>...</servlet>是定义一个 Servlet。其中，“<servlet-name>Hello</servlet-name>”定义这个 Servlet 的名字是 Hello，“<servlet-class>servlet.Hello</servlet-class>”指定其对应的类是 servlet.Hello。

“<servlet-mapping>...</servlet-mapping>”定义对 Servlet 的映射，把一个 Servlet 映射为可通过 HTTP 请求访问的 URL。其中，“<servlet-name>Hello</servlet-name>”指定要映射的 Servlet，“<url-pattern>/servlet/Hello</url-pattern>”把这个 Servlet 映射为 URL：/servlet/hello。

2. 运行 Servlet

启动服务器后，打开浏览器，访问“http://[IP 地址]/javaee1/servlet/hello”，就会看到输出结果，如图 6-5 所示。

图 6-5　浏览器看到的结果

6.3.2　应用 Servlet 处理表单

在例 6-1 中，我们用 Servlet 输出了一个简单的页面，通过它我们了解了 Servlet 的运行机制。如果仅仅为了输出一些固定的内容，那么完全没有必要采用 Servlet，用 HTML 直接做静态页面更简单、更直接。我们用 Servlet 的真正目的是能够和客户动态交互，而表单是客户端和服务器进行交互的重要手段。

【例 6-2】 编写一个 Servlet 处理表单的程序，即表单页面 register.html，表单提交给一个 Servlet，用 Servlet 输出用户表单输入的内容。

(1) 表单页面 register.html 的代码如下：

```
<head>
    <meta http-equiv="Content-Type" content="text/html;charset=utf-8">
    <title>注册表单</title>
</head>
```

然后我们在<body>和</body>标签之间加上如下代码：

```
<h1 align="center">注册表单</h1>
<form action="servlet/register" method="post">
    <p>姓名：<input type="text" name="name" size="10">
    <p>密码：<input type="password" name="pass" size="10">
    <p>性别：<input type="radio" name="gender" value="男" checked>男
        <input type="radio" name="gender" value="女">女
    <p>爱好：<input type="checkbox" name="hobby" value="文学">文学
        <input type="checkbox" name="hobby" value="音乐">音乐
        <input type="checkbox" name="hobby" value="运动">运动
    <p>班级：<select name="class">
            <option value="1">1 班
            <option value="2">2 班
```

```
                <option value="3">3 班
                <option value="4">4 班
                <option value="5">5 班
                <option value="6">6 班
            </select>
        <p>自我介绍：
        <p><textarea name="introduce" rows="5" cols="20"></textarea>
        <p><input type="submit" value="确定">
            <input type="reset" value="重填">
    </form>
```

其中，action="servlet/register"是指定这个表单提交给 servlet/register 这个 Servlet 来处理，method="post"是指定这个表单以 post 方式提交。

提示：提交表单常用的方式有 get 和 post 两种，get 是默认方式。两种提交方式的区别如下：

① get 方式提交的数据会显示在浏览器的地址栏中，而 post 方式则不会。

② get 方式传送的数据量小，而 post 方式可以传送大量数据。

③ get 方式只支持 ASCII 字符，而 post 方式支持整个 ISO 10646 字符集。

(2) 处理表单的 Servlet。

在Servlet下创建一个类Register，继承javax.servlet.http.HttpServlet。这次我们不覆盖service 方法，因为 HttpServlet 类已经实现了 service 方法。在 HttpServlet 的 service 方法中，首先从 HttpServletRequest 对象中获取 HTTP 请求方式的信息，然后再根据请求方式调用相应的方法。如果请求方式为 get，那么调用 doGet 方法；如果请求方式为 post，那么调用 doPost 方法。

因为前面表单设置的是以 post 方式提交的，所以我们在 Servlet 中实现 doPost 方法，在 doPost 方法中接收表单数据，然后显示出来。这个 Servlet 的代码如下：

```
package servlet;
import java.io.IOException;
import java.io.PrintWriter;
import javax.servlet.ServletException;
import javax.servlet.http.HttpServlet;
import javax.servlet.http.HttpServletRequest;
import javax.servlet.http.HttpServletResponse;
public class Register extends HttpServlet {
    public void doPost(HttpServletRequest request, HttpServletResponse response) throws IOException,
ServletException {
        request.setCharacterEncoding("utf-8");//设置接收的字符集
        //从 request 接收表单数据
        String name = request.getParameter("name");
        String pass = request.getParameter("pass");
        String gender = request.getParameter("gender");
```

```
            String[] hobby = request.getParameterValues("hobby"); //复选框用数组接收
            String class1 = request.getParameter("class");
            String introduce = request.getParameter("introduce");
            //把数组 hobby 拼接成一个字符串 s_hobby
            String s_hobby = "";
            if (hobby != null) {
                for (int i = 0; i < hobby.length; i++) {
                    s_hobby = s_hobby + hobby[i];
                    // 如果不是最后一个数组元素，加一个逗号作为分隔符
                    if (i < hobby.length - 1) {
                        s_hobby = s_hobby + "，";
                    }
                }
            }
            //通过 response 向客户端应答，显示接收到的数据
            response.setContentType("text/html;charset=utf-8");
            PrintWriter out = response.getWriter();
            out.println("<html>");
            out.println("<head>");
            out.println("<title>处理表单</title>");
            out.println("</head>");
            out.println("<body>");
            out.println("<h1 align=center>你好！</h1>");
            out.println("<p>姓名：" + name);
            out.println("<p>密码：" + pass);
            out.println("<p>性别：" + gender);
            out.println("<p>爱好：" + s_hobby);
            out.println("<p>班级：" + class1);
            out.println("<p>自我介绍：");
            out.println("<p>" + introduce);
            out.println("</body>");
            out.println("</html>");
        }
    }
```

在这个例子中，首先从 request 对象接收表单数据，使用 request 的 getParameter 方法把表单数据接收到字符串变量；对于复选框，使用 request 的 getParameterValues 方法接收到字符串数组变量。然后为了后面输出方便，把字符串数组 hobby 拼接成一个字符串 s_hobby。最后通过 out 对象把接收到的表单数据显示出来。

写完 Servlet 代码后，在配置文件 web.xml 中加上对这个 Servlet 的配置，代码如下：

```
<servlet>
    <servlet-name>Register</servlet-name>
    <servlet-class>servlet.Register</servlet-class>
</servlet>
    <servlet-mapping>
    <servlet-name>Register</servlet-name>
    <url-pattern>/servlet/register</url-pattern>
</servlet-mapping>
```

启动服务器后，打开浏览器，访问表单页面，如图 6-6 所示。

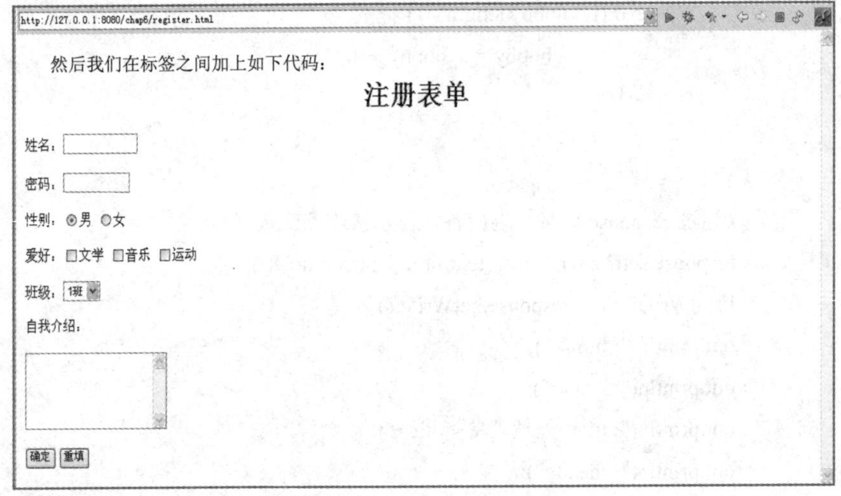

图 6-6　访问表单页面

填写数据，然后点击“确定”按钮，提交表单，我们就会看到 Servlet 接收了表单数据并将其显示出来，如图 6-7 所示。

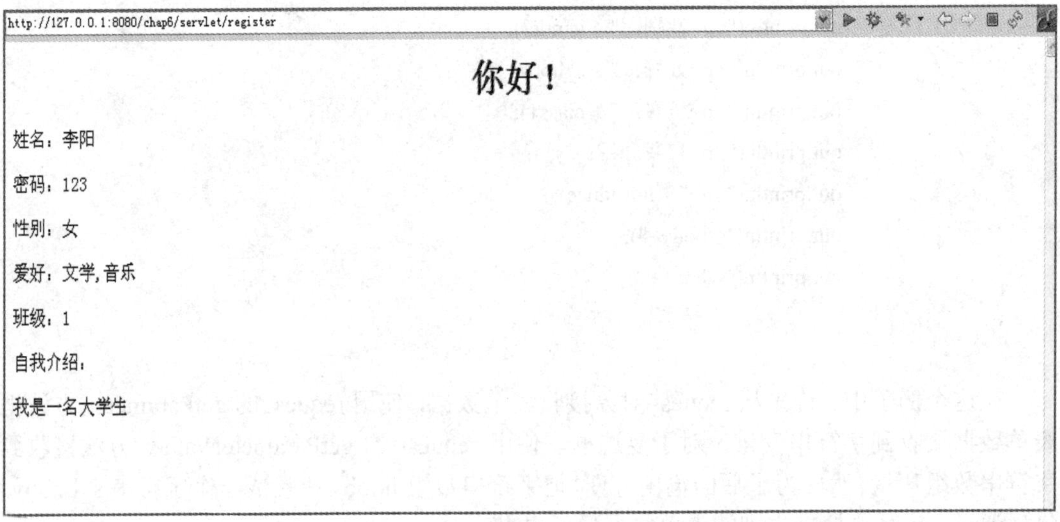

http://127.0.0.1:8080/chap6/servlet/register

你好！

姓名：李阳

密码：123

性别：女

爱好：文学,音乐

班级：1

自我介绍：

我是一名大学生

图 6-7　Servlet 接收表单数据并显示

通过这个例子，我们掌握了 Servlet 如何从表单中接收数据。

6.3.3 HttpSession 应用

HTTP 协议是无连接、无状态的，无法保存用户的个人信息。但在实际应用中，很多时候是需要保存用户信息的，如论坛的个人身份、网上商城的购物车等。在 Servlet 中，采用 session 保存用户信息。session 是与用户相关的，每个用户有一个自己的 session 对象，不同用户的 session 对象是相互独立的，并且在 session 中可以存放任何对象。

在 Servlet 中，通过调用 request 对象的 getSession 方法获取 session 对象，通过调用 session 对象的 setAttribute 方法保存对象，通过调用 session 对象的 getAttribute 方法获取保存在 session 中的对象。

下面我们对例 6-2 中的 Register 这个 Servlet 做一些修改，接收表单数据后，把姓名(“张宇”)保存在 session 中，代码如下：

```
HttpSession session = request.getSession();
session.setAttribute("name", name);
```

然后在输出部分加一个到另外一个 Servlet 的链接，代码如下：

```
out.println("<p><a href='testSession'>测试 session</a>");
```

我们新建一个 Servlet，类名为 TestSession，因为这个 Servlet 是通过链接访问的，所以我们实现 doGet 方法，代码如下：

```
protected void doGet(HttpServletRequest request , HttpServletResponse response) throws
ServletException, IOException {
    HttpSession session = request.getSession();
    String name = (String)session.getAttribute("name");
    response.setContentType("text/html;charset=utf-8");
    PrintWriter out = response.getWriter();
    out.println("<html>");
    out.println("<head>");
    out.println("<title>您好</title>");
    out.println("</head>");
    out.println("<body>");
    out.println("<h1 align=center>您好！" + name + "</h1>");
    out.println("</body>");
    out.println("</html>");
}
```

由于从 session 中取出的都是 Object 对象，因此我们要进行强制类型转换，即 name = (String)session.getAttribute("name")。运行结果如图 6-8 所示。

图 6-8　测试 session 结果

6.4　ServletConfig 与 ServletContext

对于一些需要显示出来的信息，如栏目负责人、网站管理员等，直接写在程序中是不合适的，可以用参数的形式写在配置文件 web.xml 中。

6.4.1　ServletConfig

对于只有某个 Servlet 使用的参数，可以在配置文件 web.xml 中 Servlet 的配置部分用 <init-param>…</init-param>标签配置，在对应的 Servlet 中从 ServletConfig 对象读出。

新建一个 Servlet 类 TestServletConfig，在配置文件 web.xml 中加上配置如下：

```
<servlet>
    <servlet-name>TestServletConfig</servlet-name>
    <servlet-class>servlet.TestServletConfig</servlet-class>
    <init-param>
        <param-name>editor</param-name>
        <param-value>张宇</param-value>
    </init-param>
</servlet>
    <servlet-mapping>
    <servlet-name>TestServletConfig</servlet-name>
```

```
        <url-pattern>/servlet/testServletConfig</url-pattern>
    </servlet-mapping>
```

其中，param-name 标签指定参数名，param-value 标签指定参数值。

在 Servlet 中，通过 getServletConfig 方法获取 ServletConfig 对象，通过 ServletConfig 对象的 getInitParameter 方法获取参数值，如图 6-9 所示。

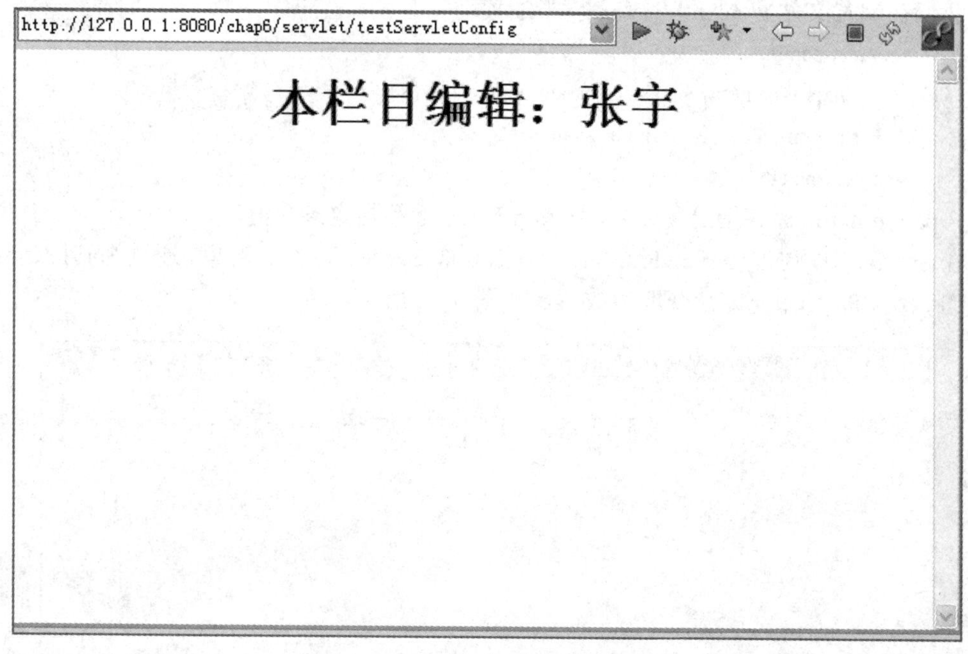

图 6-9　测试 ServletConfig 结果

这个 Servlet 我们要从地址栏直接访问，以下是我们实现它的 doGet 方法：

```
protected void doGet(HttpServletRequest request , HttpServletResponse response) throws ServletException， IOException {
        ServletConfig config = this.getServletConfig();
        String editor = config.getInitParameter("editor");
        response.setContentType("text/html;charset=utf-8");
        PrintWriter out = response.getWriter();
        out.println("<html>");
        out.println("<head>");
        out.println("<title>ServletConfig</title>");
        out.println("</head>");
        out.println("<body>");
        out.println("<h1 align=center>本栏目编辑：" + editor + "</h1>");
        out.println("</body>");
        out.println("</html>");
    }
```

6.4.2 ServletContext

对于整个项目都要用到的参数，可以在配置文件 web.xml 中用<context-param>...</context-param>标签进行配置，在 Servlet 中从 ServletContext 对象读出。<context-param>...</context-param>标签和<servlet>...</servlet>标签是同一级别的。

我们在配置文件 web.xml 中加上以下配置：

```
<context-param>
    <param-name>webmaster</param-name>
    <param-value>李力</param-value>
</context-param>
```

其中，param-name 标签指定参数名，param-value 标签指定参数值。

在 Servlet 中，通过 getServletContext 方法获取 ServletContext 对象，通过 ServletContext 对象的 getInitParameter 方法获取参数值，如图 6-10 所示。

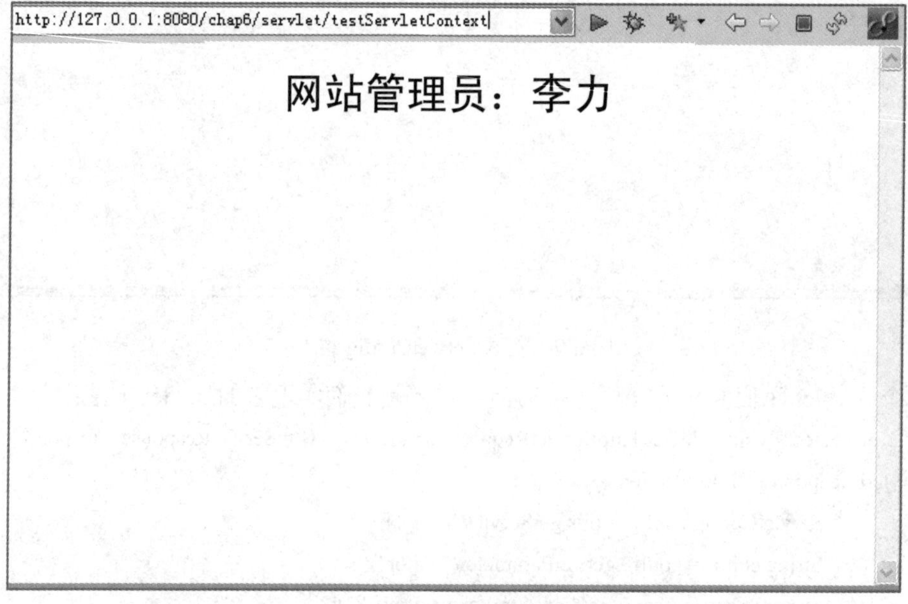

图 6-10 测试 ServletContext 结果

我们建一个 Servlet 类 TestServletContext 来读取这个参数，它的 doGet 方法如下：

```
protected void doGet(HttpServletRequest request, HttpServletResponse response) throws ServletException,
IOException {
        ServletContext context = this.getServletContext();
        String webmaster = context.getInitParameter("webmaster");
        response.setContentType("text/html;charset=utf-8");
        PrintWriter out = response.getWriter();
        out.println("<html>");
        out.println("<head>");
```

```
        out.println("<title>ServletContext</title>");
        out.println("</head>");
        out.println("<body>");
        out.println("<h1 align=center>网站管理员：" + webmaster + "</h1>");
        out.println("</body>");
        out.println("</html>");
    }
```

6.5　转发与重定向

转发与重定向都能够转向另外一个地址(页面或 Servlet)，两者的区别在于：转发是原来请求的延续，地址栏的地址还是原来的，转发后的 Servlet 或 JSP 与原来的 Servlet 用的是同一个 request 对象；重定向相当于客户端重新发送了一个新的请求，地址栏的地址会发生改变，重定向后的 Servlet 或 JSP 与原来的 Servlet 用的 request 对象是不同的。

6.5.1　转发

在 Servlet 中，使用 RequestDispatcher 对象的 forward 方法实现转发，如图 6-11 所示。ReqeusDispatcher 对象通过调用 request 对象的 getRequestDispatcher 方法获取。下面是一个转发的代码：

```
RequestDispatcher dispatcher = request.getRequestDispatcher("hello");
dispatcher.forward(request， response);
```

图 6-11　转发

6.5.2 重定向

在 Servlet 中，通过调用 response 对象的 sendRedirect 方法实现重定向，如图 6-12 所示。下面是一个重定向的例子(代码)：

```
response.sendRedirect("hello");
```

图 6-12 重定向

需要注意的是，在这个例子中，浏览器地址栏中的地址也变成重定向后的 Servlet 的地址。

6.6 过 滤 器

过滤器是一个程序，它先于与之相关的 Servlet 或 JSP 页面运行在服务器上。过滤器可附加到一个或多个 Servlet 或 JSP 页面上，并且可以检查进入这些资源的请求信息。在这之后，过滤器可以有以下的选择：

(1) 以常规的方式调用资源(即调用 Servlet 或 JSP 页面)。

(2) 利用修改过的请求信息调用资源。

(3) 调用资源，但在发送响应到客户端前对其进行修改。

(4) 阻止该资源调用，代之以转到其他的资源，返回一个特定的状态代码或生成替换输出。

6.6.1 工作原理

过滤器的工作原理如图 6-13 所示。

如图 6-13 所示，对于一个指定了过滤器的 Web 资源(Servlet、JSP 和 HTML)来说，过滤器拦在客户端与 Web 资源之间，进出都要经过过滤器。

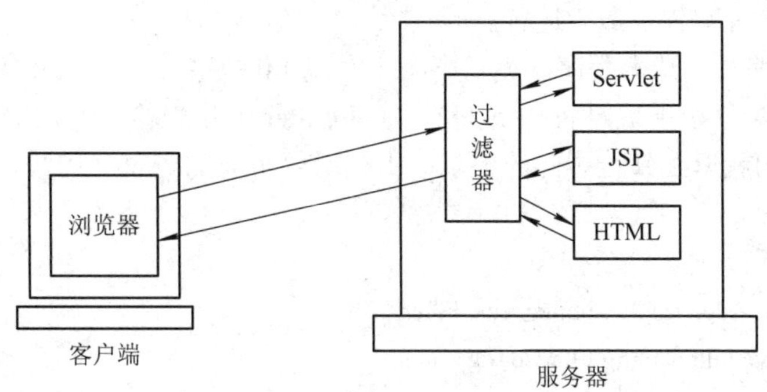

图 6-13　过滤器的工作原理

当请求到来时，先经过过滤器，过滤器可以检查、修改请求的内容再发给对应的 Web 资源，甚至可以根据请求的内容禁止客户端访问对应的 Web 资源。

Web 资源产生的应答也要先经过过滤器，过滤器可以检查、修改应答的内容再发给客户端。

6.6.2　Filter 接口

过滤器必须实现 javax.servlet.Filter 接口，这个接口包含三个方法：init、doFilter 和 destroy。其具体描述如下：

(1) init(FilterConfig filterConfig)：Tomcat 容器创建过滤器实例后调用这个方法，用于为过滤器做准备工作，可以从 filterConfig 对象读取配置文件 web.xml 中为该过滤器设置的初始化参数。

(2) doFilter(ServletRequest request，ServletResponse response，FilterChain chain)：过滤操作在这个方法中实现，包括检查、修改请求对象和应答对象。参数 request 是请求对象，response 是应答对象，chain 用于访问后续过滤器。

(3) destroy()：Tomcat 容器在销毁过滤器实例前调用这个方法，用于释放资源。

6.6.3　Servlet 过滤器的开发

开发 Servlet 过滤器的步骤如下：

(1) 编写实现 Filter 接口的 Servlet 类。

(2) 在 web.xml 中配置 Filter。

开发一个过滤器需要实现 Filter 接口，Filter 接口定义了以下方法：

(1) destory()由 Web 容器调用，初始化该 Filter。

(2) init(FilterConfig filterConfig)由 Web 容器调用，初始化该 Filter。

(3) doFilter(ServletRequest request，ServletResponse response，FilterChain chain)具体过滤处理代码。

6.6.4　过滤器的实例

下面介绍一个禁止某个地址访问 hello.jsp 的例子，首先编写过滤器程序，然后在配置文件 web.xml 中进行配置，最后运行。

【例 6-3】 编写过滤器程序。编写一个类实现 Filter 接口，在 init 方法中读取配置文件中该过滤器的参数(禁止访问的 IP 地址)。在 doFilter 方法中检查客户端的 IP 地址，如果与禁止的地址相同就返回禁止访问的提示，不调用要访问的 Web 资源。在 destroy 方法中释放资源。

程序代码如下：

```
public class AddressFilter implements Filter {
    private FilterConfig filterConfig = null;
    private String addressProhibited = null;
    public void init(FilterConfig filterConfig) throws ServletException {
        this.filterConfig = filterConfig;
        addressProhibited = filterConfig.getInitParameter("addressProhibited");//读取配置文件中的参数
    }
    public void doFilter(ServletRequest request， ServletResponse response， FilterChain chain) throws IOException， ServletException {
        String address = ((HttpServletRequest)request).getRemoteAddr();//获取客户端 IP 地址
            if(address.equals(addressProhibited)) {
            response.setContentType("text/html;charset=utf-8");
            PrintWriter out = response.getWriter();
            out.println("<html>");
            out.println("<head>");
            out.println("<title>这个地址禁止访问</title>");
            out.println("</head>");
            out.println("<body>");
            out.println("<h1 align='center'>这个地址禁止访问</h1>");
            out.println("</body>");
            out.println("</html>");
            out.flush();
            return;//结束当前方法，不调用后续的过滤器链或 Web 资源
        }
        //调用后续的过滤器链(如果没有后续的过滤器就访问 Web 资源)
        chain.doFilter(request， response);
    }
    public void destroy() {
        this.filterConfig = null;
    }
}
```

过滤器要在配置文件 web.xml 中进行配置才会起作用。配置分为两部分：一部分是对

过滤器的定义，另一部分是过滤器的映射。

(1) 先看定义过滤器的部分：

```
<filter>
    <filter-name>AddressFilter</filter-name>
    <filter-class>filter.AddressFilter</filter-class>
    <init-param>
        <param-name>addressProhibited</param-name>
        <param-value>192.168.1.30</param-value>
    </init-param>
</filter>
```

其中，<filter-name>定义过滤器的名字，<filter-class>指定过滤器的类，<init-param>和</init-param>之间是这个过滤器的参数(就是上面过滤器程序中读的)，<param-name>表示参数名，<param-value>表示参数值。

(2) 再看过滤器的映射：

```
<filter-mapping>
    <filter-name>AddressFilter</filter-name>
    <url-pattern>/hello.jsp</url-pattern>
</filter-mapping>
```

其中，<filter-name>定义过滤器的名字，<url-pattern>指要经过这个过滤器的 Web 资源，这里指定的是/hello.jsp，如果想要指定这个项目都经过这个过滤器，可以写为/*。

运行服务器，当我们从 192.168.1.30 访问 hello.jsp 时，就会出现禁止访问的提示，如图 6-14 所示；而从其他机器访问时，就能正常访问。

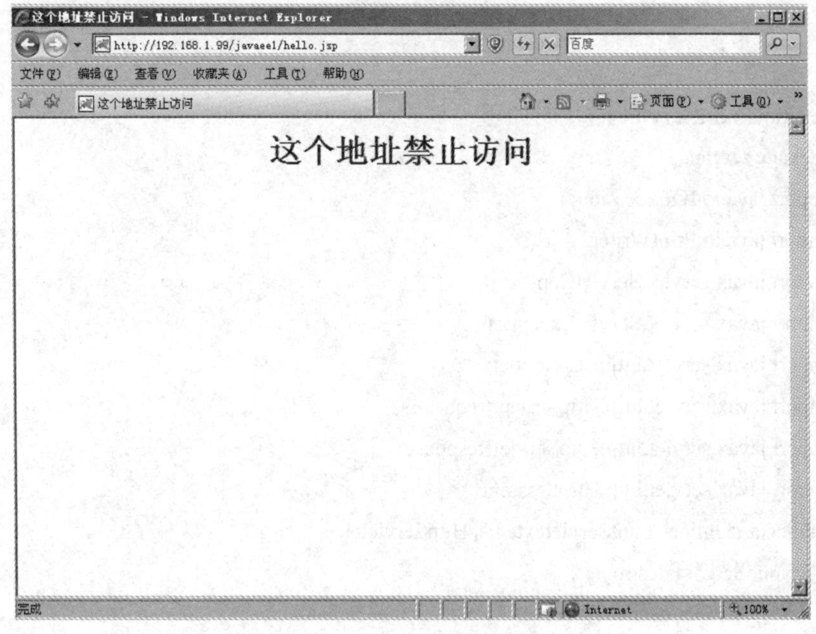

图 6-14　禁止某个地址访问

6.7 监 听 器

Servlet 监听器的主要目的是给 Web 应用增加事件处理机制，以便更好地监视和控制 web 应用的状态变化，从而在后台调用相应处理程序。事件主要有三类：ServletContext 事件、会话事件与请求事件。

【例 6-4】 编写 HttpSession 事件监听器，用来记录当前在线人数。

(1) HttpSession 事件监听器 MyHttpSessionListener 的代码如下：

```
package listener;
import javax.servlet.http.HttpSessionEvent;
import javax.servlet.http.HttpSessionListener;
public class MyHttpSessionListener implements HttpSessionListener {
    private int count = 0;
    public void sessionCreated(HttpSessionEvent se) {
        count++;
        se.getSession().getServletContext().setAttribute("onlineCount",
                new Integer(count));
    }
    public void sessionDestroyed(HttpSessionEvent se) {
        count--;
        se.getSession().getServletContext().setAttribute("onlineCount",
                new Integer(count));
    }
}
```

(2) OnlineCountServlet 的代码如下：

```
package servlet;
import java.io.IOException;
import java.io.PrintWriter;
import javax.servlet.ServletContext;
import javax.servlet.ServletException;
import javax.servlet.http.HttpServlet;
import javax.servlet.http.HttpServletRequest;
import javax.servlet.http.HttpServletResponse;
import javax.servlet.http.HttpSession;
publicclassOnlineCountServletextends HttpServlet {
    public void destroy() {
        super.destroy();
    }
```

```
    publicvoid doGet(HttpServletRequest request,  HttpServletResponse response)
            throws ServletException,  IOException {
        HttpSession session = request.getSession(true);
        ServletContext context = getServletConfig().getServletContext();
        Integer count =(Integer)context.getAttribute("onlineCount");
        response.setContentType("text/html;charset=gb2312");
        PrintWriter out = response.getWriter();
        out.println("<html><head><title>Session Event Test</title></head>");
        out.println("<h3 align=center><font color=\"#ff0000\">"+ "当前在线人数：
"+count+"</h3>");
        out.println("</body></html>");
        out.close();
    }

public void init() throws ServletException {
}
}
```

(3) web.xml 的代码如下：

```
<servlet>
<servlet-name>OnlineCountServlet</servlet-name>
<servlet-class>servlet.OnlineCountServlet</servlet-class>
</servlet>
<servlet-mapping>
<servlet-name>OnlineCountServlet</servlet-name>
<url-pattern>/online</url-pattern>
</servlet-mapping>
<listener>
<listener-class>listener.MyHttpSessionListener</listener-class>
</listener>
```

访问 Servlet 的运行结果如图 6-15 所示。

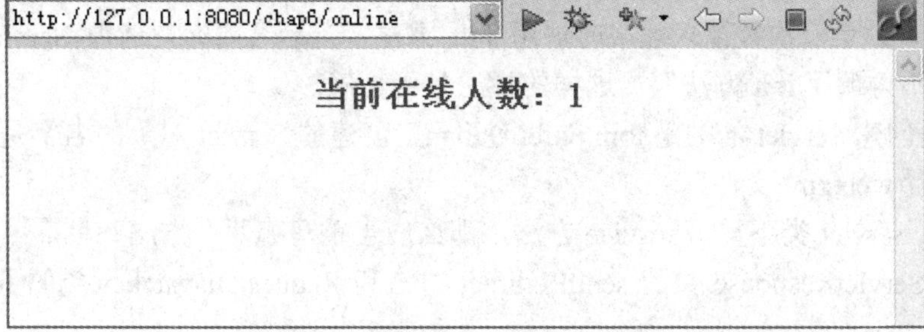

图 6-15　访问 Servlet 的运行结果 1

再打开一个浏览器访问 Servlet，并刷新几次，运行结果如图 6-16 所示。

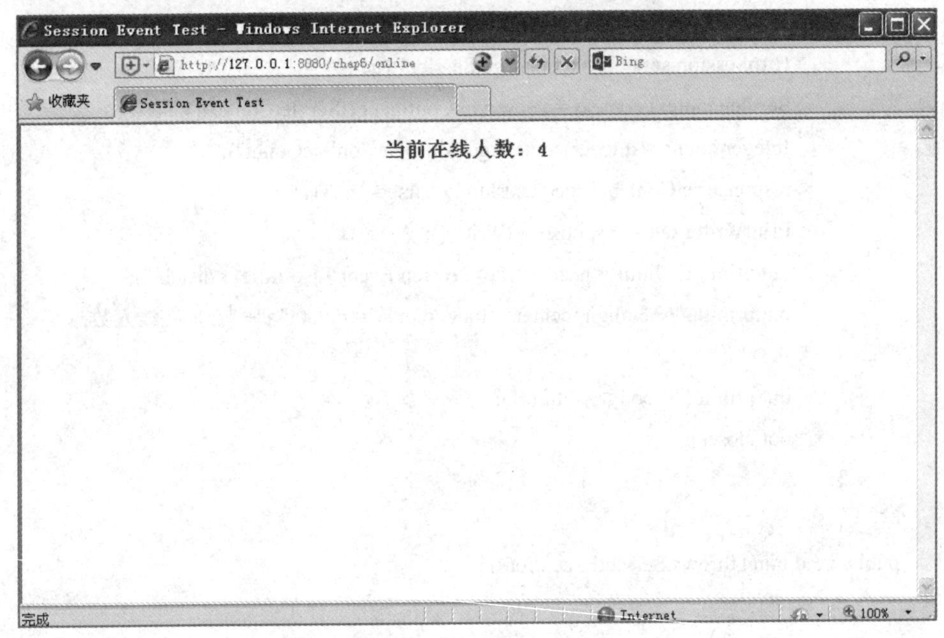

图 6-16　访问 Servlet 运行结果 2

本 章 小 结

本章讲解了 Java Web 中重要的应用组件：Servlet。首先介绍了 Servlet 的基本概念、特点、工作原理、生命周期等基础知识，然后通过例子告诉读者如何编写和部署自己的 Servlet，最后介绍了 Servlet 体系中的常用类和接口及其应用。在当前流行的开发模式中，Servlet 仅仅作为控制器使用，不再需要生成页面标签，也不再作为视图层角色使用。但是，在有些特定情况下，Servlet 还发挥其他特定作用，如过滤器技术和监听器技术等。

习　　题

1．Servlet 对象是在服务器端还是在客户端被创建的?

2．Servlet 对象被创建后首选调用 init 方法还是 service 方法?

3．“Servlet 第一次被请求加载时调用 init 方法，当后续的客户请求 Servlet 对象时，Servlet 对象不再调用 init 方法”，这样的说法是否正确?

4．假设创建 Servlet 的类是 tom.jiafei.Dalian，创建的 Servlet 对象的名字是 myservlet，应当怎样配置 web.xml 文件？

5．如果 Servlet 类不重写 service 方法，那么应当重写哪两个方法？

6．HttpServletResponse 类的 sendRedirect 方法和 RequestDispatcher 类的 forward 方法有何不同?

7．Servlet 对象怎样获得用户的会话对象？

8．在配置文件 web.xml 中有以下的设定：

```
<servlet>
<servlet-name>Some</servlet-name>
<servlet-class>cc.openhome.SomeServlet</servlet-class>
 <load-on-startup>1</load-on-startup>
</servlet>
<servlet>
<servlet-name>Other</servlet-name>
<servlet-class>cc.openhome.OtherServlet</servlet-class>
 <load-on-startup>1</load-on-startup>
 </servlet> <servlet>
 <servlet-name>AnOther</servlet-name>
 <servlet-class>cc.openhome.AnOtherServlet</servlet-class>
<load-on-startup>2</load-on-startup>
</servlet>
```

请问以下描述何者正确？(　　)

A. 容器会产生两个 AnotherServlet 实例

B. 容器会先初始化 SomeServlet，再初始化 OtherServlet

C. 容器会先初始化 AnOtherServlet，然后才是其他 Servlet

D. 容器在请求来到时，才会初始化对应的 Servlet

9．下列哪个 URL 模式设定方式符合/guest/list.view 的请求？(　　)

A. <url-pattern>*.view</view>

B. <url-pattern>/guest/*.view</view>

C. <url-pattern>/guest/*</view>

D. <url-pattern>/guest/list.view</view>

10．下面这个程序代码片段会输出什么结果？(　　)

```
PrintWriter writer = response.getWriter();
writer.println("第一个 Servlet 程序");
OutputStream stream = response.getOutputStream();
stream.println("第一个 Servlet 程序".getBytes());
```

A. 浏览器会看到两段“第一个 Servlet 程序”的文字

B. 浏览器会看到一段“第一个 Servlet 程序”的文字

C. 丢出 IllegalStateException

D. 由于没有正确地设定内容类型(Content-type)，浏览器会提示另存新档

第 7 章

JSP 数据库应用开发

现在我们开发应用程序越来越多地要用到数据库，尤其是 B/S 应用程序，由于现在的网页基本上都是动态网页，动态网页就意味着页面的信息要经常发生变化，而存储这些数据的载体主要就是数据库，因此，必须掌握用应用程序操作数据库和其中数据的方法。在 Java 中，我们使用 JDBC(Java Data Base Connectivity，Java 数据库连接)技术来实现用应用程序操作数据库。

JDBC 是用来连接数据库和操作数据库的一组 API。无论是 C/S 应用程序，还是 B/S 应用程序，都可以使用 JDBC 来操作数据库。

7.1 JDBC 概述

JDBC 是一种用于执行 SQL 语句的 Java API，可以为多种关系数据库提供统一访问，它由一组用 Java 语言编写的类和接口组成。JDBC 提供了一种基准，据此可以构建更高级的工具和接口，使数据库开发人员能够编写数据库应用程序。另外，JDBC 也是个商标名。

有了 JDBC，向各种关系数据发送 SQL 语句就是一件很容易的事。换言之，有了 JDBC API，就不必为访问 Sybase 数据库专门编写一个程序，为访问 Oracle 数据库又专门编写一个程序，为访问 Informix 数据库再编写一个程序。程序员只需用 JDBC API 编写一个程序就够了，它可向相应数据库发送 SQL 调用。同时，将 Java 语言和 JDBC 结合起来使程序员不必为不同的平台编写不同的应用程序，只需编写一个程序就可以让它在任何平台上运行，这也是 Java 语言“编写一次，处处运行”的优势。

Java 数据库连接体系结构是用于 Java 应用程序连接数据库的标准方法。JDBC 对 Java 程序员而言是 API，对实现与数据库连接的服务提供商而言是接口模型。作为 API，JDBC 为程序开发提供标准的接口，并为数据库厂商及第三方中间件厂商实现与数据库的连接提供了标准方法。JDBC 访问数据库的层次结构如图 7-1 所示。

接下来介绍 JDBC 操作数据库的步骤：

(1) 加载数据库驱动程序。各个数据库都会提供 JDBC 的驱动程序开发包，可直接把 JDBC 操作所需要的开发包(一般为*.jar 或*.zip)导入到项目中。

(2) 连接数据库。各个数据库不同，连接地址也不同，此连接地址由数据库厂商提供。一般在使用 JDBC 连接数据库时，都要求用户输入数据库连接的用户名和密码，用户在连接成功之后才可以对数据库进行查询或更新的操作。

(3) 使用语句进行数据库操作。数据库操作分为更新和查询两种，除了可以使用标准的 SQL 语句之外，对于各个数据库也可以使用其本身提供的各种命令。

(4) 关闭数据库连接。数据库操作完毕之后需要关闭连接以释放资源。

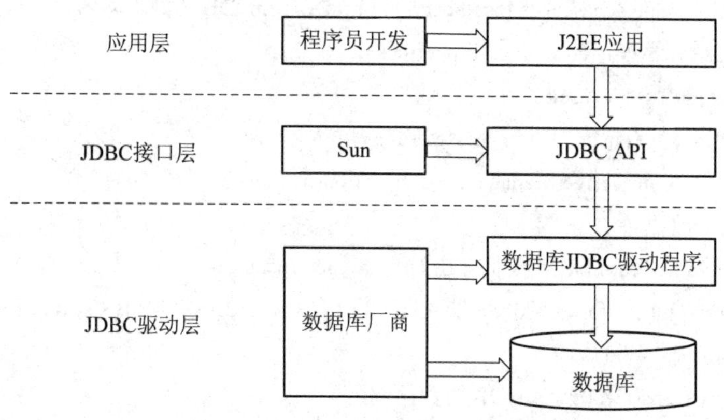

图 7-1　JDBC 访问数据库的层次结构

7.2　使用 JDBC 连接不同数据库

设计 JDBC 的目的就是屏蔽底层数据库的差异，因为现在主流的数据库有很多种，它们之间往往存在差异，有了 JDBC 以后，只要数据库连接上了，其他的操作基本相同。下面列出了各种数据库使用 JDBC 连接的方式，可以作为一个技术参考使用。

(1) Oracle8/8i/9i 数据库(thin 模式)：

```
Class.forName("oracle.jdbc.driver.OracleDriver").newInstance();
String url="jdbc:oracle:thin:@localhost:1521:orcl"; //orcl 为数据库的 SID
String user="test";
String password="test";
Connection conn= DriverManager.getConnection(url,user,password);
```

(2) DB2 数据库：

```
Class.forName("com.ibm.db2.jdbc.app.DB2Driver ").newInstance();
String url="jdbc:db2://localhost:5000/sample"; //sample 为数据库名
 String user="admin";
 String password="";
Connection conn= DriverManager.getConnection(url,user,password);
```

(3) SQLServer2005/2000 数据库：

```
Class.forName("com.microsoft.jdbc.sqlserver.SQLServerDriver").newInstance();
String url="jdbc:microsoft:sqlserver://localhost:1433;DatabaseName=mydb";  //mydb 为数据库名
String user="sa";
```

```
String password="";
Connection conn= DriverManager.getConnection(url,user,password);
```

(4) Sybase 数据库：

```
Class.forName("com.sybase.jdbc.SybDriver").newInstance();
String url =" jdbc:sybase:Tds:localhost:5007/myDB";//myDB 为数据库名
Properties sysProps = System.getProperties();
SysProps.put("user","userid");
SysProps.put("password","user_password");
Connection conn= DriverManager.getConnection(url, SysProps);
```

(5) Informix 数据库：

```
Class.forName("com.informix.jdbc.IfxDriver").newInstance();
String url = "jdbc:informix-sqli://123.45.67.89:1533/myDB:INFORMIXSERVER=myserver;
user=testuser;
password=testpassword"; //myDB 为数据库名
  Connection conn= DriverManager.getConnection(url);
```

(6) MySQL 数据库：

```
Class.forName("org.gjt.mm.mysql.Driver").newInstance();
String url ="jdbc:mysql://localhost:3306/myDB"    //myDB 为数据库名
Connection conn= DriverManager.getConnection(url,username,passsword);
```

7.3 JDBC 常用的几个类、对象和接口

接下来介绍 JDBC 常用的几个类、对象和接口。

7.3.1 DriverManager 类

DriverManager 类是 JDBC 的管理层，作用于用户和驱动程序之间。它跟踪可用的驱动程序，并在数据库和相应驱动程序之间建立连接。另外，DriverManager 类也处理诸如驱动程序登录时间限制及登录和跟踪消息的显示等事务。

首先需要调用 Class 的 forName 方法加载数据库的 JDBC 驱动程序，如加载 MySQL 的驱动程序，其语法格式如下：

```
Class.forName("com.mysql.jdbc.Driver");
```

在加载驱动程序后，就可以使用 DriverManager.getConnection 方法建立与数据库的连接，得到 Connection 对象。

注意:

对于 Class.forName("com.mysql.jdbc.Driver");在程序中需要进行异常处理，即

```
try {
                //加载 MySQL 驱动程序
                Class.forName("com.mysql.jdbc.Driver");
```

```
    } catch (ClassNotFoundException e) {
                    e.printStackTrace();
    }
```

7.3.2　Connection 对象

Connection 对象代表与数据库的连接。下面是建立与数据库连接的例子：

```
String url = "jdbc:mysql://localhost:3306/training";
String user = "root";
String password = "root";
Connection cn = DriverManager.getConnection(url,user,password);
```

其中，getConnection 方法的第一个参数是连接数据库的 JDBC URL，第二个和第三个参数分别是数据库的用户名和密码。

JDBC URL 由三个部分组成，各部分之间用冒号分隔：

jdbc:<子协议>:<子名称>

JDBC URL 的三个部分可分解如下：

(1) jdbc 为协议。JDBC URL 中的协议总是 jdbc。

(2) <子协议>为驱动程序名或数据库连接机制(这种机制可由一个或多个驱动程序支持)的名称。不同数据库的 JDBC 驱动的子协议不同。上面例子中的子协议是 mysql。

(3) <子名称>为一种标识数据库的方法。子名称可以依不同的子协议而变化。使用子名称的目的是为定位数据库提供足够的信息。如果数据库是通过 TCP/IP 协议来访问的，则在 JDBC URL 中应将网络地址作为子名称的一部分包括进去，并且必须遵循标准 URL 命名约定：//主机名:端口/数据库名。

例如，上面连接 MySQL 数据库的 JDBC URL 中，“localhost”是服务器主机名，“3306”是 MySQL 服务器的端口，“training”是访问的数据库的库名。

注意:

对于 Connection cn = DriverManager.getConnection(url,user,password); 在程序中需要进行异常处理，即

```
try {
        Connection cn = DriverManager.getConnection(url,user,password);
    }catch(SQLException s){
            s.printStackTrace();
    }
```

7.3.3　Statement 对象

Statement 对象提供了执行 SQL 语句和获取结果的基本方法。Statement 对象可以通过调用 Connection 对象的 createStatement 方法来创建，例如：

```
Statement stmt = cn.createStatement();
```

可以使用 Statement 对象的 executeUpdate 方法执行对数据库的增、删、改等操作。例

如，向表 team 增加一条记录：

```
stmt.executeUpdate("insert into team (name,slogan,leader) values ('酷毅团队','脚踏实地，共同提高','黄高武')");
```

可以使用 Statement 对象的 executeQuery 方法执行对数据库的查询操作，得到结果集 ResultSet 对象。

7.3.4 PreparedStatement 接口

PreparedStatement 接口继承 Statement 接口。PreparedStatement 提供了一种预编译 SQL 语句功能，这种 SQL 能在 Java 上根据运行时的需要进行重用，但和数据库本身对 SQL 的预编译完全不同。

PreparedStatement 能接收带“？”的 String 作为 SQL 语句，并且在执行之前可以根据具体需要对那些 SQL 语句中出现的“？”进行赋值，所以 PreparedStatement 接口比 Statement 接口多提供了 setInt、setDate 之类的方法，用于对“？”进行替换。因此 PreparedStatement 比普通的 Statement 对象使用起来更加灵活，更有效率。例如：

```
String name = request.getParameter("name");
String sql = "update team    set name=? where id=1";
PreparedStatement ps = conn.prepareStatement(sql);
ps.setString(1,name);
```

PreparedStatement 语句的优势如下：

(1) 代码的可读性和可维护性较好。虽然用 PreparedStatement 语句来代替 Statement 语句会使代码多出几行，但这样的代码从可读性和可维护性上来说，都比直接用 Statement 语句的代码高很多档次。

(2) 尽最大可能提高性能。每一种数据库都对预编译语句提供最大的性能优化。因为预编译语句有可能被重复调用，所以语句被 DB 的编译器编译后的执行代码被缓存下来，下次调用时只要是相同的预编译语句就不需要编译，只需将参数直接传入编译过的语句执行代码(相当于一个函数)中就可以执行。这并不是说只有一个 Connection 中多次执行的预编译语句被缓存，而是对于整个 DB，只要预编译语句的语法和缓存中的代码匹配，那么在任何时候都不需要再次编译而可以直接执行该语句。而 Statement 语句中，即使是同一操作，由于每次操作的数据不同，所以使整个语句相匹配的机会极小。

(3) 极大地提高了安全性。传递给 PreparedStatement 对象的参数可以被强制进行类型转换，使开发人员确保在插入或查询数据时与底层的数据库格式匹配。

7.3.5 ResultSet 对象

ResultSet 对象用来存放查询结果。下面是一个获得 ResultSet 对象的代码：

```
ResultSet rs = stmt.executeQuery("select * from team");
```

ResultSet 对象的 next 方法用于移动到结果集的下一行，使下一行成为当前行，如果有下一行，则返回值为 true，否则为 false。默认位置是在第一行之前，所以第一次调用 next 方法移动到第一行，使第一行成为当前行。

可以用 ResultSet 对象的 get×××方法获取当前行某一列的值，参数可以是列号或列名，×××是数据类型，如 getInt、getString。

结果集一般是一个表，其中有查询后返回的列标题及相应的值。例如，如果查询为 SELECT a, b, c FROM Table1，则结果集的形式如表 7-1 所示。

表 7-1　结果集的形式

a	b	c
12345	北京	CA
83472	上海	WA
83492	重庆	MA

把 ResultSet 对象中的数据打印出来的程序代码如下：

```
while(rs.next()) {
    System.out.print(rs.getInt("id") + "\t");
    System.out.print(rs.getString("name") + "\t");
    System.out.print(rs.getString("slogan") + "\t");
    System.out.println(rs.getString("leader"));
    }
```

7.4　Java 程序中使用 JDBC

7.4.1　JDBC 操作数据库

下面详细介绍 JDBC 操作数据库的步骤。

1. 加载 JDBC 驱动程序

到相应数据库厂商网站下载厂商驱动。在连接数据库之前，首先加载要连接的数据库的驱动到 JVM(Java 虚拟机)，这通过 java.lang.Class 类的静态方法 forName(String className) 实现。

2. 创建数据库的连接

要连接数据库，需要向 java.sql.DriverManager 请求并获得 Connection 对象， 该对象就代表一个数据库的连接。通常使用 DriverManager 的 getConnectin(String url , String username , String password)方法传入指定要连接的数据库的路径、数据库的用户名和密码来获得 Connection 对象。

3. 执行 SQL 语句并处理结果

要执行 SQL 语句，首先应获得 java.sql.Statement 实例或 java.sql.PreparedStatement 实例。其中，Statement 接口提供了三种执行 SQL 语句的方法：executeQuery、executeUpdate 和 execute。其中常用的有以下两种：

(1) ResultSet executeQuery(String sqlString)：执行查询数据库的 SQL 语句 ，返回一个结果集 ResultSet 对象。

(2) int executeUpdate(String sqlString)：用于执行 INSERT、UPDATE 或 DELETE 语句

以及 SQL DDL 语句，如 CREATE TABLE 和 DROP TABLE 等。

处理结果通常有以下两种情况：

(1) 执行更新返回的是本次操作影响到的记录数。

(2) 执行查询返回的结果是一个 ResultSet 对象。

4. 关闭 JDBC 对象

操作完成以后要把所有使用的 JDBC 对象关闭，以释放 JDBC 资源。关闭顺序和声明顺序相反：

(1) 关闭记录集。

(2) 关闭声明。

(3) 关闭连接对象。

7.4.2 增加数据的例子

【例 7-1】 编写 Java 程序，实现向表中插入记录。

(1) 在 MySQL 数据库中，建立数据库 training，在数据库 training 中创建一个表 team，有 id、name、slogan、leader 几个字段。其中主键及 id 字段为自动增长的 int 型，其余字段为 varchar 类型。

在 MySQL 命令窗口中输入以下代码：

```
mysql> create database    training;
mysql> use training;
mysql> create table team(id int primary key auto_increment,name varchar(10),slogan varchar(50),
leader varchar(50));
```

(2) 在 MyEclipse 中新建一个类 TestInsert，输入下面的代码：

```
import java.sql.Connection;
import java.sql.DriverManager;
import java.sql.SQLException;
import java.sql.Statement;
public class TestInsert {
public static void main(String[] args) {
        try {
                //加载 MySQL 驱动程序
                Class.forName("com.mysql.jdbc.Driver");
                //建立与数据库的连接
                String url = "jdbc:mysql://localhost:3306/training";
                String user = "root";
                String password = "root";
                Connection cn = DriverManager.getConnection(url,user,password);
                //创建 Statement 对象
                Statement stmt = cn.createStatement();
```

```
            //执行插入
            stmt.executeUpdate("insert into team (name,slogan,leader) values ('酷毅团队','脚踏
实地，共同提高','黄高武')");//向数据库增加数据
          System.out.println("插入成功");
        //关闭数据库操作对象
          if(stmt!=null)
            stmt.close();
          if(cn!=null)
              cn.close();
        } catch (ClassNotFoundException e) {
                e.printStackTrace();
        }catch(SQLException s){
            s.printStackTrace();
        }
        }
}
```

运行程序，控制台打印输出“插入成功”，结果如图 7-2 所示。

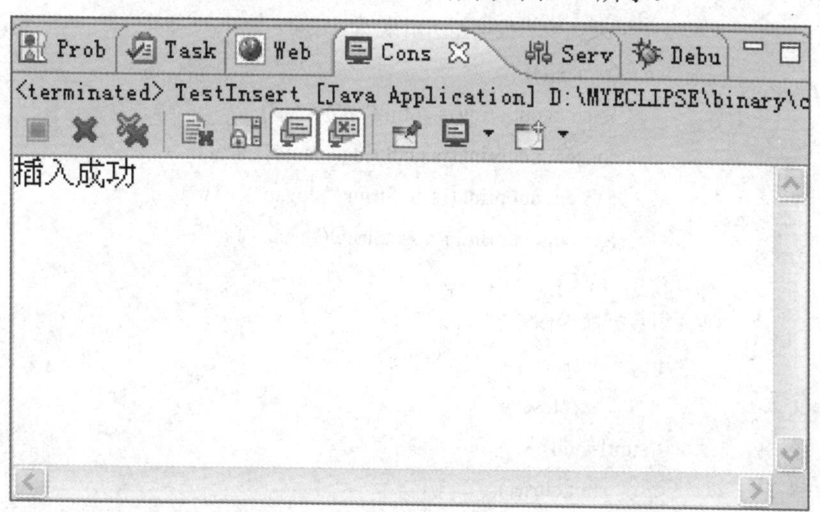

图 7-2　插入成功

在 MySQL 命令窗口中查询表，查询结果如图 7-3 所示。

id	name	slogan	leader
1	酷毅团队	脚踏实地，共同提高	黄高武

图 7-3　例 7-1 查询结果

7.4.3 查询数据的例子

【例 7-2】 编写 Java 程序，查询 team 表中数据。

新建一个类 TestQuery，输入下面的代码：

```
import java.sql.*;
public class TestQuery {
    public static void main(String[] args) {
        try {
         //加载 MySQL 驱动程序
            Class.forName("com.mysql.jdbc.Driver");
            //建立与数据库的连接
            String url = "jdbc:mysql://localhost:3306/training";
            String user = "root";
            String password = "root";
            Connection cn = DriverManager.getConnection(url,user,password);
            Statement stmt = cn.createStatement();//创建 Statement 对象
            ResultSet rs = stmt.executeQuery("select * from team");//执行查询
            //把结果集中的数据显示出来
            while(rs.next()) {
                System.out.print(rs.getInt("id") + "\t");
                System.out.print (rs.getString("name") + "\t");
                System.out.print (rs.getString("slogan") + "\t");
                System.out.println(rs.getString("leader"));
            }
         //关闭数据库操作对象
            if(rs!=null)
                   rs.close();
            if(stmt!=null)
                  stmt.close();
            if(cn!=null)
                  cn.close();
        } catch (Exception e) {
            e.printStackTrace();
        }
    }
    }
```

执行程序，控制台输出的结果如图 7-4 所示。

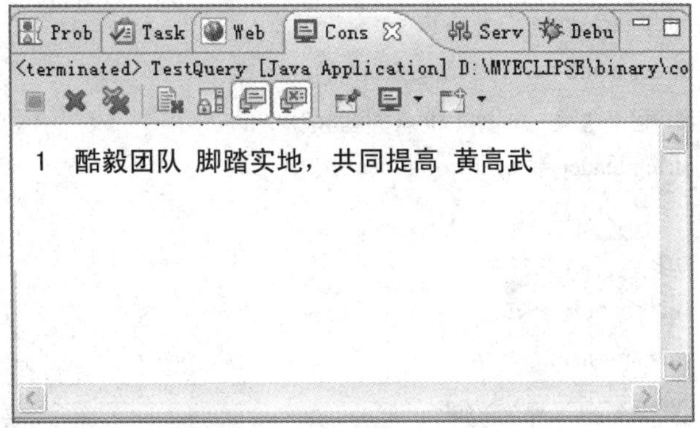

图 7-4　控制台输出的结果

7.5　JSP 页面使用 JDBC

7.5.1　查询数据

【例 7-3】 编写 JSP 程序，显示 team 表中的数据。

显示 team 表中数据的代码如下：

```
<%@ page language="java" import="java.sql.*" contentType="text/html;charset=utf-8" pageEncoding=
"utf-8"%>
<!DOCTYPE HTML PUBLIC "-//W3C//DTD HTML 4.01 Transitional//EN">
<html>
    <head>
        <title>JDBC</title>
    </head>
    <body >
    <table  border="1">
    <tr><td>id</td><td>name</td><td>slogan</td><td>leader</td></tr>
    <%
    try {
            Class.forName("com.mysql.jdbc.Driver");
            String url ="jdbc:mysql://localhost:3306/training";
            String user ="root";
            String password ="root";
            Connection conn = DriverManager.getConnection(url,user,password);
            Statement stat = conn.createStatement();
            String sql = "select   *    from team";
            ResultSet rs = stat.executeQuery(sql);
            while(rs.next()){
```

```
                int id = rs.getInt("id");
                String name = rs.getString("name");
                String slogan = rs.getString("slogan");
                String leader = rs.getString("leader");
                %>
                <tr>
                <td><%=id%></td>
                <td><%=name%></td>
                <td><%=slogan%></td>
                <td><%=leader%></td>
                </tr>
                <%
                }
                 rs.close();
                 stat.close();
                 conn.close();
            } catch (Exception e) {
                    e.printStackTrace();
            }
        %>
      </table>
      </body>
</html>
```

运行程序，显示表中的数据，结果如图 7-5 所示。

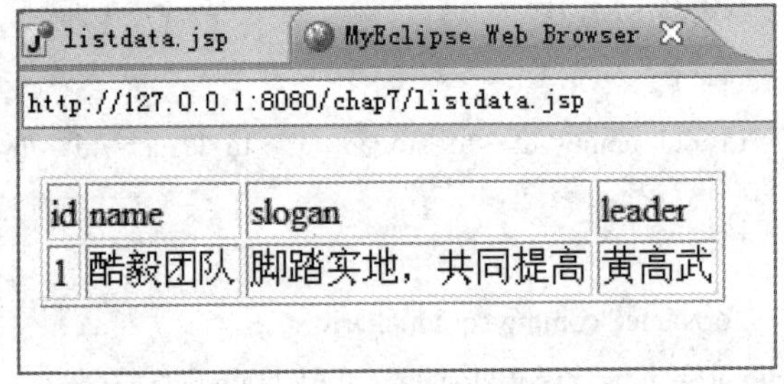

图 7-5　显示表中的数据

7.5.2　插入数据

【例 7-4】 实现注册功能。编写两个页面：一个是注册表单页面 register.html，另一个是表单提交页面 register.jsp。用户在注册页面输入用户名和密码并提交到 register.jsp，在 register.jsp 实现把用户输入信息插入数据库表中，从而完成注册功能。

(1) 在 MySQL 中创建名为 training 的数据库，在数据库中创建 tuser 表。字段为 id、user

和 pwd。其中 id 为自动增长，其余字段全部为字符型，在表中插入几条记录。

(2) register.html 的代码如下：

```
<html>
    <head>
        <title>JavaBean </title>
    </head>
    <body align="center">
        <form method="post" action="register.jsp">
            <table>
            <tr>
            <td>用户名：</td><td><input type="text" name="userName"></td>
            </tr>
            <tr><td>密码：</td><td><input type="text" name="password"></td>
            </tr>
            <tr>
            <td colspan="2"><input type="submit"    value="注册"></td>
            </tr>
            </table>
        </form>
    </body>
</html>
```

运行程序，注册页面，结果如图 7-6 所示。

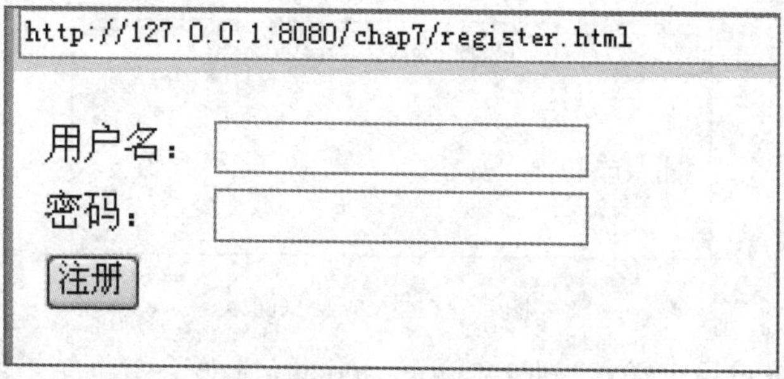

图 7-6　注册页面

(3) register.jsp 的代码如下：

```
<%@ page language="java" import="java.sql.*"
    contentType="text/html;charset=utf-8" pageEncoding="utf-8"%>
<!DOCTYPE HTML PUBLIC "-//W3C//DTD HTML 4.01 Transitional//EN">
<html>
    <head>
        <title>JDBC </title>
    </head>
```

```
<body >
    <%
        Connection conn = null;
        Statement stmt = null;
        ResultSet rs = null;
        String user = request.getParameter("userName");
        String pwd = request.getParameter("password");
        try {
            Class.forName("com.mysql.jdbc.Driver");
            conn = DriverManager.getConnection(
                    "jdbc:mysql://localhost:3306/training", "root", "root");
            stmt = conn.createStatement();
            stmt.executeUpdate("insert into student(user,pwd) values('admin','123')");
            out.print("<br>" + " 插入成功！ ");
        } catch (Exception e) {
            out.print("<br>插入失败!");
            e.printStackTrace();
        }
    %>
</body>
</html>
```

运行程序，插入成功页面，结果如图 7-7 所示。

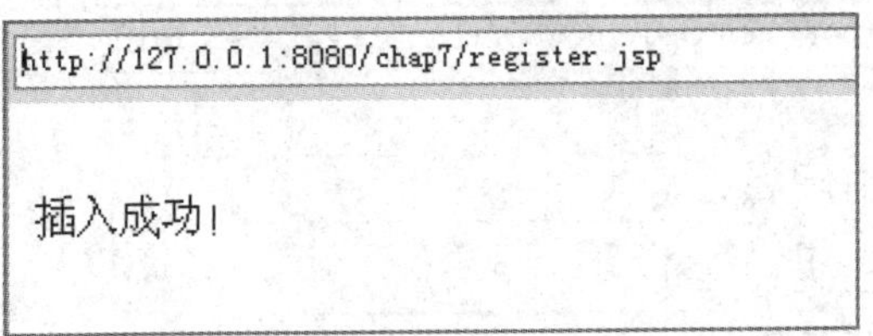

图 7-7　插入成功页面

在 MySQL 命令窗口中输入"select * from student" 命令，查询结果如图 7-8 所示。从图中可以看出，成功实现了记录插入。

id	user	pwd
1	admin	123

图 7-8　例 7-4 查询结果

7.5.3　修改数据

【例 7-5】 修改 team 表中的数据。编写三个 JSP 页面，分别为 show.jsp、update.jsp

和 update2.jsp，show.jsp 显示 team 表中数据并有链接，点击链接可以进入修改表记录页面 update.jsp，在 update.jsp 输入修改的内容，修改完成提交到 update2.jsp，在 update2.jsp 完成表记录的修改。

(1) show.jsp 的代码如下：

```
<%@ page language="java" import="java.util.*,java.sql.*" pageEncoding="utf-8"%>
<!DOCTYPE HTML PUBLIC "-//W3C//DTD HTML 4.01 Transitional//EN">
<html>
    <head>
        <title>My JSP 'show.jsp' starting page</title>
        <meta http-equiv="pragma" content="no-cache">
        <meta http-equiv="cache-control" content="no-cache">
        <meta http-equiv="expires" content="0">
        <meta http-equiv="keywords" content="keyword1,keyword2,keyword3">
        <meta http-equiv="description" content="This is my page">
        <!--
    <link rel="stylesheet" type="text/css" href="styles.css">
    -->
    </head>
    <body>
        <table border="1">
            <tr>
            <td>id</td>
            <td>name</td>
            <td>slogan</td>
            <td>leader</td>
            <td>操作</td>
            </tr>
            <%
                try {
                    //1.加载驱动
                    Class.forName("com.mysql.jdbc.Driver");
                    //2.建立连接
                    String url = "jdbc:mysql://localhost:3306/training";
                    Connection conn = DriverManager.getConnection(url, "root","root");
                    //3.创建 Statement 对象
                    Statement st = conn.createStatement();
                    String sql = "select * from team";
                    //4.执行 SQL 语句
                    ResultSet rs = st.executeQuery(sql);
```

```
                //5.处理结果
                while (rs.next()) {
            %>
            <tr>
            <td><%=rs.getInt(1)%></td>
                <td><%=rs.getString(2)%></td>
                <td><%=rs.getString(3)%></td>
                <td><%=rs.getString(4)%></td>
                <td>
                    <a href="update.jsp?id=<%=rs.getInt(1)%>">更新</a>
                </td>
            </tr>
            <%
                }
                } catch (ClassNotFoundException c) {
                    c.printStackTrace();
                } catch (SQLException s) {
                    s.printStackTrace();
                }
            %>
        </table>
    </body>
</html>
```

(2) update.jsp 的代码如下：

```
<%@ page language="java" import="java.util.*,java.sql.*"
    pageEncoding="utf-8"%>
<!DOCTYPE HTML PUBLIC "-//W3C//DTD HTML 4.01 Transitional//EN">
<html>
    <head><title>JDBC</title> </head>
    <body>
        <table border="1">
            <%
                String id = request.getParameter("id");
                try {
                    //1.加载驱动
                    Class.forName("com.mysql.jdbc.Driver");
                    //2.建立连接
                    String url = "jdbc:mysql://localhost:3306/training";
                    Connection conn = DriverManager.getConnection(url, "root","root");
```

```
                //3.创建 Statement 对象
                Statement st = conn.createStatement();
                String sql = "select * from team    where id=" + id;
                //4.执行 SQL 语句
                ResultSet rs = st.executeQuery(sql);
                //5.处理结果
                while (rs.next()) {
%>
<form action="update2.jsp?id=<%=id%>" method="post">
        <tr>
                <td width="50px">name:</td>
                <td>
                        <input type="text" name="name" value="<%=rs.getString(2)%>">
                </td>
        </tr>
        <tr>
                <td>slogan:</td>
                <td>
                        <input type="text" name="slogan" value="<%=rs.getString(3)%>">
                </td>
        </tr>
        <tr>
                <td>leader:</td>
                <td>
                        <input type="text" name="leader" value="<%=rs.getString(4)%>">
                </td>
        </tr>
        <tr>
        <td colspan="2">
                <input type="submit" value="提交">
        </td>
        </tr>
</form>
        </tr>
        <%}} catch (ClassNotFoundException c) {
                c.printStackTrace();
        } catch (SQLException s) {
                s.printStackTrace();
        }
```

```
            %>
        </table>
    </body>
</html>
```

(3) update2.jsp 的代码如下：

```
<%@ page language="java" import="java.util.*,java.sql.*"
    pageEncoding="utf-8"%>
<!DOCTYPE HTML PUBLIC "-//W3C//DTD HTML 4.01 Transitional//EN">
<html>
    <head>
        <title>My JSP 'show.jsp' starting page</title>
    </head>
    <body>
    修改第<%=request.getParameter("id")%>条记录
        <%
        String id=request.getParameter("id");
        String slogan = request.getParameter("slogan");
        String name = request.getParameter("name");
        String leader = request.getParameter("leader");
            try {
            //1.加载驱动
            Class.forName("com.mysql.jdbc.Driver");
            //2.建立连接
            String url = "jdbc:mysql://localhost:3306/training";
            Connection conn = DriverManager.getConnection(url, "root","root");
            //3.创建 PreparedStatment 对象
            String sql = "update team    set name=?,slogan=?,leader=? where id=?";
            PreparedStatement ps = conn.prepareStatement(sql);
            ps.setString(1,name);
            ps.setString(2,slogan);
            ps.setString(3,leader);
            ps.setInt(4,Integer.parseInt(id));
            //4.执行 SQL 语句
            int i = ps.executeUpdate();
            if (i > 0) {
                response.sendRedirect("show.jsp");
            } else {
                out.print("update error...");
            }
```

```
            } catch (ClassNotFoundException c) {
                c.printStackTrace();
            } catch (SQLException s) {
                s.printStackTrace();
            }
        %>
        </body>
    </html>
```

show.jsp 的运行结果如图 7-9 所示。

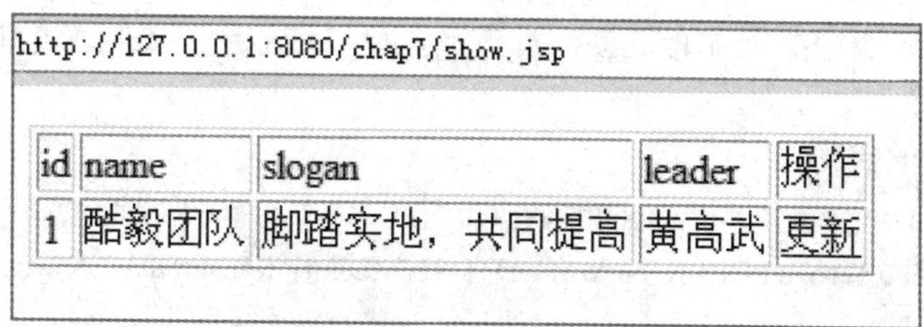

图 7-9　show.jsp 的运行结果

点击“更新”的超链接，跳转到 update.jsp，运行结果如图 7-10 所示。

在更新页面中输入修改信息，结果如图 7-11 所示。

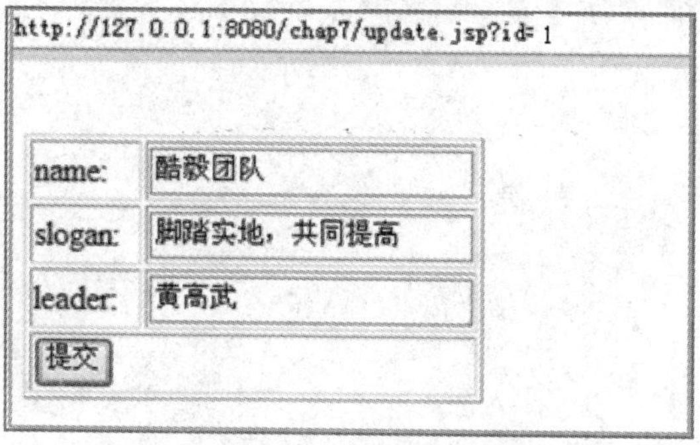

图 7-10　update.jsp 的运行结果

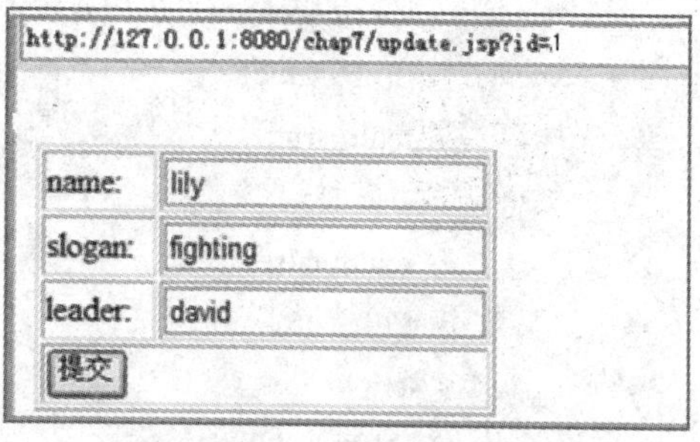

图 7-11　更新页面

点击“提交”按钮后跳转到 show.jsp，运行结果如图 7-12 所示。

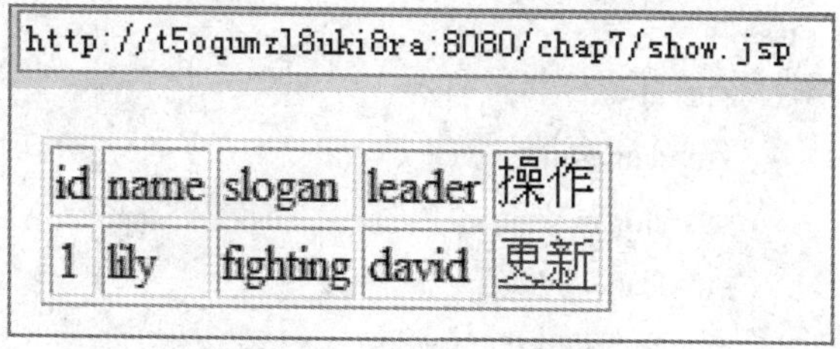

图 7-12　show.jsp 结果

在 MySQL 命令窗口中输入“select * from team”命令，显示结果如图 7-13 所示。从图中可以看出，成功实现了插入记录。

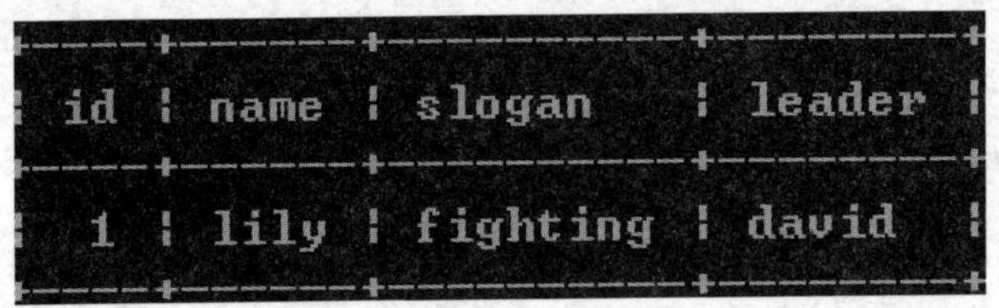

id	name	slogan	leader
1	lily	fighting	david

图 7-13　表中记录的显示结果

7.5.4 删除数据

【例 7-6】 删除 team 表中的数据。编写两个 JSP 页面，分别为 show.jsp 和 del.jsp。show.jsp 显示 team 表中数据并有链接，点击链接可以进入删除表记录页面 del.jsp，del.jsp 完成表记录的删除。

(1) show.jsp 的代码如下：

```
<%@ page language="java" import="java.util.*,java.sql.*" pageEncoding="utf-8"%>
<!DOCTYPE HTML PUBLIC "-//W3C//DTD HTML 4.01 Transitional//EN">
<html>
    <head>
        <title>JDBC</title>
    <script language="javascript">
     function delteam(){
       var tip=confirm("确定要删除该记录?");
       if(tip==true)
       return true;
       else
       return false;
     }
     </script>
    </head>
    <body>
        <table border="1">
            <tr>
                <td>id</td>
                <td>name</td>
                <td>slogan </td>
                <td>leader </td>
                <td>操作</td>
            </tr>
            <%
                try {
```

```
                    //1.加载驱动
                    Class.forName("com.mysql.jdbc.Driver");
                    //2.建立连接
                    String url = "jdbc:mysql://localhost:3306/training";
                    Connection conn = DriverManager.getConnection(url, "root","root");
                    //3.创建 Statement 对象
                    Statement st = conn.createStatement();
                    String sql = "select * from team";
                    //4.执行 SQL 语句
                    ResultSet rs = st.executeQuery(sql);
                    //5.处理结果
                    while (rs.next()) {
            %>
            <tr>
                <td><%=rs.getInt(1)%></td>
                <td><%=rs.getString(2)%></td>
                <td><%=rs.getString(3)%></td>
                <td><%=rs.getString(4)%></td>
                <td>
                    <a href="del.jsp?id=<%=rs.getInt(1)%>" onclick='return delteam()'>
                        删除</a>
                </td>
            </tr>
            <%
                }
                } catch (ClassNotFoundException c) {
                    c.printStackTrace();
                } catch (SQLException s) {
                    s.printStackTrace();
                }
            %>
        </table>
    </body>
</html>
```

(2) del.jsp 的代码如下：

```
<%@ page language="java" import="java.sql.*"pageEncoding="utf-8"%>
<html>
    <head>    <title>JDBC</title>    </head>
    <body>
```

```
            <%
            String id = request.getParameter("id");
            try {
                //1.加载驱动
                Class.forName("com.mysql.jdbc.Driver");
                //2.建立连接
                String url = "jdbc:mysql://localhost:3306/training";
                Connection conn = DriverManager.getConnection(url, "root","root");
                //3.创建 Statement 对象
                Statement st = conn.createStatement();
                String sql = "delete  from team  where id=" + id;
                //4.执行 SQL 语句
                int i = st.executeUpdate(sql);
                //5.处理结果
                if(i>0)
                  response.sendRedirect("show.jsp");
                else
                out.print("delete error....");
            } catch (ClassNotFoundException c) {
                c.printStackTrace();
            } catch (SQLException s) {
                s.printStackTrace();
            }
        %>
    </body>
</html>
```

show.jsp 页面运行结果如图 7-14 所示。点击“删除”的超链接，弹出消息提示框，如图 7-15 所示。

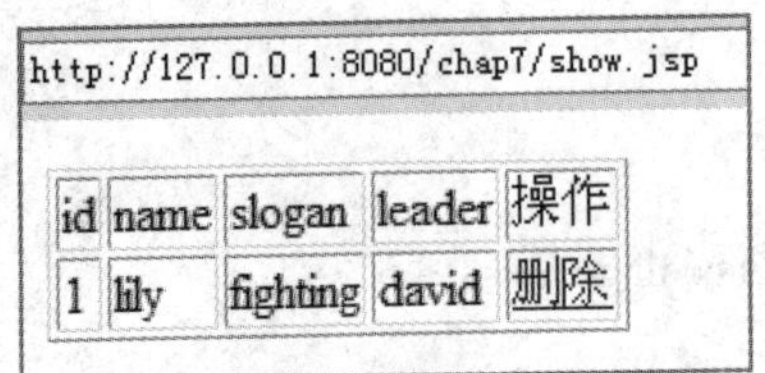

图 7-14　show.jsp 页面运行结果

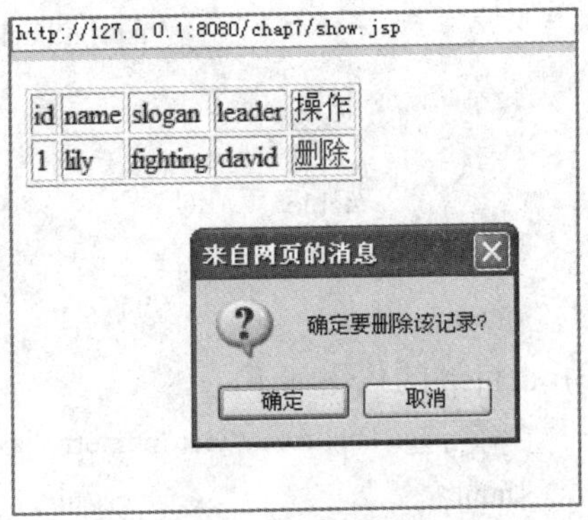

图 7-15　消息提示框

点击“取消”按钮后，show.jsp 的运行结果如图 7-16 所示。

点击“确定”按钮后，show.jsp 的运行结果如图 7-17 所示。

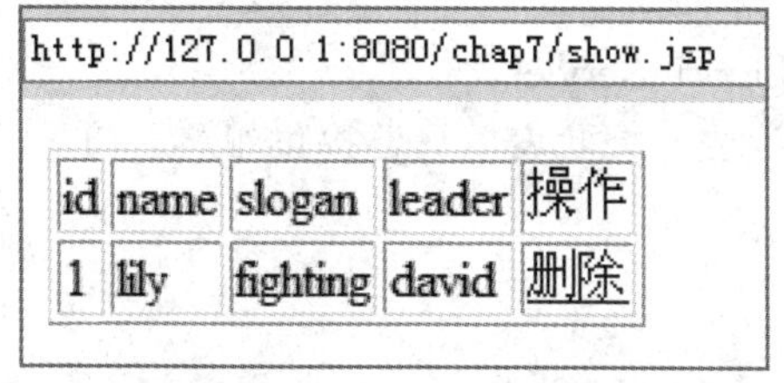

图 7-16　点击“取消”按钮后 show.jsp 的运行结果

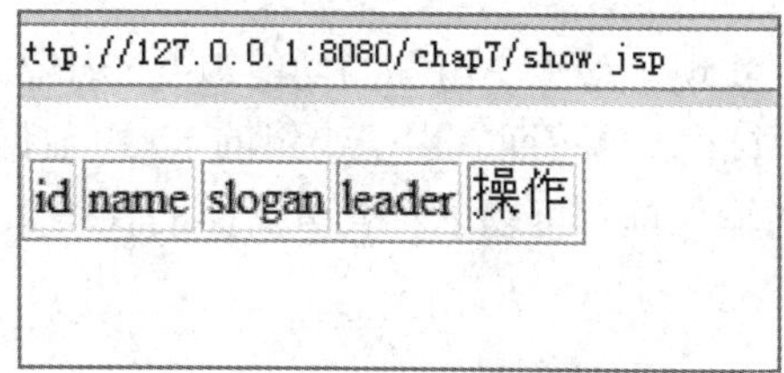

图 7-17　点击“确定”按钮后 show.jsp 的运行结果

图 7-17 中显示记录为空。

7.6　在 Servlet 中使用 JDBC

有了 JDBC，我们就能够在 Servlet 中进行数据库操作，可以把用户提交的表单数据保存到数据库中，也可以在客户端的浏览器显示数据库中的数据。

【例 7-7】 完成简单的小组管理系统，实现“增加小组”和“显示小组”两个功能。

我们先为这个系统做一个首页 index.html，其代码如下：

```
<html>
    <head>
        <meta http-equiv="Content-Type" content="text/html; charset=utf-8">
        <title>小组管理系统</title>
    </head>
    <body>
    <h1 align="center">小组管理系统</h1>
    <p align="center"><a href="addTeam.html">增加小组</a>
    <p align="center"><a href="servlet/viewTeams">显示小组</a>
    </body>
</html>
```

index.html 的运行结果如图 7-18 所示。

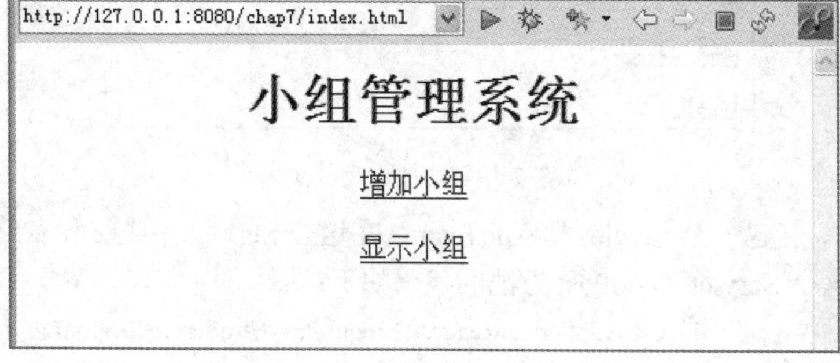

图 7-18　index.html 的运行结果

7.6.1 保存表单数据

实现“增加小组”的功能需要一个表单页面和一个 Servlet。

(1) 表单页面。由于小组的 ID 由数据库自动生成，因此表单只要提供组名、口号、组长的输入框就可以了。表单页面的代码如下：

```
<html>
    <head>
        <meta http-equiv="Content-Type" content="text/html; charset=utf-8">
        <title>增加小组</title>
    </head>
    <body>
    <h1 align="center">增加小组</h1>
    <form action="servlet/addTeam" method="post">
    <p>组名：<input type="text" name="name">
    <p>口号：<input type="text" name="slogan">
    <p>组长：<input type="text" name="leader">
    <p><input type="submit" value="确定">
    <input type="reset" value="重填">
    </form>
    <a href="index.html">返回首页</a>
    </body>
</html>
```

运行程序，增加小组页面如图 7-19 所示。

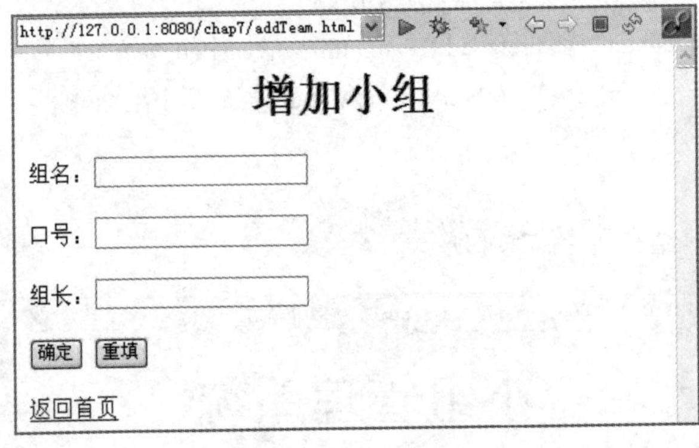

图 7-19　增加小组页面

(2) Servlet。新建一个 Servlet 类 AddTeam，在这个 Servlet 中先接收表单数据，然后保存到数据库。这个 Servlet 的 doPost 方法的代码如下：

```
protected void doPost(HttpServletRequest request, HttpServletResponse response) throws
ServletException, IOException {
        request.setCharacterEncoding("UTF-8");//设置接收的字符集
```

```
//接收数据
String name = request.getParameter("name");
String slogan = request.getParameter("slogan");
String leader = request.getParameter("leader");
//保存到数据库
try {
    Class.forName("com.mysql.jdbc.Driver");//加载 MySQL 驱动程序
    //建立与数据库的连接
    String url = "jdbc:mysql://localhost:3306/training";
    String user = "root";
    String password = "root";
    Connection cn = DriverManager.getConnection(url,user,password);
    Statement stmt = cn.createStatement();//创建 Statement 对象
    stmt.executeUpdate("insert into team (name,slogan,leader) values ('" + name + "','" +
slogan + "','" + leader + "')");//向数据库增加数据
    // 通过 response 向客户端应答，显示增加成功
    response.setContentType("text/html;charset=utf-8");
    PrintWriter out = response.getWriter();
    out.println("<html>");
    out.println("<head>");
    out.println("<title>增加小组成功</title>");
    out.println("</head>");
    out.println("<body>");
    out.println("<h1 align=center>增加小组成功</h1>");
    out.println("<p><a href='../addTeam.html'>继续增加</a>");
    out.println("<a href='viewTeams'>显示小组</a>");
    out.println("<a href='../index.html'>返回首页</a>");
    out.println("</body>");
    out.println("</html>");
    } catch (Exception e) {
    e.printStackTrace();
    // 通过 response 向客户端应答，显示增加失败
    response.setContentType("text/html;charset=utf-8");
    PrintWriter out = response.getWriter();
    out.println("<html>");
    out.println("<head>");
    out.println("<title>增加小组失败</title>");
    out.println("</head>");
    out.println("<body>");
```

```
            out.println("<h1 align=center>增加小组失败</h1>");
            out.println("<p><a href='../addTeam.html'>继续增加</a>");
            out.println("<a href='viewTeams'>显示小组</a>");
            out.println("<a href='../index.html'>返回首页</a>");
            out.println("</body>");
            out.println("</html>");
        }
        }
```

(3) web.xml 的代码如下：

```
<?xml version="1.0" encoding="utf-8"?>
<web-app version="2.5"
    xmlns="http://java.sun.com/xml/ns/javaee"
    xmlns:xsi="http://www.w3.org/2001/XMLSchema-instance"
    xsi:schemaLocation="http://java.sun.com/xml/ns/javaee
    http://java.sun.com/xml/ns/javaee/web-app_2_5.xsd">
<servlet>
<description>This is the description of my J2EE component</description>
<display-name>This is the display name of my J2EE component</display-name>
<servlet-name>AddTeam</servlet-name>
<servlet-class>servlet.AddTeam</servlet-class>
</servlet>
<servlet-mapping>
<servlet-name>AddTeam</servlet-name>
<url-pattern>/servlet/addTeam</url-pattern>
</servlet-mapping>
<welcome-file-list>
<welcome-file>index.jsp</welcome-file>
</welcome-file-list>
</web-app>
```

运行程序，增加小组成功的页面如图 7-20 所示。

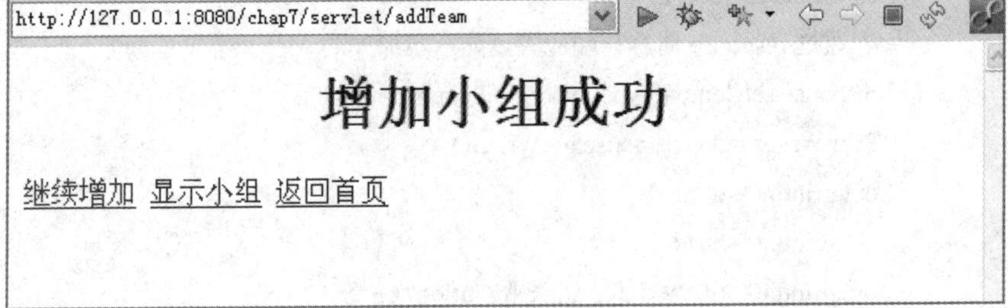

图 7-20　增加小组成功的页面

7.6.2　显示数据

“显示小组”的功能就是把数据库中的小组信息在浏览器显示。

(1) 新建一个 Servlet 类 ViewTeams，从数据库读出小组数据，然后发送到客户端。这个 Servlet 的 doGet 方法的代码如下：

```
protected void doGet(HttpServletRequest request, HttpServletResponse response) throws
ServletException, IOException {
        try {
            Class.forName("com.mysql.jdbc.Driver");//加载 MySQL 驱动程序
            //建立与数据库的连接
            String url = "jdbc:mysql://localhost:3306/training";
            String user = "root";
            String password = "root";
            Connection cn = DriverManager.getConnection(url,user,password);
            Statement stmt = cn.createStatement();//创建 Statement 对象
            ResultSet rs = stmt.executeQuery("select * from team");//执行查询
            // 通过 response 向客户端应答
            response.setContentType("text/html;charset=utf-8");
            PrintWriter out = response.getWriter();
            out.println("<html>");
            out.println("<head>");
            out.println("<title>显示小组</title>");
            out.println("</head>");
            out.println("<body>");
            out.println("<h1 align=center>显示</h1>");
            out.println("<table border='1' align='center'>");
            out.println("<tr><th>组名</th><th>口号</th><th>组长</th></tr>");
            //把结果集中的数据在表格中显示出来
            while(rs.next()) {
                out.println("<tr>");
                out.println("<td>" + rs.getString("name") + "</td>");
                out.println("<td>" + rs.getString("slogan") + "</td>");
                out.println("<td>" + rs.getString("leader") + "</td>");
                out.println("</tr>");
            }

            out.println("</table>");
            out.println("<p><a href='../addTeam.html'>增加小组</a>");
            out.println("<a href='../index.html'>返回首页</a>");
```

```
        out.println("</body>");
        out.println("</html>");
        } catch (Exception e) {
        e.printStackTrace();
    // 通过 response 向客户端应答，显示增加失败
        response.setContentType("text/html;charset=utf-8");
        PrintWriter out = response.getWriter();
        out.println("<html>");
        out.println("<head>");
        out.println("<title>显示小组失败</title>");
        out.println("</head>");
        out.println("<body>");
        out.println("<h1 align=center>显示小组失败</h1>");
        out.println("<p><a href='../addTeam.html'>增加小组</a>");
        out.println("<a href='viewTeams'>显示小组</a>");
        out.println("<a href='../index.html'>返回首页</a>");
        out.println("</body>");
        out.println("</html>");
    }
    }
```

(2) web.xml 的代码如下：

```
<servlet>
    <servlet-name>ViewTeams</servlet-name>
    <servlet-class>servlet.ViewTeams</servlet-class>
</servlet>
<servlet-mapping>
    <servlet-name>ViewTeams</servlet-name>
    <url-pattern>/servlet/viewTeams</url-pattern>
</servlet-mapping>
```

运行程序，显示小组信息如图 7-21 所示。

图 7-21　显示小组信息

7.7　在 JSP 中使用 JavaBean

我们可以在 JSP 页面中直接写业务操作的代码，例如，写数据库操作语句，把接收到的数据保存到数据库中。但这样做有一个缺点，就是 JSP 页面中会有很多 Java 代码，看上去很混乱，不利于维护和修改，项目越大，业务越复杂，这个缺点就越明显。

为了解决这个问题，我们可以把业务操作的代码封装在 JavaBean 中，在 JSP 页面调用 JavaBean 的方法，这样就可以极大地减少 JSP 页面的 Java 代码量，这种模式称为模式 1。这种模式分离了业务层和表示层，JavaBean 作为业务层，JSP 页面作为表示层。

7.7.1　模式 1

模式 1 如图 7-22 所示。

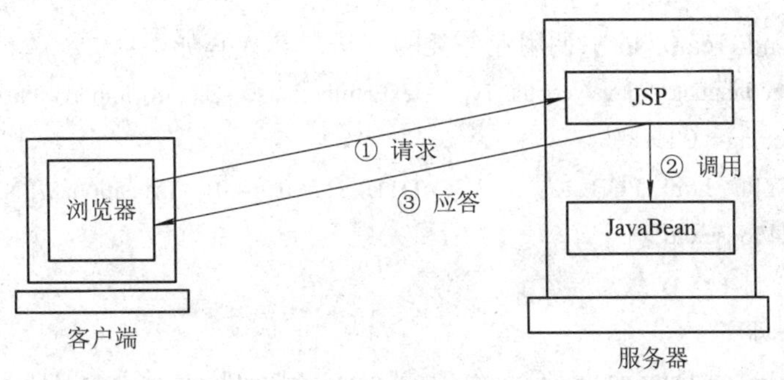

图 7-22　模式 1

【例 7-8】 用模式 1 实现“增加小组”的功能。

因为很多操作都要获取数据库连接，我们可以把获取数据库的代码封装在一个类 DataSource 中，其代码如下：

```
package database;
import java.sql.*;
public class DataSource {
    public static Connection getConnection() throws Exception {
        Class.forName("com.mysql.jdbc.Driver");//加载 MySQL 驱动程序
        //建立与数据库的连接
        String url = "jdbc:mysql://localhost:3306/training";
        String user = "root";
        String password = "root";
        Connection cn = DriverManager.getConnection(url,user,password);
        return cn;
    }
}
```

做一个业务类 TeamBusiness，在其中实现“增加小组”的方法 addTeam，其代码如下：

```
package business;
import database.DataSource;
import bean.Team;
import java.sql.*;
public class TeamBusiness {
public static void addTeam(Team team) throws Exception {
        Connection cn = DataSource.getConnection();
        Statement stmt = cn.createStatement();
        stmt.executeUpdate("insert into team (name,slogan,leader) values ('" + team.getName() +
"','" + team.getSlogan() + "','" + team.getLeader() + "')");
    }
    }
```

在 JSP 页面 addTeam.jsp 中调用业务类的方法，其代码如下：

```
<%@ page language="java" contentType="text/html; charset=UTF-8" import="business. TeamBusiness"
pageEncoding="UTF-8"%>
<!DOCTYPE html PUBLIC "-//W3C//DTD HTML 4.01 Transitional//EN""http://www.w3.org
/TR/html4/loose.dtd">
<html>
    <head>
        <meta http-equiv="Content-Type" content="text/html; charset=UTF-8">
        <title>增加小组</title>
    </head>
    <body>
    <%request.setCharacterEncoding("utf-8");%>
    <jsp:useBean id="team" class="bean.Team"/>
    <jsp:setProperty name="team" property="*"/>
    <%
        try {
            TeamBusiness.addTeam(team);
    %>
    <h1 align=center>增加小组成功</h1>
    <%
    }
    catch(Exception e) {
        e.printStackTrace();
        %>
        <h1 align=center>增加小组失败</h1>
        <%
```

```
        }
        %>
        <p><a href='addTeam.html'>继续增加</a>
        <a href='servlet/viewTeams'>显示小组</a>
        <a href='index.html'>返回首页</a>
        </body>
    </html>
```

7.7.2　模式 2

虽然使用模式 1 把业务代码从 JSP 页面中分离出去，减少了 JSP 页面的 Java 代码量，但在 JSP 页面还有一些处理控制的 Java 代码，如例 7-9 的 JSP 页面中就有一些控制正常和异常情况的代码。如果项目很大，业务很复杂，则 JSP 页面中处理控制的 Java 代码就可能有很多，看上去很混乱，不利于维护和修改。

为了解决这个问题，可以把 Servlet 和 JSP 结合起来协作完成，用 Servlet 接收用户提交的数据，调用业务类的方法进行处理，然后转发给 JSP 页面显示结果，这就是模式 2，如图 7-23 所示。

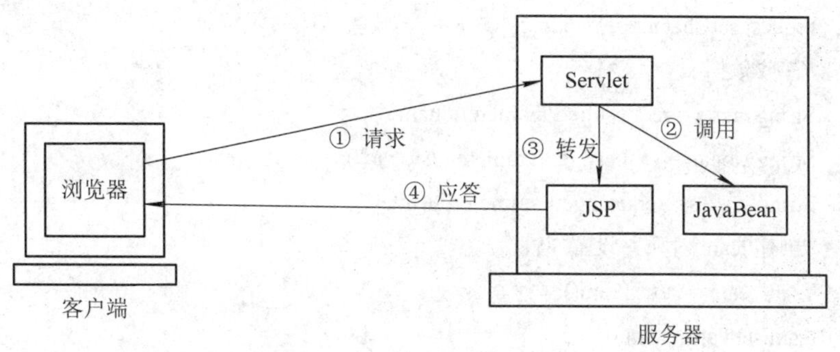

图 7-23　模式 2

模式 2 是一种 MVC 模式。MVC 全名是 Model View Controller，是模型(Model)、视图(View)、控制器(Controller)的缩写。它是一种软件设计典范，用一种业务逻辑、数据、界面显示分离的方法组织代码，将业务逻辑聚集到一个部件中，在改进和个性化定制界面及用户交互的同时，不需要重新编写业务逻辑。MVC 被独特地发展起来，在一个逻辑的图形化用户界面的结构中其用于映射传统的输入、处理和输出功能。

视图是用户看到并与之交互的界面。对传统的 Web 应用程序来说，视图就是由 HTML 元素组成的界面，在新一代的 Web 应用程序中，HTML 依旧在视图中扮演着重要的角色，但一些新的技术已层出不穷，它们包括 Adobe Flash、标识语言(如 XHTML、XML/XSL、WML 等)和 Web Services。

MVC 的优点是能为应用程序处理很多不同的视图。在视图中其实没有真正的处理发生，不管这些数据是联机存储的还是一个雇员列表，作为视图来讲，它只是作为一种输出数据并允许用户操纵的方式。

模型表示企业数据和业务规则。在 MVC 的三个部件中，模型的处理任务最多。它可能用 EJBs 和 ColdFusion Components 等构件对象来处理数据库，被模型返回的数据是中立的，也就是说，模型与数据格式无关，这样一个模型能为多个视图提供数据，由于应用于模型的代码只需写一次就可以被多个视图重用，因此减少了代码的重复性。

控制器接收用户的输入并调用模型和视图去完成用户的需求，所以当单击 Web 页面中的超链接和发送 HTML 表单时，控制器本身不输出任何东西和进行任何处理，它只是接收请求并决定调用哪个模型构件去处理请求，然后确定用哪个视图来显示返回的数据。

下面用模式 2 来实现“增加小组”和“显示小组”功能。

【例 7-9】 用模式 2 实现“增加小组”功能。

表单不再提交给 JSP 页面，而是提交给 Servlet，其代码如下：

```
<form action="servlet/addTeam" method="post">
```

在 AddTeam 这个 Servlet 中接收表单数据，创建一个 Team 对象 team，把接收到的数据设为 team 的属性，把 team 对象保存在 request 中以供转发后的 JSP 页面使用，调用业务类 TeamBusiness 的方法 addTeam，如果正常则转向成功页面 addTeamSuccess.jsp，如果发生异常，则转向失败页面 addTeamFail.jsp。AddTeam 类的 doPost 方法如下：

```
protected void doPost(HttpServletRequest request, HttpServletResponse response) throws
ServletException, IOException {
        request.setCharacterEncoding("UTF-8");//设置接收的字符集
        //接收数据
        String name = request.getParameter("name");
        String slogan = request.getParameter("slogan");
        String leader = request.getParameter("leader");
        //创建 team 对象并设置属性
        Team team = new Team();
        team.setName(name);
        team.setSlogan(slogan);
        team.setLeader(leader);
        request.setAttribute("team", team);//把 team 对象保存到 request 对象中
        //保存到数据库
        try {
            TeamBusiness.addTeam(team);
            // 转向成功页面
            RequestDispatcher rd = request.getRequestDispatcher("../addTeamSuccess.jsp");
            rd.forward(request, response);
        } catch (Exception e) {
            e.printStackTrace();
            // 转向失败页面
            RequestDispatcher rd = request.getRequestDispatcher("../addTeamFail.jsp");
            rd.forward(request, response);
        }
```

```
}
```

成功页面 addTeamSuccess.jsp 的代码如下：

```
<%@ page language="java" contentType="text/html; charset=utf-8" import="bean.Team" pageEncoding
="utf-8"%>
<!DOCTYPE html PUBLIC "-//W3C//DTD HTML 4.01 Transitional//EN""http://www.w3.org/
TR/html4/loose.dtd">
<html>
    <head>
        <meta http-equiv="Content-Type" content="text/html; charset=utf-8">
        <title>增加小组成功</title>
    </head>
    <body>
        <h1 align="center">增加小组成功</h1>
        <%Team team = (Team)request.getAttribute("team"); %>
        <p>组名：<%=team.getName()%>
        <p>口号：<%=team.getSlogan()%>
        <p>组长：<%=team.getLeader()%>
        <p><a href='addTeam.html'>继续增加</a>
        <a href='servlet/viewTeams'>显示小组</a>
        <a href='index.html'>返回首页</a>
    </body>
</html>
```

在这个页面中调用 request 对象的 getAttribute 方法取出前面保存的 team 对象。

由于转发后页面中链接的相对关系不是基于页面所在位置，而是基于转发前的地址，这样容易引起混乱，所以在上面的代码中进行了处理，使页面中链接的相对关系基于项目的根路径。其中，String basePath = request.getScheme() + "://" + request.getServerName() + ":" + request.getServerPort() + request.getContextPath() + "/"是获取项目的根路径，而<base href="<%=basePath%>">是设定页面中链接的相对关系基于项目的根路径。

【例 7-10】 用模式 2 实现“显示小组”功能。

先在业务类 TeamBusiness 中加一个获取所有小组的方法 allTeams，返回一个集合，代码如下：

```
public static Collection<Team> allTeams() throws Exception {
    ArrayList<Team> teams = new ArrayList<Team>();//创建集合对象
    //从数据库获取数据
    Connection cn = DataSource.getConnection();
    Statement stmt = cn.createStatement();
    ResultSet rs = stmt.executeQuery("select * from team");
    while(rs.next()) {
        Team team = new Team();//创建 team 对象
```

```
                //用数据库取得的数据设置 team 对象的属性
                team.setId(rs.getInt("id"));
                team.setName(rs.getString("name"));
                team.setSlogan(rs.getString("slogan"));
                team.setLeader(rs.getString("leader"));

                teams.add(team);//把 team 对象放到集合 teams 中
            }
            return teams;
        }
```

在 ViewTeams 这个 Servlet 中调用业务类的 allTeams 方法以获得所有小组的集合，然后把集合保存在 request 对象中，转向显示的 JSP 页面。这个 Servlet 的 doGet 方法的代码如下：

```
    protected void doGet(HttpServletRequest request,
                HttpServletResponse response) throws ServletException, IOException {
        try {
                Collection<Team> teams = TeamBusiness.allTeams();
                request.setAttribute("teams", teams);
                RequestDispatcher rd = request.getRequestDispatcher("../viewTeams.jsp");
                rd.forward(request, response);
        } catch (Exception e) {
                e.printStackTrace();
                RequestDispatcher rd = request.getRequestDispatcher("../viewTeamsFail.jsp");
                rd.forward(request, response);
        }
    }
```

在显示小组的 JSP 页面 viewTeams.jsp 中，先从 request 对象中取出包含所有小组的集合 teams，然后用循环把这些小组信息显示在表格中。其主要代码如下：

```
    <table border="1" align="center">
    <tr><th>组名</th><th>口号</th><th>组长</th></tr>
    <%
    Collection<Team> teams = (Collection<Team>)request.getAttribute("teams");
    Iterator<Team> it = teams.iterator();
    while(it.hasNext()) {
        Team team = it.next();
    %>
    <tr>
    <td><%=team.getName()%></td>
    <td><%=team.getSlogan()%></td>
```

```
<td><%=team.getLeader()%></td>
</tr>
<%
}
%>
</table>
```

本章小结

作为 Java 应用的一部分，JSP 应用必然会与数据库进行交互。JSP 同数据库的交互与其他 Java 程序同数据库的交互没有太大的区别，目前主要依靠 JDBC 进行操作。本章介绍了一些 JDBC 技术的相关知识，重点介绍了 JDBC 技术操作数据库的步骤。

习　题

1. 简述 JDBC 的工作原理，并列举常用的对象。
2. 加载 MySQL 的 JDBC 数据库驱动程序代码是什么？
3. 加载 SQL Server 的 JDBC 数据库驱动程序代码是什么？
4. 简要描述 JDBC 操作数据库的步骤。
5. Statement 对象可以处理哪些类型的 SQL 语句？处理这些 SQL 语句的主要方法是什么？
6. PreparedStatement 对象可以处理哪些类型的 SQL 语句？处理这些 SQL 语句的主要方法是什么？
7. 使用预处理语句的优点是什么？
8. 在 MySQL 数据库中创建一个数据库，在该数据库中创建学生信息表(含有学生的基本信息)并用 JDBC 对该数据表内容实现添加、修改、删除和查询等操作。

第 8 章 JavaScript

前面讲的 HTML 是静态的，Servlet 和 JSP 是与服务器交互的。但有的动态效果是不需要和服务器交互的，如弹出一个提示框式检查表单的输入框是否未填，这些可以通过 JavaScript 实现。JavaScript 是一种直译式脚本语言，也是一种动态类型、弱类型、基于原型的语言，内置支持类型。它的解释器被称为 JavaScript 引擎，为浏览器的一部分，广泛用于客户端的脚本语言，最早是在 HTML(标准通用标记语言下的一个应用)网页上用来给 HTML 网页增加动态功能的。

8.1 JavaScript 简介

Internet 时代，造就了我们新的工作和生活方式。通过 Internet，可以实现地区、集体乃至个人的连接，从而达到一种“统一的和谐”。怎样把自己的或公司的信息资源加入 WWW 服务器，是广大用户日益关心的问题。采用超链技术(超文本和超媒体技术)是解决这个问题最简单、最快速的手段和途径。

利用超文本(Hyper Text)和超媒体(Hyper Media)技术相结合的超链接(Hyper Link)功能，可将各种信息组织成网络结构(Web)，构成网络文档(Document)，实现 Internet 上的“漫游”。然而，采用这种超链技术存在一定的缺陷，就是它只能提供一种静态的信息资源，缺少动态的客户端与服务器端的交互。虽然可以通过通用网关接口(CGI)实现一定的交互，但由于该方法编程较为复杂，因而在一段时间内妨碍了 Internet 技术的发展。JavaScript 的出现，无疑为 Internet 网上用户开创了新的前景。

8.1.1 JavaScript 的定义

JavaScript 是一种基于对象(Object)和事件驱动(Event Driven)并具有安全性能的脚本语言，可嵌入 HTML 中实现，能够在客户端执行。

JavaScript 的语法和 Java 语言比较相似，如语句的写法、运算符、if 语句、循环语句等，但也有不一样的地方，如变量的定义、函数的定义等。

需要指出的是，JavaScript 并不是 Java 语言，两者的区别如下：

(1) Java 是由 Sun 公司推出的，主要用于网络程序设计，对于非程序设计人员来说不易掌握；而 JavaScript 主要用于编写网页中的脚本，易于学习和掌握。

(2) Java 程序可以单独执行，但 JavaScript 程序只能嵌入 HTML 中，不能单独运行。

(3) Java 具有严格的类型限制，JavaScript 则比较宽松。

(4) Java 程序的编译执行需要专门的虚拟机才能实现，JavaScript 程序在一般浏览器中即可运行。

8.1.2　JavaScript 的特点

JavaScript 是一种基于对象(Object)和事件驱动(Event Driven)并具有安全性能的脚本语言。它可以与 HTML(超文本标记语言)、Java 脚本语言(Java 小程序)一起实现在一个 Web 页面中链接多个对象，与 Web 客户交互作用，从而可以开发客户端的应用程序等。它是通过嵌入或调入在标准的 HTML 中实现的。JavaScript 具有以下几个基本特点：

(1) 脚本编写语言。JavaScript 是一种脚本语言，它采用小程序段的方式实现编程。像其他脚本语言一样，JavaScript 也是一种解释性语言，它提供了一个简易的开发过程。

(2) 基于对象的语言。JavaScript 是一种基于对象的语言，同时可以将其看成是一种面向对象的语言。这意味着它能运用自己已经创建的对象。因此，许多功能可以来自于脚本环境中对象的方法与脚本的相互作用。

(3) 简单性。JavaScript 的简单性主要体现在：首先它是一种基于 Java 基本语句和控制流之上的简单而紧凑的设计；其次它的变量类型是弱类型，并未使用严格的数据类型。

(4) 安全性。JavaScript 是一种安全性语言，它不允许访问本地的硬盘，不能将数据存入服务器，不允许对网络文档进行修改和删除，只能通过浏览器实现信息浏览或动态交互，从而有效地防止数据的丢失。

(5) 动态性。JavaScript 是动态的，它可以直接对用户或客户输入作出响应，不需要经过 Web 服务程序。它对用户的反映响应，是采用以事件驱动的方式进行的。

(6) 跨平台性。JavaScript 依赖于浏览器本身，与操作环境无关，只要是能运行浏览器的计算机，并且浏览器支持 JavaScript 就可正确执行程序。从而实现了“编写一次，走遍天下”的梦想。

8.1.3　JavaScript 的功能

JavaScript 脚本语言由于其效率高、功能强大等特点，可以完成许多工作，在表单数据合法性验证、网页特效、交互式菜单、动态页面、数值计算、增加网站的交互功能、提高用户体验等方面获得了广泛的应用，甚至出现了完全使用 JavaScript 编写的基于 Web 浏览器的类 Unix 操作系统，可见 JavaScript 脚本编程能力不一般。今天，JavaScript 的应用范围已经大大超出一般人的想象，但是，JavaScript 表现最出色的领域依然是用户的浏览器，即我们所说的 Web 应用客户端。下面介绍客户端的 JavaScript 及其支持的对象的重要能力。

1. 控制文档的外观和内容(动态页面)

JavaScript 可以利用动态生成框架内容这一技术完全替换一个传统的服务器端脚本。使用 JavaScript 脚本可以对 Web 页面的所有元素对象进行访问，并使用对象的方法操作其属性，以实现动态页面效果，其典型应用如扑克牌游戏等。JavaScript 的 Document 对象的 write() 方法，可以在浏览器解析文档时把任何 HTML 文本写入文档中。Document 对象的属性允许指定文档的背景颜色、文本颜色以及文档中的超文本链接颜色。这种技术在多框架文档中更加适用。

2. 用Cookie读写客户状态

Cookie使得网页能够“记住”一些用户的信息，如用户以前访问过该站点。Cookie是用户永久性存储或暂时存储的少量状态数据。服务器将Cookie发送给用户，用户将它们存储在本地。当用户请求同一个网页或相关的网页时，可以把相关的Cookie传回服务器，服务器能够利用这些Cookie的值来改变发送回用户的内容。

3. 页面特效

使用JavaScript脚本语言，结合DOM和CSS能创建绚丽多彩的页面特效，如若隐若现的文字、带链接的跑马灯效果、自动滚屏效果、可折叠打开的导航菜单效果、鼠标感应渐显图片效果等。JavaScript可以改变标记<img>显示的图像，从而产生图像翻转和动画的效果。使用JavaScript脚本可以创建具有动态效果的交互式菜单，完全可以与Flash制作的页面导航菜单相媲美。

4. 对浏览器的控制

有些JavaScript对象允许对浏览的行为进行控制。Windows对象支持弹出对话框以向用户显示简单消息的方法，还支持通过用户获取简单输入信息的方法。JavaScript没有定义可以在浏览器窗口中直接创建并操作框架的方法。但是，它能够动态生成HTML的能力却可以让用户使用HTML创建任何想要的框架布局。JavaScript还可以控制在浏览器中显示某个网页。Location对象可以在浏览器的任何一个框架或窗口中加载并显示出任意的URL所指的文档。History对象则可以在用户的浏览历史中前后移动和模拟浏览的“forward”按钮和“back”按钮的动作。

5. 与HTML表单交互(表单数据合法性验证)

JavaScript脚本语言能够与HTML表单进行交互。使用JavaScript能有效地验证客户端提交的表单数据的合法性，能够对文档中某个表单的输入元素的值进行读写操作。这种功能是由Form对象以及它含有的表单元素对象(即Button对象、Password对象等)提供的。JavaScript与基于服务器的脚本相比有一个明显的优势，那就是JavaScript代码是在客户端执行的，所以不必把表单的内容发送给服务器，再让服务器执行较为简单的计算，如果提交的数据合法则执行下一步操作，否则返回错误提示信息。如果客户端的JavaScript代码能够对用户输入的信息进行所有必要的合法性验证，则将减轻服务器的压力。

6. 与用户交互

JavaScript脚本语言能够定义事件处理器，即在发生特定的事件时要执行的代码段。这些事件通常都是用户触发的。JavaScript可以触发任意一种类型的动作来响应用户事件。

7. 数值计算

JavaScript脚本将数据类型作为对象，并提供丰富的操作方法使得JavaScript用于数值计算。JavaScript可以执行任何计算。JavaScript可编写执行任意计算的程序，例如，可以用它编写计算斐波纳契数列可检索素数的简单脚本。

8.1.4　一个简单的 JavaScript 程序

JavaScript 的标签是<script language="javascript">…</script>，一般放在页面的<head>...</head>之间。

【例 8-1】 编写一个显示出简单的弹出提示框的 JavaScript 文件 alert.html，运行结果如图 8-1 所示。

程序代码如下：

```
<html>
    <head>
        <meta http-equiv="Content-Type" content="text/html; charset=utf-8">
        <title>JavaScript 例子</title>
    <script language="javascript">
    alert("你好！");
    </script>
    </head>
    <body>
    </body>
</html>
```

运行程序，结果如图 8-1 所示。

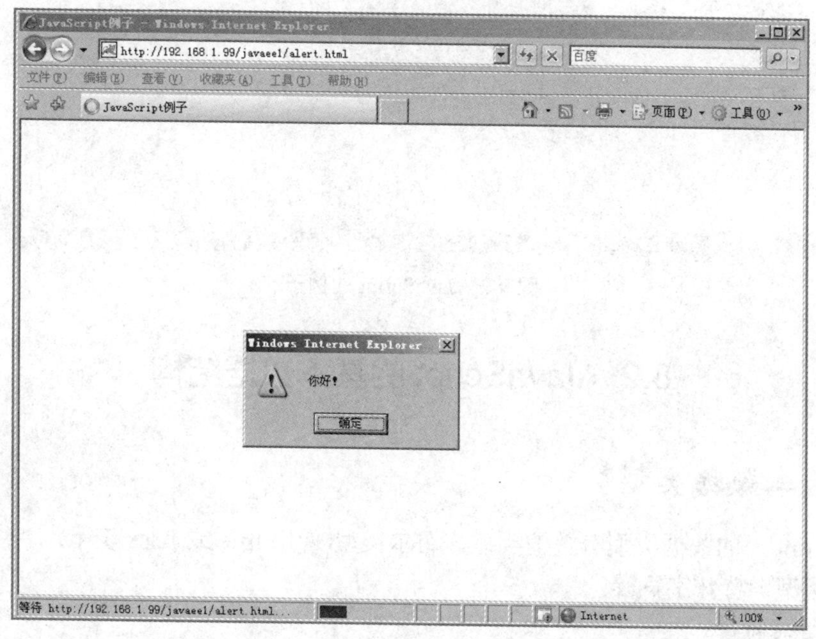

图 8-1　JavaScript 文件 alert.html

在 JavaScript 中，变量都是用 var 来声明的，不区分数据类型，为这个变量赋予什么类型的数据，它就是什么类型，例如：

```
var m = 1, n = 2;
```

```
var t = "你好！";
```

对于两个字符串变量，“+”运算符执行拼接操作；对于两个数值变量，“+”运算符执行加运算；对于一个字符串变量和一个数值变量，“+”把数值变量的值作为字符串来执行拼接操作。下面我们来看一个具体例子，程序代码如下：

```
<script language="javascript">
  var m = 1, n = 2;
  alert(m + "+" + n + "=" + (m+n));
</script>
```

运行结果如图8-2所示。

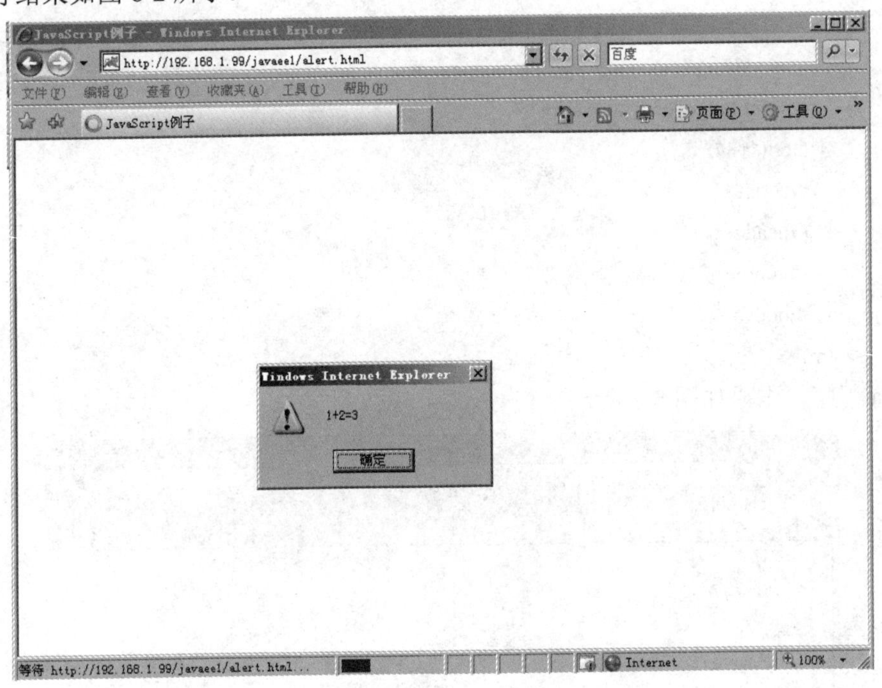

图8-2　JavaScript的例子

8.2　JavaScript的基本数据结构

8.2.1　基本数据类型

JavaScript中的数据类型有数值类型、布尔类型(使用true或false表示)、字符串类型、空值(null)类型、特殊字符等。

1. 数值类型

数值类型包括整数与浮点数。整数可以为正数、0或者负数，整数也可以指定为十进制、八进制或十六进制；浮点数可以包含小数点，也可以包含一个"e"。"e"大小写均可，在科学计数法中表示“10的幂”，JavaScript没有严格地区分开，两者在程序中可以自由转换。

2. 布尔类型

布尔类型只有两种状态：true 或 false。它主要用来说明或代表一种状态或标志，以说明操作流程。JavaScript 与 C++是不一样的，C++可以用 1 或 0 表示其状态，而 JavaScript 只能用 true 或 false 表示其状态。

3. 字符串类型

字符串是指使用单引号(')或双引号(")括起来的一个或几个字符，例如"This is a book of JavaScript " "3245" "ewrt234234" 等。

4. 空值(null)类型

JavaScript 中有一个空值(null)，表示什么也没有，例如，试图引用没有定义的变量，则返回一个 null。

5. 特殊字符

同 C 语言一样，JavaScript 中同样也有以反斜杠(\)开头的不可显示的特殊字符，通常称为控制字符，如：

\a 警报；

\b 退格；

\f 走纸换页；

\n 换行；

\r 回车；

\t 横向跳格 (Ctrl-I) 水平制表符，光标移到下一个制表位置；

\' 单引号；

\" 双引号；

\\ 反斜杠。

8.2.2　变量

变量的主要作用是存取数据和提供存放信息的容器。对于变量，必须明确变量的命名、变量的类型、变量的声明及其作用域。

1. 变量的命名

JavaScript 中的变量命名同其计算机语言非常相似，这里要注意以下两点：

(1) 必须是一个有效的变量，即变量以字母开头，中间可以出现数字如 test1、text2 等。除下划线“_”作为连字符外，变量名称不能有空格和“+”“-”“,”或其他符号。

(2) 不能使用 JavaScript 中的关键字作为变量。

在 JavaScript 中定义了 40 多个关键字，这些关键字是 JavaScript 内部使用的，不能作为变量的名称，例如 var、int、double、true 等。在对变量命名时，最好把变量的意义与其代表的意思对应起来，以免出现错误。

2. 变量的类型

在 JavaScript 中，变量可以用命令 var 作声明：

```
var mytest;
```

该例子定义了一个 mytest 变量，但没有给它赋值。又如：

```
var mytest="This is a book"
```

该例子定义了一个 mytest 变量，同时给它赋了值。

在 JavaScript 中，变量也可以不作声明，而在使用时，再根据数据的类型来确定其变量的类型。例如：

```
z=300
m="3425"
xy= True
```

3. 变量的声明及其作用域

JavaScript 变量可以在使用前先作声明，并可赋值。可以使用 var 关键字对变量作声明。对变量作声明的最大好处就是能及时发现代码中的错误，因为 JavaScript 是采用动态编译的，而动态编译不易发现代码中的错误，特别是变量命名方面的错误。

变量还有一个重要的特性，那就是变量的作用域。在 JavaScript 中同样有全局变量和局部变量。全局变量定义在所有函数体之外，其作用范围是整个函数；而局部变量定义在函数体之内，只对该函数是可见的，对其他函数则是不可见的。

8.2.3 表达式和运算符

1. 表达式

在定义了变量后，就可以对它们进行赋值、改变、计算等一系列操作，这一过程通常由表达式来完成，可以说表达式是变量、常量、布尔运算等的集合。因此，表达式可以分为算术表达式、字串表达式、赋值表达式以及布尔表达式等。

2. 运算符

运算符是完成运算操作的一系列符号，在 JavaScript 中有算术运算符，如 +、–、*、/ 等；有比较运算符如 !=、= = 等；有逻辑布尔运算符如 ! (取反)、|、|| 等；有字符串运算符如 +、+= 等。

在 JavaScript 中，有双目运算和单目运算。其中双目运算格式如下：

操作数 1　运算符　操作数 2

即由两个操作数和一个运算符组成，如 50+40、"This"+"that"等。

单目运算只需一个操作数，其运算符可在前或后。

1) 算术运算符

JavaScript 中的算术运算符有单目运算符和双目运算符。

(1) 双目运算符：+ (加)、– (减)、* (乘)、/ (除)、% (取模)、| (按位或)、& (按位与)、<< (左移)、>> (右移)、>>> (右移，零填充)。

(2) 单目运算符：– (取反)、~ (取补)、++ (递加 1)、– – (递减 1)。

2) 比较运算符

比较运算符的基本操作过程是：首先对它的操作数进行比较，然后再返回一个 True 或 False 值，JavaScript 有 6 个比较运算符：< (小于)、> (大于)、<= (小于等于)、>= (大于等于)、== (等于)、!= (不等于)。

3) 布尔逻辑运算符

在 JavaScript 中增加了几个布尔逻辑运算符：! (取反)、&= (与之后赋值)、& (逻辑与)、|= (或之后赋值)、| (逻辑或)、^= (异或之后赋值)、^ (逻辑异或)、?: (三目操作符)、|| (或)、== (等于)、|= (不等于)。其中，三目操作符主要格式如下：

```
操作数? 结果 1：结果 2
```

若操作数的结果为真，则表述式的结果为结果 1；否则为结果 2。

8.2.4　程序控制流

在任何一种语言中，程序控制流是必须有的，它能使得整个程序减少混乱，使之顺利按一定的方式执行。下面介绍 JavaScript 常用的程序控制流结构及语句。

1. if 条件语句

基本格式如下：

```
if(条件){
  语句块 1;
  } else {
  语句块 2;
}
```

功能：若条件为 true，则执行语句块 1；否则执行语句块 2。

说明：if-else 语句是 JavaScript 中最基本的控制语句，通过它可以改变语句的执行顺序。表达式中必须使用关系语句来实现判断，它是作为一个布尔值来估算的。它将零和非零的数分别转化成 false 和 true。

若 if 后的语句有多行，则必须使用花括号将其括起来。

1) if -else 语句

基本格式：

```
if(条件 1){
  语句块 1;
 }else{
  语句块 2;
 }
```

2) if -else if 语句

基本格式：

```
if(条件 1){
  语句块 1;
 }else if(条件 2){
  语句块 2;
 } else{
  语句块 3;
}
```

2. for 循环语句

基本格式：

```
for(初始化;条件;增量){
    语句块;
}
```

功能：实现条件循环。当条件成立时，执行语句块；否则跳出循环体。

说明：

(1) 初始化：定义循环开始之前变量的初始值。

(2) 条件：用于判别循环停止时的条件。若条件满足，则执行循环体；否则跳出。

(3) 增量：主要定义循环控制变量在每次循环时按什么方式变化。

三个主要语句之间必须使用分号分隔。

3. while 循环语句

基本格式：

```
while(条件){
    语句块;
}
```

说明：while 语句与 for 语句一样，当条件为真时，重复循环；否则退出循环。

条件：用于判别循环停止时的条件。若条件满足，则执行循环体；否则跳出。

4. break 和 continue 语句

与 C++语言相同，使用 break 语句使得循环从 for 或 while 中跳出。

Continue 语句使得跳过循环内剩余的语句而进入下一次循环。

5. do-while 语句

基本格式：

```
do{
    语句块;
} while(条件);
```

说明：do-while 是先执行循环体再进行判断。

条件：用于判别循环停止时的条件。若条件满足，则执行循环体；否则跳出。

6. switch 语句

switch 语句允许程序赋值一个表达式并将这个值与 case 标号进行比较。如果发现匹配，则执行相应的语句；否则与 default 语句比较；如果还没有匹配，则继续执行 switch 下面的语句。其语法格式如下：

```
switch(expression){
  case label:          语句块 1;          break;
  case label:          语句块 2;          break;
    ⋮
```

```
default: 语句块;
}
```

可选项 break 用于确保程序在执行匹配的语句后立即退出 switch 语句。如果忽略了这个选项，则程序执行 switch 中下一个语句。其中，expression 是用于与标号 label 匹配的值。

8.3　表单对象与事件

8.3.1　表单对象

在 JavaScript 编程中，表单对象是经常使用的对象。表单对象就是在页面中定义的表单，表单对象的名字在 form 标签中指定，例如：

```
<form name="teamForm" action="servlet/addTeam" method="post">
```

在 JavaScript 代码中就可以使用 teamForm 来指向这个表单对象。表单的元素(如输入框、密码框等)作为表单对象的属性，其名字也是在标签中指定，例如：

```
<form name="teamForm" action="servlet/addTeam" method="post">
<p>组名：<input type="text" name="name">
<p>口号：<input type="text" name="slogan">
<p>组长：<input type="text" name="leader">
<p><input type="submit" value="确定">
<input type="reset" value="重填">
</form>
```

在 JavaScript 代码中可以使用 teamForm.name、teamForm.slogan、teamForm.leader 指向这几个文本框，文本框中填写的内容对应文本框对象的 value 属性，如 teamForm.name.value、teamForm.slogan.value、teamForm.leader.value 分别对应用户填写的组名、口号、组长的值。

8.3.2　事件

在 JavaScript 中，可以通过触发事件执行 JavaScript 语句或调用 JavaScript 函数。下面介绍几个与表单对象有关的事件。

1. 点击事件 onClick

用鼠标点击表单元素时，触发 onClick 执行 JavaScript 语句，或调用 JavaScript 函数。

【例 8-2】 编写 click.html 文件，文件中含有一个表单，在表单中有一个文本框和一个按钮，点击“确定”按钮，会在文本框显示相应的内容。

程序代码如下：

```
<html>
    <head>
        <meta http-equiv="Content-Type" content="text/html; charset=utf-8">
        <title>点击事件</title>
    <script language="javascript">
```

```
        var n = 0;
        </script>
        </head>
        <body>
        <h1 align="center">点击事件</h1>
        <form name="f">
        <input type="text" name="t">
        <input type="button" name="b" value="请点击" onClick="n++; f.t.value='您点击了' + n + '次';">
        </form>
        </body>
</html>
```

运行程序，点击事件如图 8-3 所示。

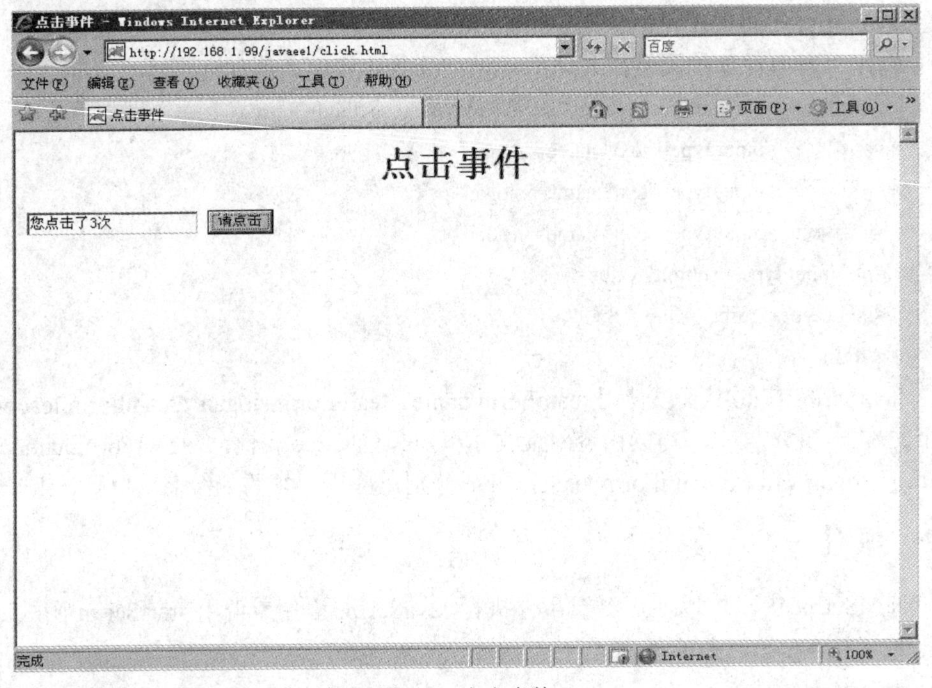

图 8-3 点击事件

2. 失去焦点事件 onBlur

当光标焦点从一个表单元素离开时，触发 onBlur。

【例 8-3】 编写 click.html 文件，在该文件中有两个文本框，当填写完第一个文本框后进入第二个文本框时，触发 onBlur，调用 alert 函数，显示第一个文本框的内容。

程序代码如下：

```
<!DOCTYPE html PUBLIC "-//W3C//DTD HTML 4.01 Transitional//EN" "http://www.w3.org/TR/html4/loose.dtd">
<html>
        <head>
```

```
        <meta http-equiv="Content-Type" content="text/html; charset=utf-8">
        <title>失去焦点事件</title>
    </head>
    <body>
    <h1 align="center">失去焦点事件</h1>
    <form name="f">
    <p><input type="text" name="t1" onBlur="alert('您填写的是：' + f.t1.value);">
    <p><input type="text" name="t2">
    </form>
    </body>
</html>
```

运行程序，失去焦点事件如图 8-4 所示。

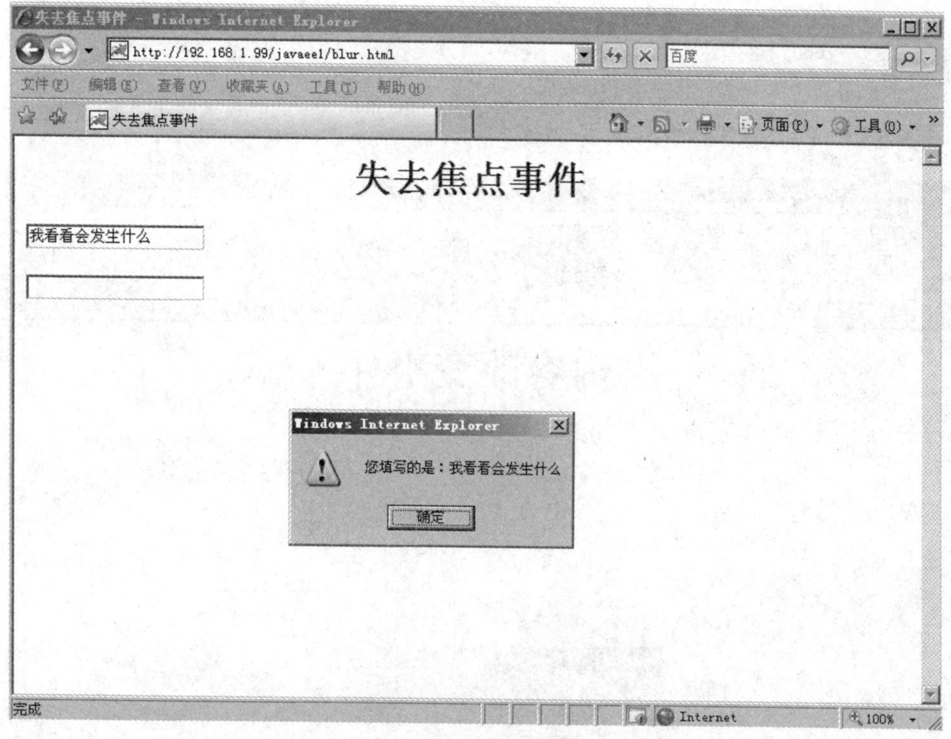

图 8-4　失去焦点事件

3. 内容改变事件 onChange

当表单元素的内容发生改变时，触发 onChange。

【例 8-4】 编写 change.html 文件，在该文件中有一个列表框，列表框有两种语言选项，选择不同的选项，就会使提示框用不同的语言问好。

程序代码如下：

```
<html>
    <head>
```

```
        <meta http-equiv="Content-Type" content="text/html; charset=utf-8">
        <title>内容改变事件</title>
    </head>
    <body>
    <h1 align="center">内容改变事件</h1>
    <form name="f">
    <select name="language" onChange="if(f.language.value=='chinese') alert('你好！');
    if(f.language.value=='english') alert('Hello!');">
    <option value="">请选择语言
    <option value="chinese">中文
    <option value="english">English
    </select>
    </form>
    </body>
</html>
```

运行程序，内容改变事件如图 8-5 所示。

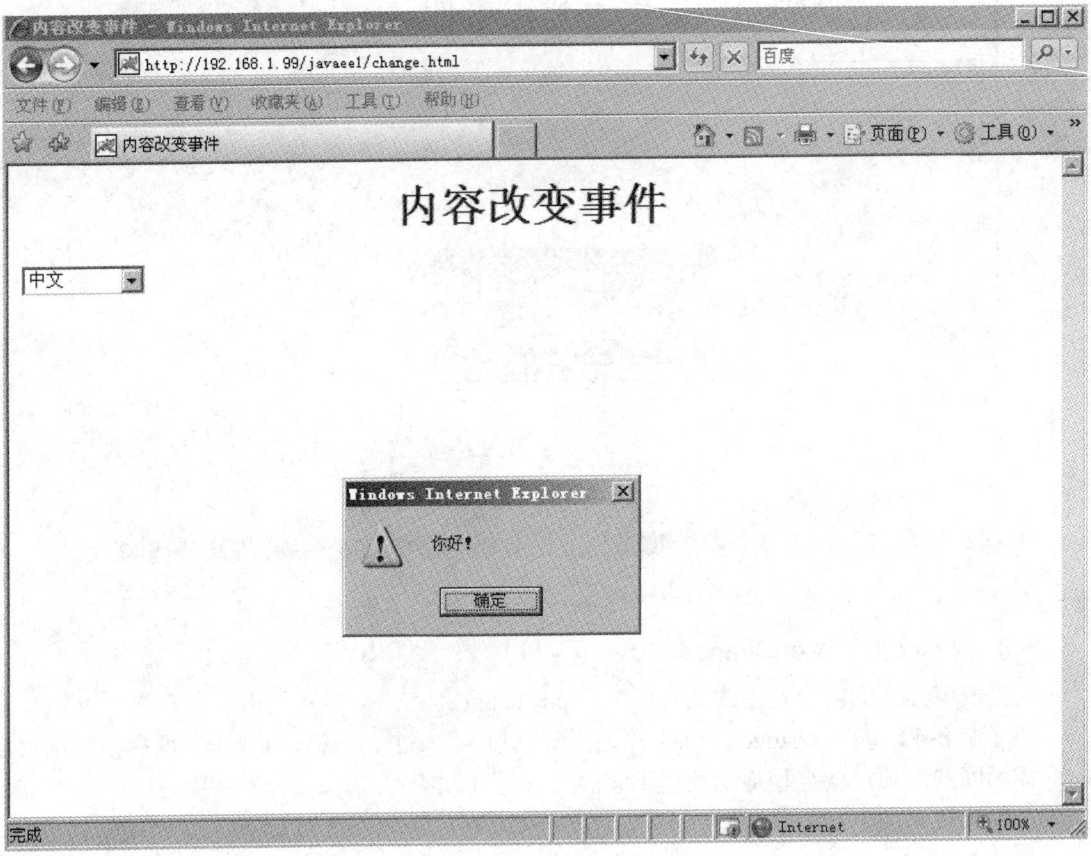

图 8-5　内容改变事件

4. 表单提交事件 onSubmit

当提交表单时触发 onSubmit，onSubmit 写在 form 标签中，一般调用的方式为 onSubmit="return 函数"，这个函数的返回值如果是 true，则提交表单；如果是 false，则不提交表单。在下面的例子中，onSubmit 调用了 JavaScript 的 confirm 函数，confirm 函数弹出一个确认框，如果用户点击“确定”按钮，返回值为 true；如果用户点击“取消”按钮，返回值为 false。

程序代码如下：

```
<form name="teamForm" action="servlet/addTeam" method="post" onSubmit="return confirm('您确定要提交吗？');">
<p>组名：<input type="text" name="name">
<p>口号：<input type="text" name="slogan">
<p>组长：<input type="text" name="leader">
<p><input type="submit" value="确定">
<input type="reset" value="重填">
</form>
```

运行程序，表单提交事件如图 8-6 所示。

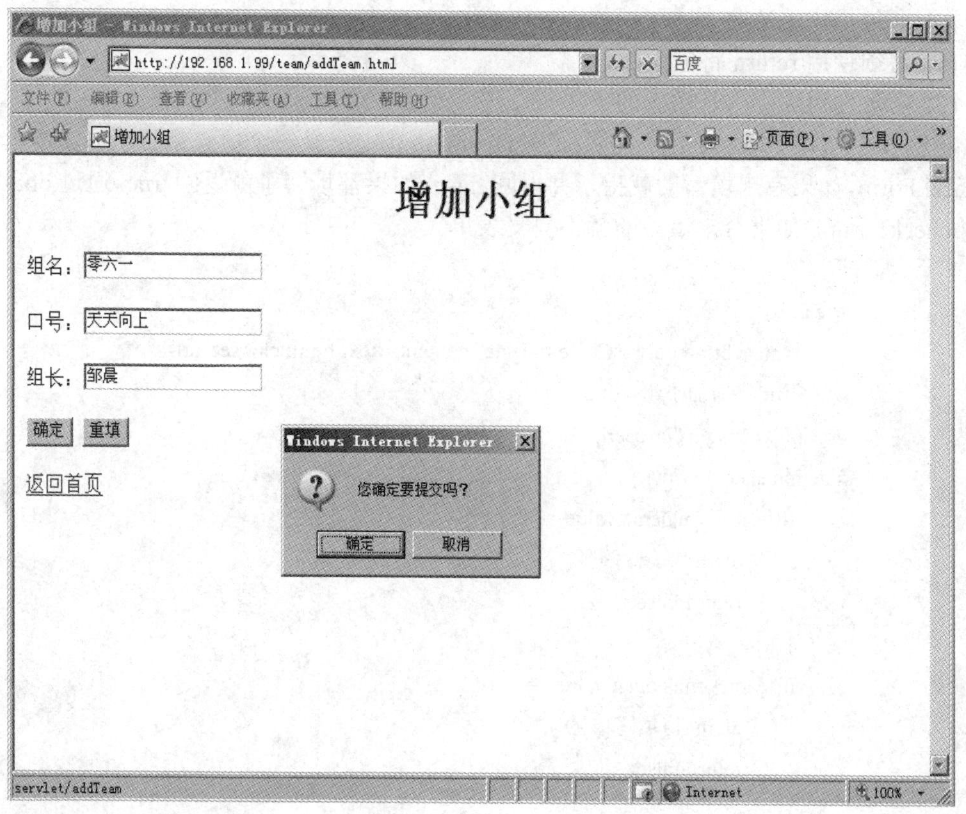

图 8-6　表单提交事件

8.4 自定义函数

8.4.1 自定义函数的定义

在上一节中我们看到，有的事件执行的 JavaScript 语句比较多，程序可读性差，不利于维护修改。其实在 JavaScript 中可以使用函数，把这些语句写在一个函数中，用事件调用函数，程序可读性就好多了。JavaScript 中函数定义的格式如下：

```
function 函数名(参数列表) {
    函数体
}
```

说明：

(1) 当调用函数时，所用变量或字面量均可作为变元传递。

(2) 函数由关键字 function 定义。

(3) 函数名是指定义的函数的名字。

(4) 参数列表是指传递给函数使用或操作的值。其值可以是常量、变量或其他表达式。

(5) 通过指定函数名(实参)来调用一个函数。

(6) 必须使用 return 将值返回。

(7) 函数名对大小写是敏感的。

【例 8-5】 在“增加小组”的页面 addTeam.html 中定义一个检查是否填写文本框的函数 checkForm，如果有未填写的就提示并返回 false，如果都填写了就返回 true。通过 onSubmit 调用 checkForm，如果有未填写的就不提交表单。

```
<html>
    <head>
        <meta http-equiv="Content-Type" content="text/html; charset=utf-8">
        <title>增加小组</title>
    <script language="javascript">
    function checkForm() {
        if(teamForm.name.value == "") {
            alert("请填写组名");
            return false;
        }
        if(teamForm.slogan.value == "") {
            alert("请填写口号");
            return false;
        }
        if(teamForm.leader.value == "") {
        alert("请填写组长");
```

```
            return false;
        }
        return true;
        }
        </script>
        </head>
        <body>
            <h1 align="center">增加小组</h1>
            <form name="teamForm" action="servlet/addTeam" method="post" onSubmit="return
        checkForm();">
            <p>组名：<input type="text" name="name">
            <p>口号：<input type="text" name="slogan">
            <p>组长：<input type="text" name="leader">
            <p><input type="submit" value="确定">
            <input type="reset" value="重填">
            </form>
            <a href="index.html">返回首页</a>
        </body>
    </html>
```

运行程序，调用自定义函数如图 8-7 所示。

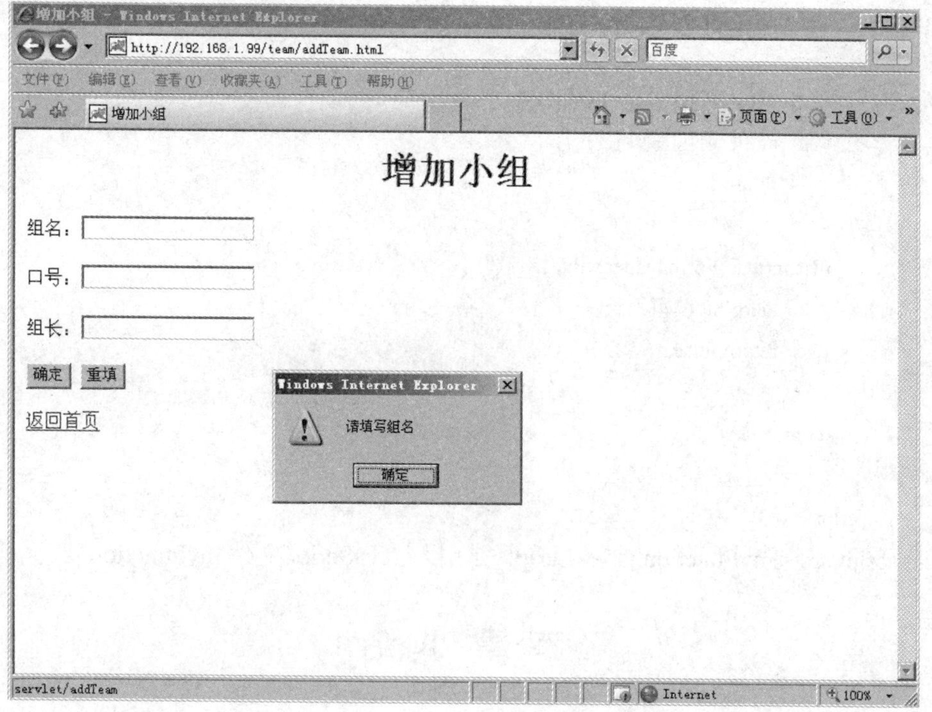

图 8-7　调用自定义函数

8.4.2 JavaScript 文件

有些自定义函数可能不只在一个页面会用到，对于这样的函数，我们可以在一个 JavaScript 文件中定义，然后在用到的页面中引入这个 JavaScript 文件。该 JavaScript 文件的后缀名是.js。

下面我们创建一个 JavaScript 文件 myFunction.js，并在其中定义一个函数 trim，作用是去掉字符串两端的空格。其代码如下：

```
function trim(str){
    for(var i=0;i<str.length && str.charAt(i)=="";i++);
    for(var j=str.length;j>0 && str.charAt(j-1)=="";j--);
    if(i>j) return "";
    return str.substring(i,j);
}
```

在“增加小组”的页面 addTeam.html 中引入这个 JavaScript 文件，调用函数 trim。其代码如下：

```
<script src="myFunction.js"></script>
<script language="javascript">
function checkForm() {
    if(trim(teamForm.name.value) == "") {
        alert("请填写组名");
        return false;
    }
    if(trim(teamForm.slogan.value) == "") {
        alert("请填写口号");
        return false;
    }
    if(trim(teamForm.leader.value) == "") {
        alert("请填写组长");
        return false;
    }
    return true;
}
</script>
```

其中，<script src="myFunction.js"></script>是引入 JavaScript 文件 myFunction.js。

本章小结

本章主要介绍了 JavaScript 脚本的特点和功能，使读者了解 JavaScript 的应用场景，并进一步讲解了 JavaScript 的基本数据结构、变量、程序控制流、常用事件、自定义函数等内容。结合具体例子介绍了 JavaScript 编程方法及实际应用。

习　题

1．简述 JavaScript 的特点。

2．JavaScript 的基本数据类型有哪些？

3．简述什么是事件。

4．简述函数的格式定义。

5．编写一个程序，根据用户输入的数值，计算其平方、平方根和自然对数。

6．设计一个函数 DayOfYear(d)，它接收一个日期参数 d，返回一个该日期是所在年份的第几天的信息，如 DayOfYear(2000,2,8)的返回值是 39。

(提示：① 定义一个数组 months=new Array(31，28，31，30，31，30，31，31，30，31，30，31)记录每个月是多少天；② 定义一个辅助函数 IsLeapYear(y)判定某个年份是否是闰年，以确定 2 月份的天数是 28 还是 29。)

7．设计一个将两个字符串交叉合并的函数 Merge(s1,s2)，如 Merge("123","abc")的返回结果是"1a2b3c"。如果两个字符串的长度不同，那么就将多余部分直接合并到结果字符串的末尾，如 Merge("123456","abc")的返回结果是"1a2b3c456"。

8．编制一个从字符串中收集数字字符("0"，"1"，...，"9")的函数 CollectDigits(s)，它从字符串 s 中顺序取出数字，并且合并为一个独立的字符串作为函数的返回值。例如，函数调用 CollectDigits("1abc23def4")的返回值是字符串"1234"。

9．设计一个页面，在页面上显示信息“现在是××××年××月××日××点××分××秒(星期×)，欢迎您的到访！”。

10．设计一个页面，在页面上输出如下数字图案：

1

1 2

1 2 3

1 2 3 4

1 2 3 4 5

其中，每行的数字之间有一个空格间隔。

11．编写一个程序，通过用户输入的年龄判断是哪个年龄段的人(儿童：年龄<14；青少年：14<=年龄<24；青年：24<年龄<40；中年：40<=年龄<60；老年：年龄>=60)，并在页面上输出判断结果。

第 9 章

JSP 与 AJAX

Web 是运行在因特网上的应用程序，由于网络通信和网页刷新的需要，因此程序运行中经常会出现中断和等待的现象，这一点与桌面系统的运行方式大不相同。长期以来，人们对于这种现象已经习以为常，以为这是 Web 本质带来的必然结果。AJAX 技术的横空出世使这种状况有所改观，因为开发人员现在有了一个更丰富的客户端工具箱，有大量工具可以使用。用户可能不习惯使用大量的 HTML、JavaScript 和 CSS，但是如果要实现 AJAX 技术，就必须这么做。本章不作深入全面的讲解，只介绍这些有用工具和技术的快速入门基础知识。

9.1 AJAX 简介

AJAX 不是一种新的编程语言，而是一种用于创建更好、更快以及交互性更强的 Web 应用程序的技术。AJAX 是一种在无需重新加载整个网页的情况下，能够更新部分网页的技术。

9.1.1 AJAX 的定义

AJAX 的全称是 Asynchronous JavaScript and XML(异步 JavaScript 和 XML)，它是一种创建交互式网页应用的技术。

传统的 Web 应用客户端与服务器端交互时，即使只想更新页面上很小一个局部的数据，也要刷新整个页面，给用户的体验不好，而且浪费网络带宽。采用 AJAX 技术，就可以实现对页面的局部刷新。

通过在后台与服务器进行少量数据交换，AJAX 可以使网页实现异步更新。这意味着可以在不重新加载整个网页的情况下，对网页的某部分进行更新。传统的网页(不使用 AJAX)如果需要更新内容，则必须重载整个网页面。

有很多使用 AJAX 的应用程序案例：新浪微博、Google 地图、开心网等。

AJAX 主要应用在以下几个方面：

(1) 运用 XHTML+CSS 来表达资讯。

(2) 运用 JavaScript 操作 DOM(Document Object Model)来执行动态效果。

(3) 运用 XML 和 XSLT 操作资料。

(4) 运用 XMLHttpRequest 或新的 Fetch API 与网页服务器进行异步资料交换。

需要注意的是，AJAX 与 Flash、Silverlight 和 Java Applet 等 RIA 技术是有区分的。

AJAX 是基于现有的 Internet 标准，并且联合使用它们：

(1) XMLHttpRequest 对象(异步、与服务器交换数据)。
(2) JavaScript/DOM(信息显示/交互)。
(3) CSS(给数据定义样式)。
(4) XML(作为转换数据的格式)。
(5) AJAX 应用程序与浏览器和平台无关。

9.1.2　用 JavaScript 更新层的内容

在第 3 章有过叙述：层是 HTML 页面一个相对独立的部分。现在我们来学习怎样用 JavaScript 更新层的内容。在定义层时可以给层指定一个 ID，例如：

```
<div id="a">原来的内容</div>
```

可以通过给层的 innerHTML 属性赋值来更新层的内容，例如：

```
document.getElementById("a").innerHTML = "更新后的内容";
```

【例 9-1】 用 JavaScript 更新层的内容。原来的层的内容为“原来的内容”，如图 9-1 所示。

JavaScript 更新层的内容的代码如下：

```
<html>
    <head>
        <meta http-equiv="Content-Type" content="text/html; charset=utf-8">
        <title>用 JavaScript 更新层的内容</title>
        <script language="javaScript">
        function changeContent() {
            document.getElementById("a").innerHTML = "更新后的内容";
        }
        </script>
    </head>
    <body>
        <div id="a">原来的内容</div>
        <form><input type="button" value="更新" onclick="changeContent()"></form>
    </body>
</html>
```

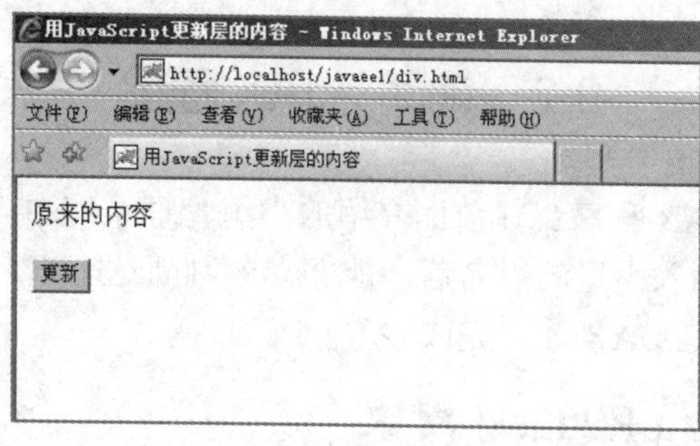

图 9-1　原来层的内容

点击“更新”按钮后，层的内容发生改变，如图 9-2 所示。

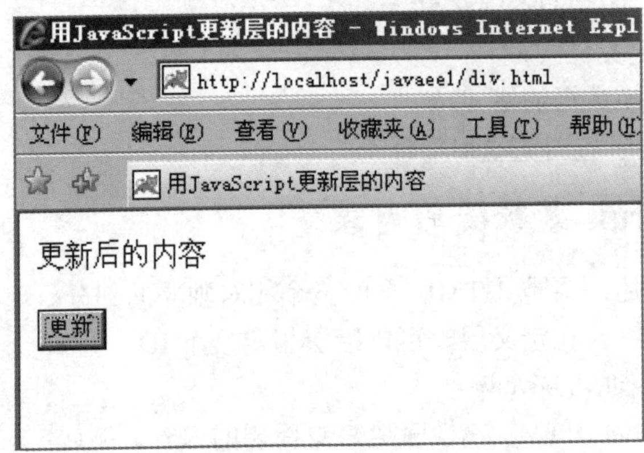

图 9-2 更新后层的内容

9.1.3 AJAX 的工作原理

AJAX 的工作原理就是通过事件调用 JavaScript 函数向服务器发出请求，服务器接到请求后作出相应的处理，发出应答，客户端用服务器发回的内容更新页面上的一个层，达到局部刷新的效果，如图 9-3 所示。

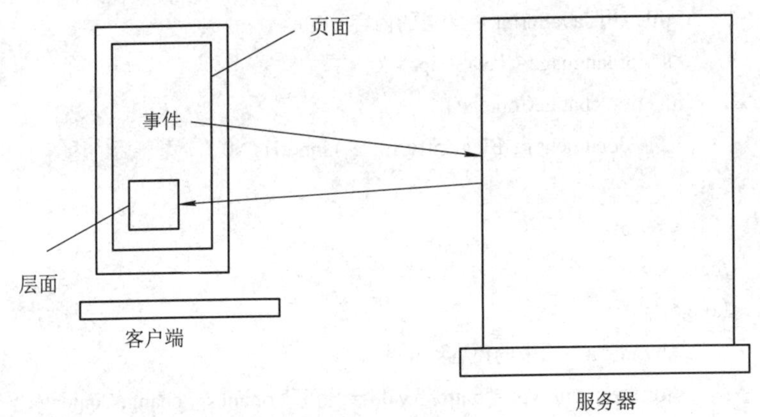

图 9-3 AJAX 工作原理

9.2 编写 AJAX 程序

【例 9-2】 编写 AJAX 程序。在前面介绍的小组管理系统中“增加小组”的页面，实现了这样一个效果：在输入小组的组名后，能够立刻判断这个组名是否已存在，这需要到服务器中检查，因此要用 AJAX 才能完成。

9.2.1 创建 XMLHttpRequest 对象

XMLHttpRequest 是 AJAX 的基础。所有现代浏览器均支持 XMLHttpRequest 对象(IE5

和 IE6 使用 ActiveXObject)。XMLHttpRequest 用于在后台与服务器交换数据。这意味着可以在不重新加载整个网页的情况下，对网页的某部分进行更新。

在 AJAX 中不能用传统的方式向服务器发送请求，因为那样会刷新整个页面。在 AJAX 中使用 XMLHttpRequest 对象向服务器发送请求，所以要创建一个 XMLHttpRequest 对象，下面是创建 XMLHttpRequest 对象的 JavaScript 代码：

```
var xmlHttp;
function createXMLHttpRequest() {
    if(window.ActiveXObject) {
        xmlHttp = new ActiveXObject("Microsoft.XMLHTTP");
    }
    else {
        xmlHttp = new XMLHttpRequest();
    }
}
```

在这段代码中，首先声明一个变量 xmlHttp，表示 XMLHttpRequest 对象。然后定义了一个函数 createXMLHttpRequest，功能是创建一个 XMLHttpRequest 对象，给变量 xmlHttp 赋值。

在函数 createXMLHttpRequest 中，先判断浏览器是否支持 ActiveX 控件(即浏览器是否是微软的 IE)，如果支持，就执行 new ActiveXObject("Microsoft.XMLHTTP")创建一个 XMLHttpRequest 对象；否则，就执行 new XMLHttpRequest()创建一个 XMLHttpRequest 对象。

9.2.2　编写发送请求的函数

下面是发送请求的函数的 JavaScript 代码：

```
function startRequest() {
    createXMLHttpRequest();
    xmlHttp.onreadystatechange = handleStateChange;
    xmlHttp.open("GET","TeamNameCheck.action?name="+
form_team.elements["team.name"].value,true);
    xmlHttp.send(null);
}
```

在这个函数中，首先调用上面定义的函数 createXMLHttpReuest 创建 XMLHttpRequest 对象，然后通过为 XMLHttpRequest 对象的 onreadystatechange 属性赋值来指定处理 XMLHttpRequest 对象状态改变事件的函数，即每当 XMLHttpRequest 对象状态发生改变时，函数 handleStateChange 就会被执行，最后调用 XMLHttpRequest 对象的 open 方法指定将发出的请求。open 方法有以下三个参数：

(1) 第一个参数是请求方式(get 或 post)，在这个程序中设置的是 get 请求。与 post 相比，get 更简单也更快，并且在大部分情况下都能用。然而，在以下情况中，请使用 post 请求：

① 无法使用缓存文件(更新服务器上的文件或数据库)。

② 向服务器发送大量数据(post没有数据量限制)。

③ 当发送包含未知字符的用户输入信息时，post比get更稳定且更可靠。

例如，一个简单的get请求，代码如下：

```
xmlhttp.open("get","/try/ajax/demo_get.jsp",true);
xmlhttp.send();
```

在这个例子中，可能得到的是缓存的结果。为了避免这种情况，向URL添加一个唯一的ID，代码如下：

```
xmlhttp.open("get","/try/ajax/demo_get.jsp?t="+Math.random(),true); xmlhttp.send();
```

例如，一个简单的post请求，代码如下：

```
xmlhttp.open("post","/try/ajax/demo_post.php",true);
xmlhttp.send();
```

如果需要像HTML表单那样的post数据，则使用setRequestHeader()来添加HTTP头，然后在send()方法中规定用户希望发送的数据，代码如下：

```
xmlhttp.open("post","/try/ajax/demo_post2.php",true);
xmlhttp.setRequestHeader("Content-type","application/x-www-form-urlencoded");
xmlhttp.send("fname=Henry&lname=Ford");
```

(2) 第二个参数是目标资源的URL，在这个程序中检查组名是否存在TeamNameCheck.action，并且把表单中填写的组名用“?”传递给TeamNameCheck.action。

(3) 第三个参数是指示请求是否是异步的，在这个程序中设置的是true。最后调用XMLHttpRequest对象的send方法向服务器发送请求。

XMLHttpRequest对象的常用方法如表9-1所示。

表9-1 XMLHttpRequest对象的常用方法

方 法	描 述
open(method,url,async)	规定请求的类型、URL以及是否异步处理请求； method：请求的类型，get或post； url：文件在服务器上的位置； async：true(异步)或false(同步)
send(string)	将请求发送到服务器； string：仅用于post请求

表9-1中的async(异步)的值是true或false。异步在AJAX中指的是异步JavaScript和XML(Asynchronous JavaScript and XML)。

注意:

XMLHttpRequest对象如果要用于AJAX，其open()方法的async参数必须设置为true。

对于Web开发人员来说，发送异步请求是一个巨大的进步。很多在服务器执行的任务都相当费时。AJAX出现之前，这可能会引起应用程序挂起或停止。

通过AJAX，JavaScript无需等待服务器的响应，而是：

(1) 在等待服务器响应时执行其他脚本。

(2) 当响应就绪后对响应进行处理。

当使用 async=true 时，应规定在响应处于 onreadystatechange 事件中的就绪状态时执行的函数。

如需使用 async=false，应将 open()方法中的第三个参数改为 false。我们不推荐使用 async=false，但是对于一些小型的请求，也可以使用。

XMLHttpRequest 对象的三个重要的属性，如表 9-2 所示。

表 9-2　XMLHttpRequest 对象的三个重要的属性

属　性	描　述
onreadystatechange	存储函数(或函数名)。当 readyState 属性改变时，就会调用该函数
readyState	存有 XMLHttpRequest 的状态，从 0 到 4 发生变化： 0：请求未初始化； 1：服务器连接已建立； 2：请求已接收； 3：请求处理中； 4：请求已完成，并且响应已就绪
status	200: "OK"； 404：未找到页面

9.2.3　编写处理 XMLHttpRequest 对象状态改变事件的函数

下面是处理 XMLHttpRequest 对象状态改变事件的函数的 JavaScript 代码：

```
function handleStateChange() {
    if(xmlHttp.readyState == 4) {
        if(xmlHttp.status == 200) {
            document.getElementById("nameCheck").innerHTML = xmlHttp.responseText;
        }
    }
}
```

当 XMLHttpRequest 对象的状态发生改变时，这个函数会被执行。我们只关注 readyState 为 4 并且 status 为 200 的情况，这说明服务器已经根据请求正常地发回了应答，我们用接收到的应答内容 responseText 更新层的内容。

如需获得来自服务器的响应，请使用 XMLHttpRequest 对象的 responseText 或 responseXML 属性。响应数据如表 9-3 所示。

表 9-3　响 应 数 据

属　性	描　述
responseText	获得字符串形式的响应数据
responseXML	获得 XML 形式的响应数据

服务器常用的状态码及其对应的含义如下：

100——客户必须继续发出请求。

101——客户要求服务器根据请求转换 HTTP 协议版本。

200——交易成功。

201——提示知道新文件的 URL。

202——接受和处理，但处理未完成。

203——返回信息不确定或不完整。

204——收到请求，但返回信息为空。

205——服务器完成了请求，用户代理必须复位当前已经浏览过的文件。

206——服务器已经完成了部分用户的 get 请求。

300——请求的资源可在多处得到。

301——删除请求数据。

302——在其他地址发现了请求数据。

303——建议客户访问其他 URL 或使用其他访问方式。

304——客户端已经执行了 get 请求，但文件未变化。

305——请求的资源必须从服务器指定的地址得到。

306——前一版本 HTTP 中使用的代码，现行版本中不再使用。

307——申明请求的资源临时性删除。

400——错误请求，如语法错误。

401——请求授权失败。

402——保留有效 ChargeTo 头响应。

403——请求不允许。

404——没有发现文件、查询或 URL。

405——用户在 Request-Line 字段定义的方法不允许。

406——根据用户发送的 Accept，请求资源不可访问。

407——类似 401，用户必须首先在代理服务器上得到授权。

408——客户端没有在用户指定的时间内完成请求。

409——对当前资源状态，请求不能完成。

410——服务器上不再有此资源且无进一步的参考地址。

411——服务器拒绝用户定义的 Content-Length 属性请求。

412——一个或多个请求头字段在当前请求中错误。

413——请求的资源大于服务器允许的范围。

414——请求的资源 URL 长于服务器允许的长度。

415——请求资源不支持请求项目格式。

416——请求中包含 Range 头字段，在当前请求资源范围内没有 range 指示值，请求也不包含 If-Range 请求头字段。

417——服务器不满足请求 Expect 头字段指定的期望值，如果是代理服务器，可能是下一级服务器不能满足请求。

500——服务器产生内部错误。

501——服务器不支持请求的函数。

502——服务器暂时不可用，有时是为了防止发生系统过载。

503——服务器过载或暂停维修。

504——关口过载，服务器使用另一个关口或服务来响应用户，等待时间设定值较长。

505——服务器不支持或拒绝了请求头中指定的 HTTP 版本。

9.2.4 发送请求的函数

我们希望用户在填写完组名后，只要光标离开文本框，程序就向服务器发送请求，检查组名是否已经存在，如果已经存在，就出现提示。具体代码如下：

```
<input type="text" name="teamname" onblur="startRequest()">
```

9.2.5 页面 addTeam.jsp 的完整代码

addTeam.jsp 的代码如下；

```
<%@ page language="java" contentType="text/html; charset=utf-8"
    pageEncoding="utf-8"%>
<!DOCTYPE html PUBLIC "-//W3C//DTD HTML 4.01
Transitional//EN""http://www.w3.org/ TR/html4/loose.dtd">
<html>
    <head>
        <meta http-equiv="Content-Type" content="text/html; charset=utf-8">
        <title>增加小组</title>
        <script language="javaScript">
        var xmlHttp;
        function createXMLHttpRequest() {
    if(window.ActiveXObject) {
        xmlHttp = new ActiveXObject("Microsoft.XMLHTTP");
    }
    else {
        xmlHttp = new XMLHttpRequest();
    }
}
function startRequest() {
    createXMLHttpRequest();
    xmlHttp.onreadystatechange = handleStateChange;
    xmlHttp.open("get","check.jsp?name=" + form_team.elements["teamname"].value,true);
    xmlHttp.send(null);
}
function handleStateChange() {
    if(xmlHttp.readyState == 4) {
```

```
            if(xmlHttp.status == 200) {
                document.getElementById("nameCheck").innerHTML = xmlHttp.responseText;
            }
        }
        }
        </script>
        </head>
        <body>
        <h1 align="center">增加小组</h1>
        <form  name="form_team"    action="addsuccess.jsp" method="post">
        <p>组名：<input type="text" name="teamname" onblur="startRequest()"><div id=
        "nameCheck"> </div>
        <p>口号：<input type="text" name="slogan">
        <p>组长：<input type="text" name="leader">
        <p><input type="submit" value="确定">
        <input type="reset" value="重填">
        </form>
        </body>
</html>
```

9.2.6 服务器端的程序

check.jsp 的代码如下：

```
<%@ page language="java" contentType="text/html; charset=utf-8" import="java.io.*" pageEncoding
="utf-8"%>
<!DOCTYPE html PUBLIC "-//W3C//DTD HTML 4.01
Transitional//EN""http://www.w3.org/TR/ html4/loose.dtd">
<html>
        <head>
            <meta http-equiv="Content-Type" content="text/html; charset=utf-8">
            <title>增加小组</title>
        </head>
        <body>
        <%
        PrintWriter outStream = response.getWriter();
        String name = request.getParameter("name");
        if(name.equals("admin")){
        outStream.write("fail");
        }else{
        outStream.write("success");
```

```
        }
        out.flush();
        %>
        </body>
    </html>
```

运行 addTeam.jsp，当输入的组名不是“admin”时，在页面中提示“success”，如图 9-4 所示；当输入的组名是“admin”时，在页面中提示“fail”，如图 9-5 所示。

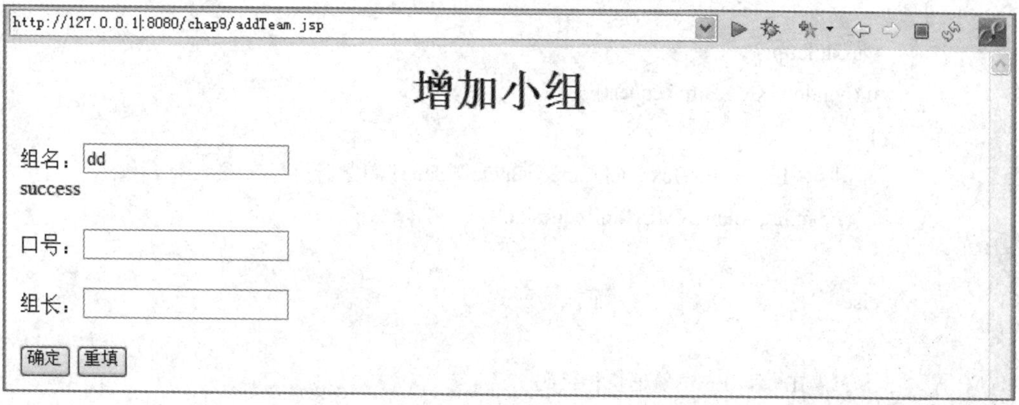

http://127.0.0.1:8080/chap9/addTeam.jsp

增加小组

组名：dd
success

口号：

组长：

确定 重填

图 9-4　“增加小组”页面一

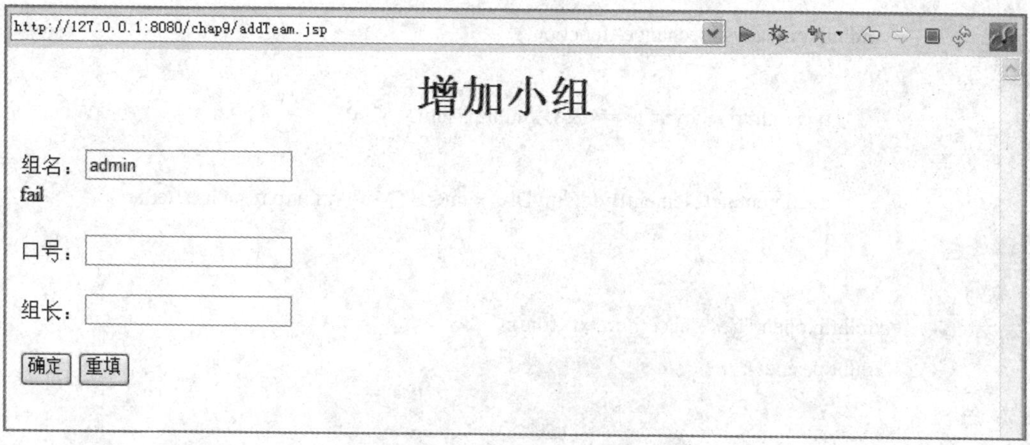

http://127.0.0.1:8080/chap9/addTeam.jsp

增加小组

组名：admin
fail

口号：

组长：

确定 重填

图 9-5　“增加小组”页面二

读者可以尝试实现组名放在数据库的情况。

9.3　用 AJAX 加载文本文件实例

【例 9-3】 编程实现使用 AJAX 加载来自 txt 文件的信息。

ajaxtext.jsp 的代码如下：

```
<%@ page language="java" contentType="text/html; charset=utf-8"
    pageEncoding="utf-8"%>
```

```
<!DOCTYPE html PUBLIC "-//W3C//DTD HTML 4.01 Transitional//EN""http://www.w3.org/TR/
html4/loose.dtd">
<html>
    <head>
        <meta charset="utf-8">
<script>
function loadXMLDoc()
{
    var xmlhttp;
    if (window.XMLHttpRequest)
    {
        //  IE7+、Firefox、Chrome、Opera、Safari 浏览器执行代码
        xmlhttp=new XMLHttpRequest();
    }
    else
    {
        // IE5 和 IE6 浏览器执行代码
        xmlhttp=new ActiveXObject("Microsoft.XMLHTTP");
    }
    xmlhttp.onreadystatechange=function()
    {
        if (xmlhttp.readyState==4 && xmlhttp.status==200)
        {
        document.getElementById("myDiv").innerHTML=xmlhttp.responseText;
        }
    }
    xmlhttp.open("get","ajax_info.txt",true);
    xmlhttp.send();
    }
    </script>
    </head>
    <body>
    <div id="myDiv"><h2>使用 AJAX 修改该文本内容</h2></div>
    <button type="button" onclick="loadXMLDoc()">修改内容</button>
    </body>
</html>
```

运行 ajaxtext.jsp，结果如图 9-6 所示。

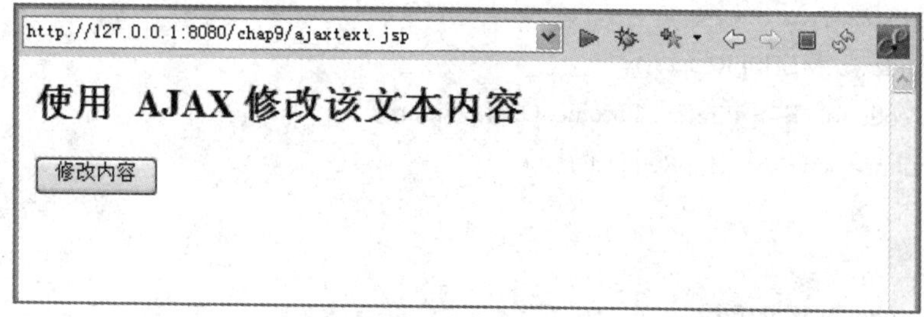

图 9-6　ajaxtext.jsp 的运行结果

在图 9-6 所示的页面中点击“修改内容”按钮，显示效果如图 9-7 所示。

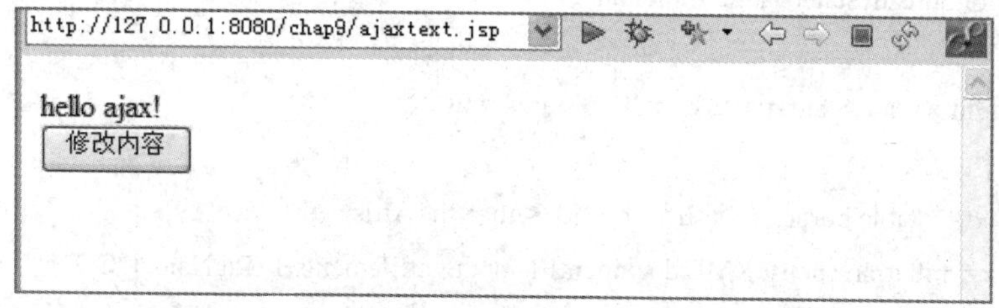

图 9-7　点击“修改内容”按钮后的显示效果

ajax_info.txt 的内容如图 9-8 所示。

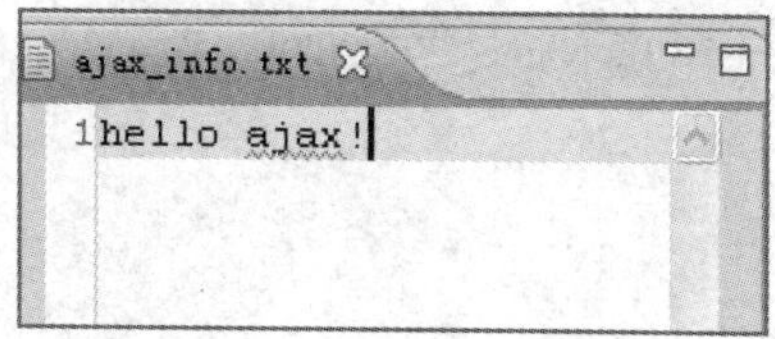

图 9-8　ajax_info.txt 的内容

9.4　用 AJAX 加载 XML 文件实例

【例 9-4】 编程实现使用 AJAX 读取来自 XML 文件(note.xml)的信息。

ajaxxml.jsp 的代码如下：

```
<%@ page language="java" contentType="text/html; charset=utf-8"
    pageEncoding="utf-8"%>
<!DOCTYPE html PUBLIC "-//W3C//DTD HTML 4.01
Transitional//EN" "http://www.w3.org/ TR/html4/loose.dtd">
<html>
    <head>
<script type="text/javascript">
function loadXMLDoc(url)
{
var xmlhttp;
```

```
var txt,x,xx,i;
if (window.XMLHttpRequest)
  {// code for IE7+, Firefox, Chrome, Opera, Safari
  xmlhttp=new XMLHttpRequest();
  }
else
  {// code for IE5, IE6
  xmlhttp=new ActiveXObject("Microsoft.XMLHTTP");
  }
xmlhttp.onreadystatechange=function()
  {
if (xmlhttp.readyState==4 && xmlhttp.status==200)
    {
    txt="<table border='1'><tr><th>Title</th><th>Artist</th></tr>";
    x=xmlhttp.responseXML.documentElement.getElementsByTagName("CD");
for (i=0;i<x.length;i++)
      {
      txt=txt + "<tr>";
      xx=x[i].getElementsByTagName("TITLE");
        {
try
          {
          txt=txt + "<td>" + xx[0].firstChild.nodeValue + "</td>";
          }
catch (er)
          {
          txt=txt + "<td></td>";
          }
        }
      xx=x[i].getElementsByTagName("ARTIST");
        {
try
          {
          txt=txt + "<td>" + xx[0].firstChild.nodeValue + "</td>";
          }
catch (er)
          {
          txt=txt + "<td></td>";
          }
```

```
            }
          txt=txt + "</tr>";
          }
        txt=txt + "</table>";
        document.getElementById('txtCDInfo').innerHTML=txt;
        }
      }
      xmlhttp.open("get",url,true);
      xmlhttp.send();
      }
      </script>
      </head>
      <body>
      <div id="txtCDInfo">
      <button onclick="loadXMLDoc('note.xml')">获得  CD  信息</button>
      </div>
      </body>
    </html>
```

note.xml 的代码如下：

```
<?xml version="1.0" encoding="utf-8"?>
<!--   Edited with XML Spy v2007 (http://www.altova.com)   -->
<CATALOG>
<CD>
<TITLE>Empire Burlesque</TITLE>
<ARTIST>Bob Dylan</ARTIST>
<COUNTRY>USA</COUNTRY>
<COMPANY>Columbia</COMPANY>
<PRICE>10.90</PRICE>
<YEAR>1985</YEAR>
</CD>
<CD>
<TITLE>Hide your heart</TITLE>
<ARTIST>Bonnie Tyler</ARTIST>
<COUNTRY>UK</COUNTRY>
<COMPANY>CBS Records</COMPANY>
<PRICE>9.90</PRICE>
<YEAR>1988</YEAR>
</CD>
<CD>
```

```
<TITLE>Greatest Hits</TITLE>
<ARTIST>Dolly Parton</ARTIST>
<COUNTRY>USA</COUNTRY>
<COMPANY>RCA</COMPANY>
<PRICE>9.90</PRICE>
<YEAR>1982</YEAR>
</CD>
<CD>
<TITLE>Still got the blues</TITLE>
<ARTIST>GaryMoore</ARTIST>
<COUNTRY>UK</COUNTRY>
<COMPANY>Virgin records</COMPANY>
<PRICE>10.20</PRICE>
<YEAR>1990</YEAR>
</CD>
<CD>
<TITLE>Eros</TITLE>
<ARTIST>Eros Ramazzotti</ARTIST>
<COUNTRY>EU</COUNTRY>
<COMPANY>BMG</COMPANY>
<PRICE>9.90</PRICE>
<YEAR>1997</YEAR>
</CD>
<CD>
<TITLE>One night only</TITLE>
<ARTIST>Bee Gees</ARTIST>
<COUNTRY>UK</COUNTRY>
<COMPANY>Polydor</COMPANY>
<PRICE>10.90</PRICE>
<YEAR>1998</YEAR>
</CD>
<CD>
<TITLE>Sylvias Mother</TITLE>
<ARTIST>Dr.Hook</ARTIST>
<COUNTRY>UK</COUNTRY>
<COMPANY>CBS</COMPANY>
<PRICE>8.10</PRICE>
<YEAR>1973</YEAR>
</CD>
```

```
<CD>
<TITLE>Maggie May</TITLE>
<ARTIST>Rod Stewart</ARTIST>
<COUNTRY>UK</COUNTRY>
<COMPANY>Pickwick</COMPANY>
<PRICE>8.50</PRICE>
<YEAR>1990</YEAR>
</CD>
<CD>
<TITLE>Romanza</TITLE>
<ARTIST>Andrea Bocelli</ARTIST>
<COUNTRY>EU</COUNTRY>
<COMPANY>Polydor</COMPANY>
<PRICE>10.80</PRICE>
<YEAR>1996</YEAR>
</CD>
</CATALOG>
```

运行 ajaxxml.jsp，结果如图 9-9 所示。

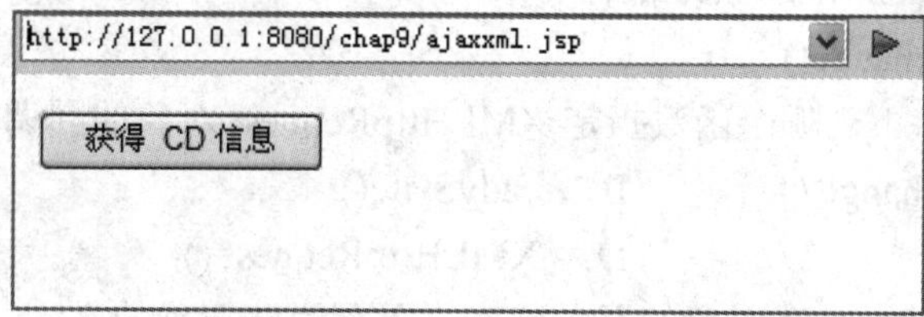

图 9-9　ajaxxml.jsp 的运行结果

点击“获得 CD 信息”按钮，页面运行结果如图 9-10 所示。

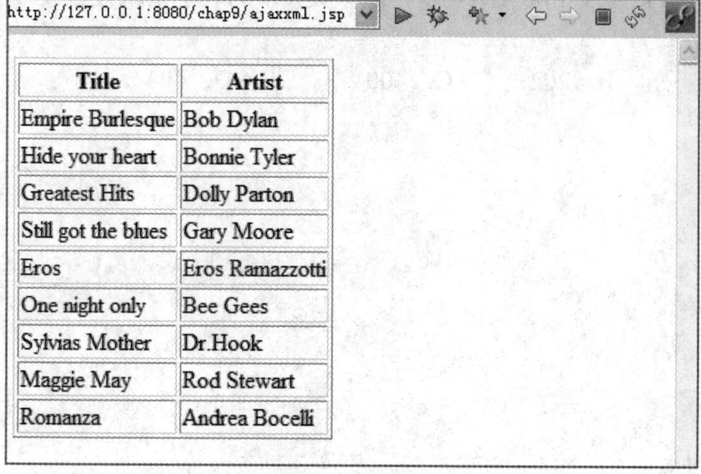

Title	Artist
Empire Burlesque	Bob Dylan
Hide your heart	Bonnie Tyler
Greatest Hits	Dolly Parton
Still got the blues	Gary Moore
Eros	Eros Ramazzotti
One night only	Bee Gees
Sylvias Mother	Dr.Hook
Maggie May	Rod Stewart
Romanza	Andrea Bocelli

图 9-10　页面运行结果

本章小结

本章介绍了 AJAX 技术的相关知识。首先介绍了 AJAX 的基本概念、工作原理，然后通过实例重点介绍了编写 AJAX 程序的过程，最后介绍了使用 AJAX 加载 txt 和 XML 文件实例。通过本章学习希望读者能了解 AJAX 工作原理与程序的编写过程。

习　题

1．简述 AJAX 的工作原理。

2．下面(　　)技术不是 AJAX 的常用技术。

A．JavaScript　　B．XML　　C．CSS　　D．JUnit

3．下面(　　)不是 XmlHttpRequest 对象的方法名。

A．opent　　B．send　　C．readyState　　D．responseText

4．在 AJAX 中，下列哪个函数用于建立服务器的连接？

A．send(content)

B．open(method,URL,async)

C．setRequestHeader(header,value)

D．Onreadystatechange()

5．在 AJAX 中，下列哪个函数指定 XMLHttpRequest 对象的回调函数？

A．onreadystatechange ()　　B．readyState()

C．redirectHttp()　　D． XMLHttpRequest ()

6．对于 XmlHttpRequest 对象的五种状态，下列说法正确的是(　　)。

A．1 表示新创建　　B．2 表示初始化

C．3 表示发送数据完毕　　D．4 表示接收结果完毕

7．不同的 HTTP 请求相应代码表示不同意义，下面表示请求被接收，但处理未完成的是(　　)。

A．200　　B．202　　C．400　　D．404

第 10 章

EL 与 JSTL

在 JSP 中为了实现动态内容，需要编写很多 Java 代码，但是使用太多的 Java 代码，会降低 JSP 页面的可读性。为了解决这个问题，就出现了 EL——表达式语言。

在 JSP 以及 JavaBean 中，当网页使用循环或者使用对象方法连接数据库时，都不可避免地需要使用到 JSP 的脚本编制元素，其中嵌有大量的 java 代码。现在开发者想尽可能避免使用 JSP 的脚本编制元素，进一步将应用程序的显示层和业务层完全分离，使之更加有利于应用程序的分工协作。为此，JSP 开发者指定了 JSTL，提供了一组统一的通用的自定义标签文件，并将这些文件组合在一起，形成了 JSP 标准标签库，即 JSTL。

10.1　EL 概述

10.1.1　EL 简介

JSP 表达式语言(EL)使得访问存储在 JavaBean 中的数据变得非常简单。JSP EL 既可以用来创建算术表达式，也可以用来创建逻辑表达式。在 JSP EL 表达式内可以使用整型数、浮点数、字符串、常量 true 和 false，还有 null。

10.1.2　EL 语法

当用户需要在 JSP 标签中指定一个属性值时，只需要简单地使用字符串即可：

```
<jsp:setProperty name="box" property="perimeter" value="100"/>
```

JSP EL 允许用户指定一个表达式来表示属性值。一个简单的表达式语法格式如下：

```
${expr}
```

其中，expr 指的是表达式。在 JSP EL 中通用的操作符是“.”和“{}”。这两个操作符允许用户通过内嵌的 JSP 对象访问各种各样的 JavaBean 属性。

举例来说，上面的<jsp:setProperty>标签可以使用表达式语言改写成如下形式：

```
<jsp:setProperty name="box" property="perimeter"
                 value="${2*box.width+2*box.height}"/>
```

当 JSP 编译器在属性中见到"${}"格式后，它会产生代码来计算这个表达式，并且产生一个替代品来代替表达式的值。

用户也可以在标签的模板文本中使用表达式语言。比如<jsp:text>标签简单地将其主体中的文本插入到 JSP 输出中，代码如下：

```
<jsp:text>
<h1>Hello JSP!</h1>
</jsp:text>
```

现在，在<jsp:text>标签主体中使用表达式，代码如下：

```
<jsp:text>
Box Perimeter is: ${2*box.width + 2*box.height}
</jsp:text>
```

在 EL 表达式中可以使用圆括号来组织子表达式，比如${(1 + 2) * 3}等于 9，但是${1 + (2 * 3)}等于 7。

想要停用对 EL 表达式的评估，需要使用 page 指令将 isELIgnored 属性值设为 true，代码如下：

```
<%@ page isELIgnored ="true|false" %>
```

这样，EL 表达式就会被忽略。若设为 false，则容器将会计算 EL 表达式。

10.1.3 EL 中的基础操作符

EL 表达式支持大部分 Java 所提供的算术和逻辑操作符，EL 中的基础操作符如表 10-1 所示。

表 10-1 EL 中的基础操作符

操作符	描 述	操作符	描 述
.	访问一个 Bean 属性或者一个映射条目	!= 或 ne	测试是否不等
[]	访问一个数组或者链表的元素	< 或 lt	测试是否小于
( )	组织一个子表达式以改变优先级	> 或 gt	测试是否大于
+	加	<= 或 le	测试是否小于等于
–	减或负	>= 或 ge	测试是否大于等于
*	乘	&& 或 and	测试逻辑与
/ 或 div	除	|| 或 or	测试逻辑或
% 或 mod	取模	! 或 not	测试取反
== 或 eq	测试是否相等	empty	测试是否空值

10.1.4 EL 中的函数

JSP EL 允许用户在表达式中使用函数。这些函数必须被定义在自定义标签库中。函数的使用语法格式如下：

```
${ns:func(param1, param2, ...)}
```

其中，ns 指的是命名空间(namespace)，func 指的是函数的名称，param1 指的是第一个参数，param2 指的是第二个参数，以此类推。比如，有函数 fn:length，在 JSTL 库中定义，获取一个字符串长度的代码如下：

```
${fn:length("Get my length")}
```

要使用任何标签库中的函数，用户需要将这些库安装在服务器中，然后使用<taglib>标签在 JSP 程序文件中包含这些库。

10.1.5　EL 隐含对象

JSP EL 支持表 10-2 列出的隐含对象。

表 10-2　EL 隐含对象

隐含对象	描　　述	隐含对象	描　　述
pageScope	page 作用域	header	HTTP 信息头，字符串
requestScope	request 作用域	headerValues	HTTP 信息头，字符串集合
sessionScope	session 作用域	initParam	上下文初始化参数
applicationScope	application 作用域	cookie	Cookie 值
param	Request 对象的参数，字符串	pageContext	当前页面的 pageContext
paramValues	Request 对象的参数，字符串集合		

为了更好地理解表 10-2 中的几个概念，举例说明如下。

1．pageContext 对象

pageContext 对象可以访问 JSP 中 pageContext 对象。通过 pageContext 对象，用户可以访问 request 对象。比如，访问 request 对象传入的查询字符串，代码如下：

```
${pageContext.request.queryString}
```

Scope 对象

pageScope、requestScope、sessionScope、applicationScope 变量用来访问存储在各个作用域层次的变量。

例如，如果用户需要显式访问在 applicationScope 层的 box 变量，代码如下：

applicationScope.box。

2．param 和 paramValues 对象

param 和 paramValues 对象用来访问参数值，通过使用 request.getParameter 方法和 request.getParameterValues 方法。

例如，访问一个名为 order 的参数，可以使用表达式${param.order}或者${param["order"]}。

访问 request 中的 username 参数，代码如下：

```
<%@ page import="java.io.*,java.util.*" %>
<%
    String title = "Accessing Request Param";
%>
```

```
<html>
    <head>
        <title><% out.print(title); %></title>
    </head>
    <body>
    <center>
    <h1><% out.print(title); %></h1>
    </center>
    <div align="center">
    <p>${param["username"]}</p>
    </div>
    </body>
</html>
```

param 对象返回单一的字符串，而 paramValues 对象则返回一个字符串数组。

3．header 和 headerValues 对象

header 和 headerValues 对象用来访问信息头，通过使用 request.getHeader 方法和 request.getHeaders 方法。

例如，要访问一个名为 user-agent 的信息头，可以使用表达式${header.user-agent}或者${header["user-agent"]}。

【例 10-1】 访问 user-agent 信息。

程序代码如下：

```
<%@ page import="java.io.*,java.util.*" %>
<%
    String title = "User Agent Example";
%>
<html>
    <head>
        <title><% out.print(title); %></title>
    </head>
    <body>
    <center>
    <h1><% out.print(title); %></h1>
    </center>
    <div align="center">
    <p>${header["user-agent"]}</p>
    </div>
    </body>
</html>
```

程序运行结果如图 10-1 所示。

User Agent Example

Mozilla/4.0 (compatible; MSIE 8.0; Windows NT 6.1; WOW64; Trident/4.0; SLCC2; .NET CLR 2.0.50727; .NET CLR 3.5.30729; .NET CLR 3.0.30729; Media Center PC 6.0; HPNTDF; .NET4.0C; InfoPath.2)

图 10-1　访问 user-agent 信息

header 对象返回单一值，而 headerValues 对象返回一个字符串数组。

10.2　JSTL 概述

10.2.1　JSTL 的功能和组成

JSP 标准标签库(JSTL)是一个 JSP 标签集合，它封装了 JSP 应用的通用核心功能。JSTL 支持通用的、结构化的任务，如迭代、条件判断、XML 文档操作、国际化标签、SQL 标签等。除了这些，它还提供了一个框架来使用集成 JSTL 的自定义标签。

根据 JSTL 标签所提供的功能，可以将其分为以下五个类别：

(1) 核心标签。

(2) 格式化标签。

(3) SQL 标签。

(4) XML 标签。

(5) JSTL 函数。

由于 JSTL 是在 JSP 1.2 规范中定义的，所以 JSTL 需要运行在支持 JSP 1.2 及其更高版本的 Web 容器上。

1. JSTL 的逻辑组成

为方便用户使用，JSP 规范中描述了 JSTL 的各个标签库的 URI 地址和建议使用的前缀名。本章中在使用 JSTL 标签时，使用的都是这些建议的前缀。JSTL 标签库如表 10-3 所示。

表 10-3　JSTL 标签库

标签库功能描述	标签库的 URI	建议前缀
核心标签库	http://java.sun.com/jsp/jstl/core	c
XML 标签库	http://java.sun.com/jsp/jstl/xml	x
国际化/格式化标签	http://java.sun.com/jsp/jstl/fmt	fmt
数据库标签库	http://java.sun.com/jsp/jstl/sql	sql
EL 自定义函数	http://java.sun.com/jsp/jstl/functions	fn

下面对 JSTL 的各个标签库进行简单的介绍：

(1) 核心标签库中包含实现 Web 应用中通用操作的标签。例如，用于输出一个变量内容的<c:out>标签、用于条件判断的<c:if>标签以及用于迭代循环的<c:forEach>标签。

(2) 国际化/格式化标签库中包含实现 Web 应用程序的国际化标签。例如，设置 JSP 页面的本地信息，设置 JSP 页面的时区，绑定资源文件，使本地敏感的数据(如数值、日期等)按照 JSP 页面中设置的本地格式显示。

(3) 数据库标签库中包含用于访问数据库和对数据库中的数据进行操作的标签。例如，从数据源中获得数据库连接，从数据库表中检索数据等。由于在软件分层的开发模型中，JSP 页面仅作为表现层，因此一般不在 JSP 页面中直接操作数据库，而是在业务逻辑层或数据访问层操作数据库，所以，JSTL 中提供的这套数据库标签库没有多大的实用价值。

(4) XML 标签库中包含对 XML 文档中的数据进行操作的标签。例如，解析 XML 文档、输出 XML 文档中的内容以及迭代处理 XML 文档中的元素。因为 XML 广泛应用于 Web 开发，所以对 XML 文档的处理非常重要，XML 标签库使处理 XML 文档变得简单方便，这也是 JSTL 的一个重要特征。

(5) JSTL 中提供的一套 EL 自定义函数，包含了 JSP 页面制作者经常要用到的字符串操作。例如，提取字符串中的子字符串、获取字符串的长度和处理字符串中的空格等。

2．JSTL 的物理组成

完整的 JSTL 应包含 Sun 公司提供的 jstl.jar 包和 Web 容器生产商提供的 JSTL 实现包，以 Apache Jakarta 小组提供的 JSTL 实现包为例，完整的 JSTL 包含 jstl.jar、standard.jar 和 xalan.jar 三个 jar 包。Sun 公司提供的 jstl.jar 包封装了 JSTL 所要求的一些 API 接口和类，Apache Jakarta 小组编写的 JSTL API 将类封装在 standard.jar 包中。由于 JDK 在 JDK 1.5 版本中才引入了 XPath API，而 Apache Jakarta 小组开发的 JSTL API 是在 JDK1.5 之前推出的，所以 Apache Jakarta 小组在 JSTL 中使用的是他们自己开发的 XPath API，这些 API 封装在 xalan.jar 包中。standard.jar 包中包括核心标签库、国际化/格式化标签库、数据库标签库中的标签和标准的 EL 自定义函数的实现类，xalan.jar 包中包括 JSTL 解析 XPath 的相关 API 类。

10.2.2 安装和测试 JSTL

Apache Tomcat 安装 JSTL 的步骤如下：

(1) 从 Apache 的标准标签库中下载压缩包(jakarta-taglibs-standard-current.zip)。

① 官方下载地址为“http://archive.apache.org/dist/jakarta/taglibs/standard/binaries/”。

② 本站下载地址为“jakarta-taglibs-standard-1.1.2.zip”。

下载 jakarta-taglibs-standard-1.1.2.zip 压缩包并解压，将 jakarta-taglibs-standard-1.1.2/lib/下的两个 jar 文件，即 standard.jar 和 jstl.jar 文件拷贝到/WEB-INF/lib/下。

(2) 接下来我们在 web.xml 文件中添加以下配置：

```
<?xml version="1.0" encoding=" utf-8"?>
<web-app version="2.5"
    xmlns="http://java.sun.com/xml/ns/javaee"
    xmlns:xsi="http://www.w3.org/2001/XMLSchema-instance"
    xsi:schemaLocation="http://java.sun.com/xml/ns/javaee
    http://java.sun.com/xml/ns/javaee/web-app_2_5.xsd">
<welcome-file-list>
<welcome-file>index.jsp</welcome-file>
</welcome-file-list>
```

```
<jsp-config>
<taglib>
<taglib-uri>http://java.sun.com/jstl/fmt</taglib-uri>
<taglib-location>/WEB-INF/fmt.tld</taglib-location>
</taglib>
<taglib>
<taglib-uri>http://java.sun.com/jstl/fmt-rt</taglib-uri>
<taglib-location>/WEB-INF/fmt-rt.tld</taglib-location>
</taglib>
<taglib>
<taglib-uri>http://java.sun.com/jstl/core</taglib-uri>
<taglib-location>/WEB-INF/c.tld</taglib-location>
</taglib>
<taglib>
<taglib-uri>http://java.sun.com/jstl/core-rt</taglib-uri>
<taglib-location>/WEB-INF/c-rt.tld</taglib-location>
</taglib>
<taglib>
<taglib-uri>http://java.sun.com/jstl/sql</taglib-uri>
<taglib-location>/WEB-INF/sql.tld</taglib-location>
</taglib>
<taglib>
<taglib-uri>http://java.sun.com/jstl/sql-rt</taglib-uri>
<taglib-location>/WEB-INF/sql-rt.tld</taglib-location>
</taglib>
<taglib>
<taglib-uri>http://java.sun.com/jstl/x</taglib-uri>
<taglib-location>/WEB-INF/x.tld</taglib-location>
</taglib>
<taglib>
<taglib-uri>http://java.sun.com/jstl/x-rt</taglib-uri>
<taglib-location>/WEB-INF/x-rt.tld</taglib-location>
</taglib>
</jsp-config>
</web-app>
```

【例 10-2】 编写一个包含 JSTL 标签的简单 JSP 文件 test.jsp，实现在页面输出“hello world!”。

test.jsp 的代码如下：

```
<%@ page language="java" contentType="text/html; charset=utf-8"
```

```
pageEncoding="utf-8"%>
<%@ taglib uri="http://java.sun.com/jsp/jstl/core" prefix="c" %>
<!DOCTYPE HTML PUBLIC "-//W3C//DTD HTML 4.01 Transitional//EN">
<html>
        <head>
                <title>JSTL</title>
        </head>
        <body>
        <c:out value="helloworld!"/>
        </body>
</html>
```

test.jsp 的运行结果如图 10-2 所示。

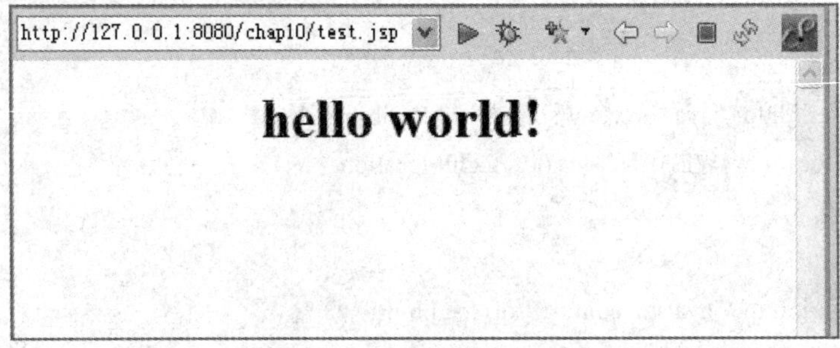

图 10-2 test.jsp 的运行结果

在 JSP 文件中使用 JSTL，要先使用 taglib 指令导入需要使用的 JSTL 标签库。taglib 指令的 uri 属性必须为相应标签库的 TLD 文件中的<uri>元素的值。taglib 指令的 prefix 属性可以自己随意指定。

以上的 test.jsp 页面中的<c:out>标签用于向浏览器输出文本内容，它属于 JSTL 的核心标签库中的标签。由于在 test.jsp 文件中只使用了 JSTL 的核心标签库中的标签，所以，只需要使用一条 taglib 指令导入 JSTL 的核心标签库，而不必使用多条 taglib 指令导入 JSTL 的所有标签库。

启动 Tomcat 后，在浏览器地址栏中输入 test.jsp 页面的地址进行访问，如果浏览器中显示出了“hello world!”，说明 JSTL 安装成功。

10.3 核心标签库

JSTL 核心标签库包含了一组用于实现 Web 应用中的通用操作的标签，JSP 规范为核心标签库建议的前缀名是 c。

10.3.1 <c:out>标签

<c:out>标签用来显示一个表达式的结果，与<%=...%>作用相似，它们的区别就是<c:out>标签可以直接通过“.”操作符来访问属性。

例如，如果想要访问 customer.address.street，则代码如下：

```
<c:out value="customer.address.street">
```

<c:out>标签会自动忽略 XML 标记字符，所以它们不会被作为标签来处理。

1．语法格式

<c:out>标签语法格式如下：

```
<c:out value="<string>" default="<string>" escapeXml="<true|false>"/>
```

2．属性

<c:out>标签属性如表 10-4 所示。

表 10-4　<c:out>标签属性

属　性	描　述	是否必要	默认值
value	要输出的内容	是	无
default	输出的默认值	否	主体中的内容
escapeXml	是否忽略 XML 特殊字符	否	true

【例 10-3】 编写一个 JSP 文件 cout.jsp，实现在页面输出字符串。

cout.jsp 的代码如下：

```
<%@ page language="java" contentType="text/html; charset=utf-8" pageEncoding="utf-8"%>
<%@ taglib uri="http://java.sun.com/jsp/jstl/core" prefix="c" %>
<!DOCTYPE HTML PUBLIC "-//W3C//DTD HTML 4.01 Transitional//EN">
<html>
    <head>
        <title>JSTL</title>
    </head>
    <body>
    <h1 align="center"><c:out value="你好"/></h1>
    <h2 align="center"><c:out value="你好"/></h2>
    <h3 align="center"><c:out value="你好"/></h3>
    </body>
</html>
```

cout.jsp 的运行结果如图 10-3 所示。

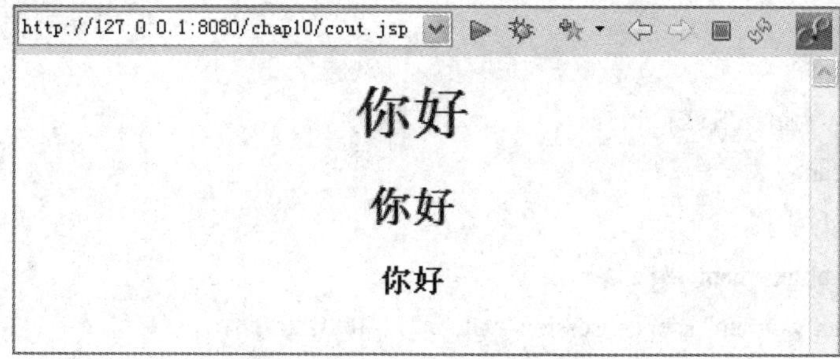

图 10-3　cout.jsp 的运行结果

10.3.2 <c:set>标签

<c:set>标签用于设置变量值和对象属性。<c:set>标签就是<jsp:setProperty>标签的“孪生兄弟”。这个标签之所以很有用，是因为它可以计算表达式的值，然后使用计算结果来设置 JavaBean 对象或 java.util.Map 对象的值。

1. 语法格式

<c:set>标签语法格式如下：

```
<c:set
var="<string>"
value="<string>"
target="<string>"
property="<string>"
scope="<string>"/>
```

2. 属性

<c:set>标签属性如表 10-5 所示。

表 10-5 <c:set>标签属性

属　性	描　述	是否必要	默认值
value	要存储的值	否	主体的内容
target	要修改的属性所属的对象	否	无
property	要修改的属性	否	无
var	存储信息的变量	否	无
scope	var 属性的作用域	否	page

【例 10-4】 编写一个 JSP 文件 cset.jsp，实现使用<c:set>标签设置某个 Web 域中的属性的值。

cset.jsp 的代码如下：

```
<%@ page language="java" contentType="text/html; charset=utf-8"
pageEncoding="utf-8"%>
<%@ taglib uri="http://java.sun.com/jsp/jstl/core" prefix="c" %>
<!DOCTYPE HTML PUBLIC "-//W3C//DTD HTML 4.01 Transitional//EN">
<html>
    <head>
        <title>JSTL</title>
    </head>
    <body>
    <h1 align="center">
    <c:set var="no" scope="session" value="${4000}"/>
    <c:out value="${no}"/>
    </body>
```

```
</html>
```

cset.jsp 的运行结果如图 10-4 所示。

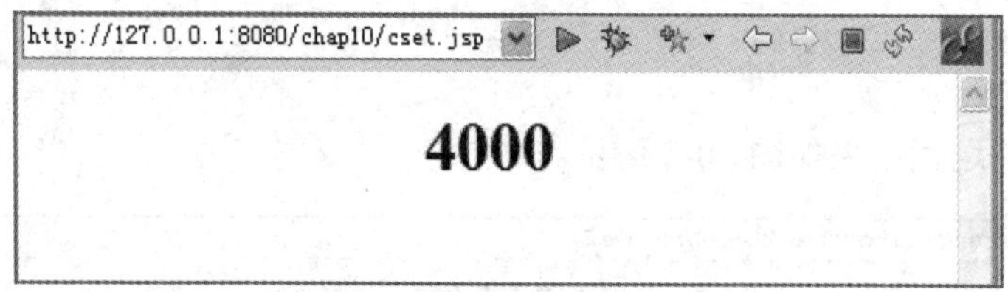

图 10-4　cset.jsp 的运行结果

10.3.3　<c:remove>标签

<c:remove>标签用于移除一个变量，可以指定这个变量的作用域；若未指定，则默认为变量第一次出现的作用域。这个标签不是特别有用，但可以用来确保 JSP 完成清理工作。

1．语法格式

<c:remove>标签语法格式如下：

```
<c:remove var="<string>" scope="<string>"/>
```

2．属性

<c:remove>标签属性如表 10-6 所示。

表 10-6　<c:remove>标签属性

属　性	描　述	是否必要	默认值
var	要移除的变量名称	是	无
scope	变量所属的作用域	否	所有作用域

【例 10-5】 编写一个 JSP 文件 remove.jsp，实现使用<c:set>标签设置某个 Web 域中的属性的值，使用<c:remove>标签移除 Web 域中的属性。

remove.jsp 的代码如下：

```
<%@ page language="java" contentType="text/html; charset=utf-8"
pageEncoding="utf-8"%>
<%@ taglib uri="http://java.sun.com/jsp/jstl/core" prefix="c" %>
<!DOCTYPE HTML PUBLIC "-//W3C//DTD HTML 4.01 Transitional//EN">
<html>
    <head>
        <title>JSTL</title>
    </head>
    <body>
    <h1 align="center">
    <c:set var="salary" scope="session" value="${2000*2}"/>
    <p>salary 变量值: <c:out value="${salary}"/></p>
    <c:remove var="salary"/>
```

```
        <p>删除 salary 变量后的值: <c:out value="${salary}"/></p>
        </h1>
        </body>
    </html>
```

remove.jsp 的运行结果如图 10-5 所示。

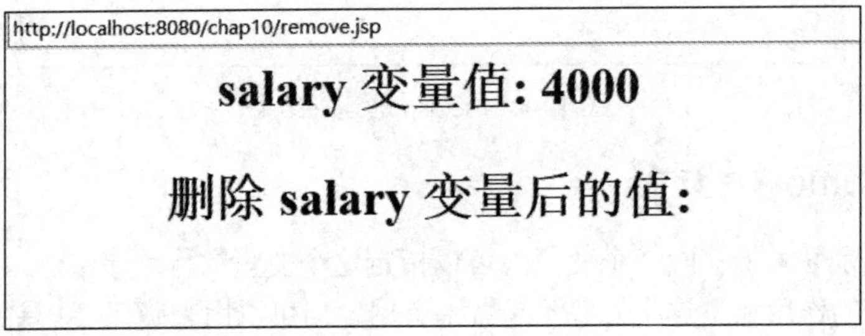

http://localhost:8080/chap10/remove.jsp

salary 变量值: 4000

删除 salary 变量后的值:

图 10-5 remove.jsp 的运行结果

从图 10-4 可以看出，变量已经被删除。

10.3.4 <c:catch>标签

<c:catch>标签主要用来处理产生错误的异常状况，并且将错误信息储存起来。

1．语法格式

<c:catch>标签语法格式如下：

```
<c:catch var="<string>">
  ⋮
</c:catch>
```

2．属性

<c:catch>标签属性如表 10-7 所示。

表 10-7 <c:catch>标签属性

属　性	描　述	是否必要	默认值
var	用来储存错误信息的变量	否	None

【例 10-6】 编写一个 JSP 文件 catch.jsp，实现使用<c:catch>标签进行异常捕获处理。

catch.jsp 的代码如下：

```
<%@ page language="java" contentType="text/html; charset=utf-8" pageEncoding="utf-8"%>
<%@ taglib uri="http://java.sun.com/jsp/jstl/core" prefix="c" %>
<!DOCTYPE HTML PUBLIC "-//W3C//DTD HTML 4.01 Transitional//EN">
<html>
    <head>
        <title>JSTL</title>
    </head>
```

```
        <body>
        <h1 align="center">
        <c:catch var ="catchException">
        <% int x =1/0;%>
        </c:catch>
        <c:if test = "${catchException != null}">
        <p>异常 : ${catchException} <br />
        发生异常: ${catchException.message}</p>
        </c:if>
        </h1>
        </body>
    </html>
```

catch.jsp 的运行结果如图 10-6 所示。

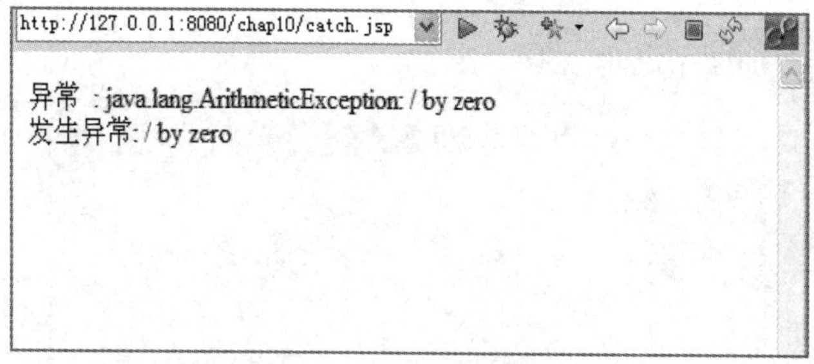

图 10-6　catch.jsp 的运行结果

10.3.5　<c:if>标签

<c:if>标签用于判断表达式的值，如果表达式的值为 true，则执行其主体内容。

1．语法格式

<c:if>标签语法格式如下：

```
<c:if test="<boolean>" var="<string>" scope="<string>">
  ⋮
</c:if>
```

2．属性

<c:if>标签属性如表 10-8 所示。

表 10-8　<c:if>标签属性

属　性	描　述	是否必要	默认值
test	条件	是	无
var	用于存储条件结果的变量	否	无
scope	var 属性的作用域	否	page

【例 10-7】 编写一个 JSP 文件 if.jsp，实现使用<c:if>标签进行条件判断。

if.jsp 的代码如下：

```
<%@ page language="java" contentType="text/html; charset=utf-8"
pageEncoding="utf-8"%>
<%@ taglib uri="http://java.sun.com/jsp/jstl/core" prefix="c" %>
<html>
    <head>
        <title>c:if 标签</title>
    </head>
    <body>
    <c:set var="score" scope="session" value="${80}"/>
    <c:if test="${score >60}">
    <p>我的成绩为: <c:out value="${score}"/><p>
    </c:if>
    </body>
</html>
```

if.jsp 的运行结果如图 10-7 所示。

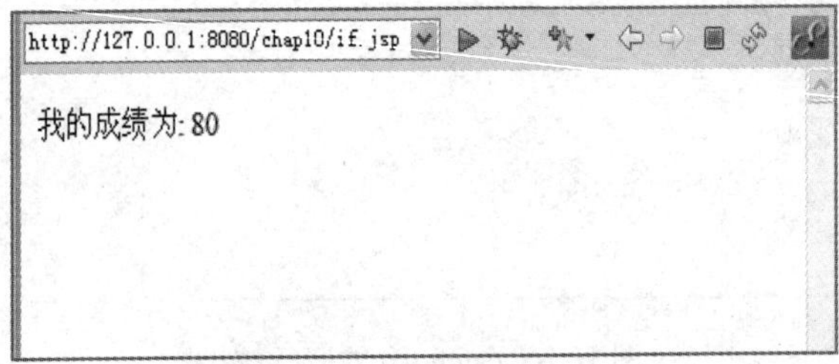

图 10-7　if.jsp 的运行结果

10.3.6　<c:choose>、<c:when>和<c:otherwise>标签

<c:choose>标签与 Java 的 switch 语句的功能一样，用于在众多选项中作出选择。switch 语句中有 case，而<c:choose>标签中对应有<c:when>；switch 语句中有 default，而<c:choose>标签中对应有<c:otherwise>。

1. 语法格式

标签语法格式如下：

```
<c:choose>
<c:when test="<boolean>">
    ⋮
</c:when>
<c:when test="<boolean>">
    ⋮
</c:when>
    ⋮
    ⋮
```

```
<c:otherwise>
    ⋮
</c:otherwise>
</c:choose>
```

2. 属性

(1) <c:choose>标签没有属性。

(2) <c:otherwise>标签没有属性。

(3) <c:when>标签只有一个属性如表 10-9 所示。

表 10-9 <c:when>标签属性

属 性	描 述	是否必要	默认值
test	条件	是	无

【例 10-8】 编写一个 JSP 文件 choose.jsp，实现使用<c:choose>和<c:when>标签进行多分支处理。

choose.jsp 的代码如下：

```
<%@ page language="java" contentType="text/html; charset=utf-8"
pageEncoding="utf-8"%>
<%@ taglib uri="http://java.sun.com/jsp/jstl/core" prefix="c" %>
<html>
    <head>
        <title>c:choose 标签</title>
    </head>
    <body>
    <c:set var="salary" scope="session" value="${1100}"/>
    <p>你的工资为 : <c:out value="${salary}"/></p>
    <c:choose>
    <c:when test="${salary <= 0}">
    工资太惨了。
    </c:when>
    <c:when test="${salary >1000}">
    工资不高，还能生活。
    </c:when>
    <c:otherwise>
    什么都没有。
    </c:otherwise>
    </c:choose>
    </body>
</html>
```

choose.jsp 的运行结果如图 10-8 所示。

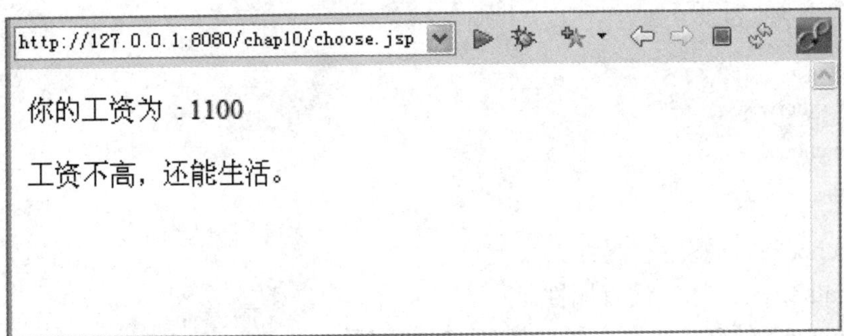

图 10-8　choose.jsp 的运行结果

10.3.7　<c:import>标签

<c:import>标签提供了所有<jsp:include>行为标签所具有的功能，同时也允许包含绝对URL。举例来说，使用<c:import>标签可以包含一个FTP服务器中不同的网页内容。

1．语法格式

<c:import>标签语法格式如下：

```
<c:import
url="<string>"
var="<string>"
scope="<string>"
varReader="<string>"
context="<string>"
charEncoding="<string>"/>
```

2．属性

<c:import>标签属性如表10-10所示。

表 10-10　<c:import>标签属性

属　性	描　　述	是否必要	默认值
url	待导入资源的URL，可以是相对路径和绝对路径，并且可以导入其他主机资源	是	无
context	当使用相对路径访问外部context资源时，context指定了这个资源的名字	否	当前应用程序
charEncoding	所引入的数据的字符编码集	否	iso8859-1
var	用于存储所引入的文本的变量	否	无
scope	var属性的作用域	否	page
varReader	可选的，用于提供java.io.Reader对象的变量	否	无

【例 10-9】 编写一个JSP文件import.jsp，实现使用<c:import>标签包含“http://www.chinadaily.com.cn”。

import.jsp 的代码如下：

```
<%@ page language="java" contentType="text/html; charset=utf-8"
pageEncoding="utf-8"%>
<%@ taglib uri="http://java.sun.com/jsp/jstl/core" prefix="c" %>
<html>
      <head>
            <title>c:import  标签</title>
      </head>
      <body>
      <c:import var="weburl" url="http://www.chinadaily.com.cn/"/>
      <c:out value="${weburl}"/>
      </body>
</html>
```

以上程序将会打印“http://www.chinadaily.com.cn”页面的源代码。

10.3.8　<c:forEach>和<c:forTokens>标签

<c:forEach>和<c:forTokens>标签封装了 Java 中的 for、while、do-while 循环。相比较而言，<c:forEach>标签是更加通用的标签，因为它迭代一个集合中的对象。<c:forTokens>标签通过指定分隔符将字符串分隔为一个数组，然后迭代它们。

1．语法格式

(1) <c:forEach>标签的语法格式如下：

```
<c:forEach
items="<object>"
begin="<int>"
end="<int>"
step="<int>"
var="<string>"
varStatus="<string>">
```

(2) <c:forTokens>标签的语法格式如下：

```
<c:forTokens
items="<string>"
delims="<string>"
begin="<int>"
end="<int>"
step="<int>"
var="<string>"
varStatus="<string>">
```

2．属性

(1) <c:forEach>标签属性如表 10-11 所示。

表 10-11　<c:forEach>标签属性

属　性	描　述	是否必要	默认值
begin	开始的元素(0=第一个元素，1=第二个元素)	否	0
end	最后一个元素(0=第一个元素，1=第二个元素)	否	Last element
step	每一次迭代的步长	否	1
var	代表当前条目的变量名称	否	无
varStatus	代表循环状态的变量名称	否	无

【例 10-10】 编写一个 JSP 文件 each.jsp，实现使用<c:forEach>标签在页面打印输出数字 1 至 5。

each.jsp 的代码如下：

```
<%@ page language="java" contentType="text/html; charset=utf-8"
pageEncoding="utf-8"%>
<%@ taglib uri="http://java.sun.com/jsp/jstl/core" prefix="c" %>
<html>
      <head>
            <title>c:forEach 标签</title>
      </head>
      <body>
      <c:forEach var="i" begin="1" end="5">
         Number <c:out value="${i}"/><p>
      </c:forEach>
      </body>
</html>
```

each.jsp 的运行结果如图 10-9 所示。

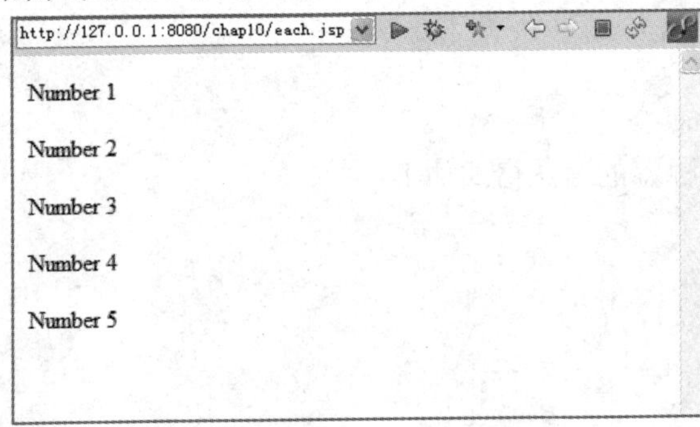

图 10-9　each.jsp 的运行结果

(2) <c:forTokens>标签与<c:forEach>标签有相似的属性，不过<c:forTokens>还有另一个属性，如表 10-12 所示。

表 10-12　<c:forTokens>标签属性

属　性	描　述	是否必要	默认值
delims	分隔符	是	无

【例 10-11】编写一个 JSP 文件 tokens.jsp，实现使用<c:forTokens>标签将字符串"baidu, jingdong, taobao, tianmao, sina"分隔为一个子串数组，然后迭代它们并在页面中打印输出。

tokens.jsp 的代码如下：

```
<%@ page language="java" contentType="text/html; charset=utf-8"
pageEncoding="utf-8"%>
<%@ taglib uri="http://java.sun.com/jsp/jstl/core" prefix="c" %>
<html>
    <head>
        <title>c:forTokens 标签</title>
    </head>
    <body>
    <c:forTokens items="baidu,jingdong,taobao,tianmao,sina" delims="," var="name">
    <c:out value="${name} "/><p>
    </c:forTokens>
    </body>
</html>
```

tokens.jsp 的运行结果如图 10-10 所示。

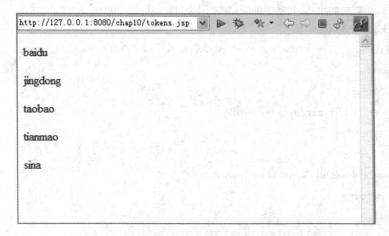

图 10-10　tokens.jsp 的运行结果

10.3.9　<c:param>标签

<c:param>标签用于在<c:url>标签中指定参数，而且与 URL 编码相关。在<c:param>标签内，name 属性表明参数的名称，value 属性表明参数的值。<c:param>标签属性如表 10-13 所示。

表 10-13　<c:param>标签属性

属　性	描　述	是否必要	默认值
name	URL 中要设置的参数的名称	是	无
value	参数的值	否	body

10.3.10 <c:redirect>标签

<c:redirect>标签通过自动重写 URL 将浏览器重定向至一个新的 URL，它提供内容相关的 URL，并且支持<c:param>标签。

1. 语法格式

<c:redirect>标签语法格式如下：

```
<c:redirect url="<string>" context="<string>"/>
```

2. 属性

<c:redirect>标签属性如表 10-14 所示。

表 10-14 <c:redirect>标签属性

属 性	描 述	是否必要	默认值
url	目标 URL	是	无
context	紧接着的一个本地网络应用程序的名称	否	当前应用程序

【例 10-12】 编写一个 JSP 文件 redirect.jsp，实现使用<c:redirect>标签重定向到"http://www.baidu.com"。

redirect.jsp 的代码如下：

```
<%@ page language="java" contentType="text/html; charset=utf-8"
pageEncoding="utf-8"%>
<%@ taglib uri="http://java.sun.com/jsp/jstl/core" prefix="c" %>
<html>
        <head>
                <title>c:redirect 标签</title>
        </head>
        <body>
        <c:redirect url="http://www.baidu.com"/>
        </body>
</html>
```

redirect.jsp 的运行结果如图 10-11 所示。

图 10-11 redirect.jsp 的运行结果

10.3.11　<c:url>标签

<c:url>标签将 URL 格式化为一个字符串，然后存储在一个变量中。这个标签在需要时会自动重写 URL。var 属性用于存储格式化后的 URL。

<c:url>标签只是用于调用 response.encodeURL()方法的一种可选的方法。它真正的优势在于提供了合适的 URL 编码，包括<c:param>标签中指定的参数。

1．语法格式

<c:url>标签语法格式如下：

```
<c:url
var="<string>"
scope="<string>"
value="<string>"
context="<string>"/>
```

2．属性

<c:url>标签属性如表 10-15 所示。

表 10-15　<c:url>标签属性

属　性	描　述	是否必要	默认值
value	基础 URL	是	无
context	本地网络应用程序的名称	否	当前应用程序
var	代表 URL 的变量名	否	Print to page
scope	var 属性的作用域	否	page

【例 10-13】 编写一个包含 JSTL 标签的简单 JSP 文件 url.jsp，实现使用<c:url>标签定向到"http://www.baidu.com"。

url.jsp 的代码如下：

```
<%@ page language="java" contentType="text/html; charset=utf-8"
pageEncoding="utf-8"%>
<%@ taglib uri="http://java.sun.com/jsp/jstl/core" prefix="c" %>
<html>
    <head>
        <title>c:url 标签</title>
    </head>
    <body>
    <h1>&lt;c:url&gt   Demo</h1>
    <a href="<c:url value="http://www.baidu.com"/>">
    链接通过&lt;c:url&gt; 标签生成。
    </a>
    </body>
</html>
```

url.jsp 的运行结果如图 10-12 所示。

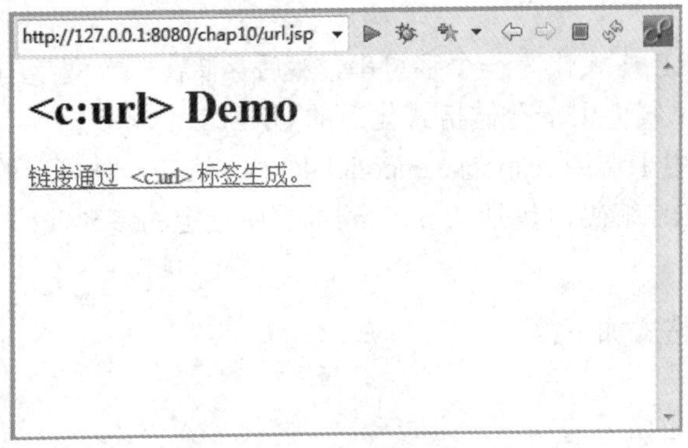

图 10-12　url.jsp 的运行结果

点击如图 10-11 所示的超链接，打开百度首页。

10.4　格式化标签

10.4.1　格式化标签简介

JSTL 格式化标签库中的标签用来格式化并输出文本、日期、时间和数字，如表 10-16 所示。引用格式化标签库的语法格式如下：

```
<%@ taglib prefix="fmt"    uri="http://java.sun.com/ jsp/jstl/fmt" %>
```

表 10-16　JSTL 格式化标签库

标　签	描　　述
<fmt:formatNumber>	使用指定的格式或精度格式化数字
<fmt:parseNumber>	解析一个代表着数字、货币或百分比的字符串
<fmt:formatDate>	使用指定的风格或模式格式化日期和时间
<fmt:parseDate>	解析一个代表着日期或时间的字符串
<fmt:bundle>	绑定资源
<fmt:setLocale>	指定地区
<fmt:setBundle>	绑定资源
<fmt:timeZone>	指定时区
<fmt:setTimeZone>	指定时区
<fmt:message>	显示资源配置文件信息
<fmt:requestEncoding>	设置 request 的字符编码

10.4.2　<fmt:formatNumber>标签

<fmt:formatNumber>标签用于格式化数字、百分比和货币。

1．语法格式

<fmt:formatNumber>标签格式如下：

```
<fmt:formatNumber
value="<string>"
type="<string>"
pattern="<string>"
currencyCode="<string>"
currencySymbol="<string>"
groupingUsed="<string>"
maxIntegerDigits="<string>"
minIntegerDigits="<string>"
maxFractionDigits="<string>"
minFractionDigits="<string>"
var="<string>"
scope="<string>"/>
```

2．属性

<fmt:formatNumber>标签属性如表 10-17 所示。

表 10-17 <fmt:formatNumber>标签属性

属 性	描 述	是否必要	默认值
value	要显示的数字	是	无
type	number、currency 或 percent 类型	否	number
pattern	指定一个自定义的格式化模式用于输出	否	无
currencyCode	货币码(当 type="currency"时)	否	取决于默认区域
currencySymbol	货币符号 (当 type="currency"时)	否	取决于默认区域
groupingUsed	是否对数字分组 (true 或 false)	否	true
maxIntegerDigits	整型数最大的位数	否	无
minIntegerDigits	整型数最小的位数	否	无
maxFractionDigits	小数点后最大的位数	否	无
minFractionDigits	小数点后最小的位数	否	无
var	存储格式化数字的变量	否	Print to page
scope	var 属性的作用域	否	page

【例 10-14】 编写一个包含 JSTL 标签的简单 JSP 文件 fmtNum.jsp，实现使用<fmt:formatNumber>标签对数字进行格式化。

fmtNum.jsp 的代码如下：

```
<%@ page language="java" contentType="text/html; charset=utf-8" pageEncoding="utf-8"%>
<%@ taglib prefix="c" uri="http://java.sun.com/jsp/jstl/core" %>
<%@ taglib prefix="fmt" uri="http://java.sun.com/jsp/jstl/fmt" %>
<html>
    <head>
        <title>JSTL fmt:formatNumber 标签</title>
```

```
    </head>
    <body>
    <h3>数字格式化:</h3>
    <c:set var="balance" value="120000.2309" />
    <p>格式化数字 (1): <fmt:formatNumber value="${balance}"
    type="currency"/></p>
    <p>格式化数字 (2): <fmt:formatNumber type="number"
    maxIntegerDigits="3" value="${balance}" /></p>
    <p>格式化数字 (3): <fmt:formatNumber type="number"
    maxFractionDigits="3" value="${balance}" /></p>
    <p>格式化数字 (4): <fmt:formatNumber type="number"
    groupingUsed="false" value="${balance}" /></p>
    <p>格式化数字 (5): <fmt:formatNumber type="percent"
    maxIntegerDigits="3" value="${balance}" /></p>
    <p>格式化数字 (6): <fmt:formatNumber type="percent"
    minFractionDigits="10" value="${balance}" /></p>
    <p>格式化数字 (7): <fmt:formatNumber type="percent"
    maxIntegerDigits="3" value="${balance}" /></p>
    <p>格式化数字 (8): <fmt:formatNumber type="number"
    pattern="###.###E0" value="${balance}" /></p>
    <p>美元:
    <fmt:setLocale value="en_US"/>
    <fmt:formatNumber value="${balance}" type="currency"/></p>
    </body>
</html>
```

fmtNum.jsp 的运行结果如图 10-13 所示。

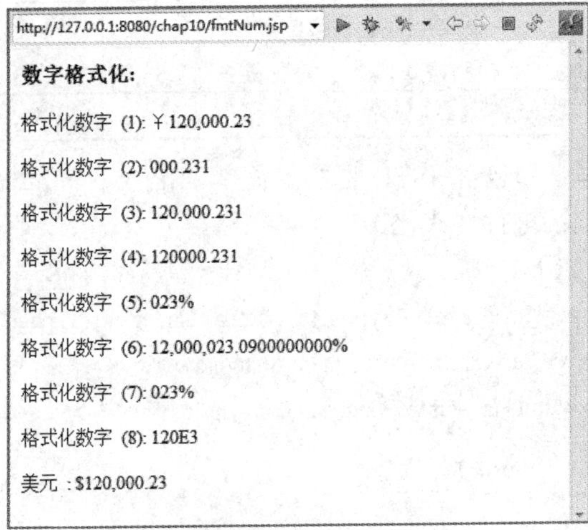

图 10-13　fmtNum.jsp 的运行结果

10.4.3 <fmt:parseNumber>标签

<fmt:parseNumber>标签用来解析数字、百分数和货币。

1. 语法格式

<fmt:parseNumber>标签语法格式如下：

```
<fmt:parseNumber
value="<string>"
type="<string>"
pattern="<string>"
parseLocale="<string>"
integerOnly="<string>"
var="<string>"
scope="<string>"/>
```

2. 属性

<fmt:parseNumber>标签属性如表 10-18 所示。

表 10-18 <fmt:parseNumber>标签属性

属　性	描　　述	是否必要	默认值
value	要解析的数字	否	body
type	number、currency 或 percent	否	number
parseLocale	解析数字时所用的区域	否	默认区域
integerOnly	是否只解析整型数(true)或浮点数(false)	否	false
pattern	自定义解析模式	否	无
var	存储待解析数字的变量	否	Print to page
scope	var 属性的作用域	否	page

【例 10-15】 编写一个包含 JSTL 标签的简单 JSP 文件 parNum.jsp，实现使用<fmt:parseNumber>标签对数字进行解析。

parNum.jsp 的代码如下：

```
<%@ page language="java" contentType="text/html; charset=utf-8"
pageEncoding="utf-8"%>
<%@ taglib prefix="c" uri="http://java.sun.com/jsp/jstl/core" %>
<%@ taglib prefix="fmt" uri="http://java.sun.com/jsp/jstl/fmt" %>
<html>
      <head>
            <title>JSTL fmt:parseNumber 标签</title>
      </head>
      <body>
      <h3>数字解析:</h3>
```

```
        <c:set var="weight" value="128.234" />
        <fmt:parseNumber var="i" type="number" value="${weight}" />
        <p>数字解析 (1) : <c:out value="${i}" /></p>
        <fmt:parseNumber var="i" integerOnly="true"
        type="number" value="${weight}" />
        <p>数字解析 (2) : <c:out value="${i}" /></p>
        </body>
    </html>
```

parNum.jsp 的运行结果如图 10-14 所示。

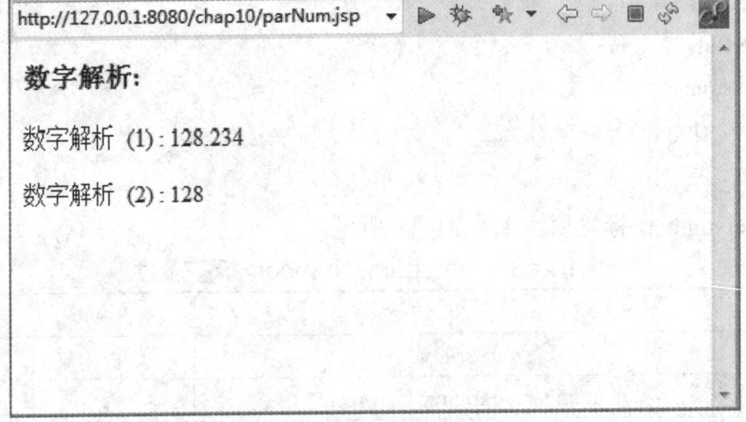

图 10-14 parNum.jsp 的运行结果

10.5 SQL 标 签

SQL 标签库提供了与关系型数据库(如 Oracle、MySQL、SQL Server 等)进行交互的标签，如表 10-19 所示。引用 SQL 标签库的语法格式如下：

```
<%@ taglib prefix="sql" uri="http://java.sun.com/jsp/jstl/sql" %>
```

表 10-19 SQL 标签库

标 签	描 述
<sql:setDataSource>	指定数据源
<sql:query>	运行 SQL 查询语句
<sql:update>	运行 SQL 更新语句
<sql:param>	将 SQL 语句中的参数设为指定值
<sql:dateParam>	将 SQL 语句中的日期参数设为指定的 java.util.Date 对象值
<sql:transaction>	在共享数据库连接中提供嵌套的数据库行为元素，将所有语句以一个事务的形式来运行

10.6　XML 标 签

10.6.1　XML 标签简介

JSTL XML 标签库提供了创建和操作 XML 文档的标签，如表 10-20 所示。引用 XML 标签库的语法格式如下：

```
<%@ taglib prefix="x" uri="http://java.sun.com/jsp/jstl/xml" %>
```

在使用 XML 标签前，用户必须将 XML 和 XPath 的相关包拷贝至<Tomcat 安装目录>\lib 下：

(1) XercesImpl.jar，其下载地址为“http://www.apache.org/dist/xerces/j/”。

(2) xalan.jar，其下载地址为“http://xml.apache.org/xalan-j/index.html”。

表 10-20　XML 标签库

标　签	描　　述
<x:out>	与<%= ... %>功能类似，不过只用于 XPath 表达式
<x:parse>	解析 XML 数据
<x:set>	设置 XPath 表达式
<x:if>	判断 XPath 表达式，若为真，则执行本体中的内容，否则跳过本体
<x:forEach>	迭代 XML 文档中的节点
<x:choose>	<x:when>和<x:otherwise>的父标签
<x:when>	<x:choose>的子标签，用来进行条件判断
<x:otherwise>	<x:choose>的子标签，当<x:when>判断为 false 时被执行
<x:transform>	将 XSL 转换应用在 XML 文档中
<x:param>	与<x:transform>共同使用，用于设置 XSL 样式表

下面介绍一些常用的标签。

10.6.2　<x:out>标签

<x:out>标签显示 XPath 表达式的结果，与<%=...%>功能相似。

1．语法格式

<x:out>标签语法格式如下：

```
<x:out select="<string>" escapeXml="<true|false>"/>
```

2．属性

<x:out>标签属性如表 10-21 所示。

表 10-21　<x:out>标签属性

属　性	描　　述	是否必要	默认值
select	需要计算的 XPath 表达式，通常使用 XPath 变量	是	无
escapeXml	是否忽略 XML 特殊字符	否	true

10.6.3 <x:parse>标签

<x:parse>标签用来解析属性中或标签主体中的XML数据。

1．语法格式

<x:parse>标签语法格式如下：

```
<x:parse
var="<string>"
varDom="<string>"
scope="<string>"
scopeDom="<string>"
doc="<string>"
systemId="<string>"
filter="<string>"/>
```

2．属性

<x:parse>标签属性如表10-22所示。

表10-22 <x:parse>标签属性

属 性	描 述	是否必要	默认值
var	包含已解析XML数据的变量	否	无
systemId	系统标识符URI，用来解析文档	否	无
filter	应用于源文档的过滤器	否	无
doc	需要解析的XML文档	否	page
scope	var属性的作用域	否	page
varDom	包含已解析XML数据的变量	否	page
scopeDom	varDom属性的作用域	否	page

【例10-16】 编写一个包含JSTL标签的简单JSP文件xml.jsp，实现使用<x:parse>标签对XML文件进行解析。

xml.jsp的代码如下：

```
<%@pagelanguage="java" contentType="text/html; charset=utf-8"
pageEncoding="utf-8"%>
<%@taglib prefix="c" uri="http://java.sun.com/jsp/jstl/core"%>
<%@taglib prefix="x" uri="http://java.sun.com/jsp/jstl/xml"%>
<html>
    <head>
        <title>JSTL x:parse 标签</title>
    </head>
    <body>
```

```
        <h3>Books Info:</h3>
        <c:import var="bookInfo" url="http://localhost:8080/chap10/books.xml"/>
        <x:parse xml="${bookInfo}" var="output"/>
        <b>The title of the first book is</b>:
        <x:out select="$output/books/book[1]/name"/>
        <br>
        <b>The price of the second book</b>:
        <x:outselect="$output/books/book[2]/price"/>
        </body>
    </html>
```

books.xml 的代码如下：

```
    <?xmlversion="1.0"encoding="utf-8"?>
    <books>
    <book>
    <name>JSP</name>
    <author>范立峰</author>
    <price>39.8</price>
    </book>
    <book>
    <name>JAVASCRIPT</name>
    <author>刘群</author>
    <price>26</price>
    </book>
    </books>
```

xml.jsp 的运行结果如图 10-15 所示。

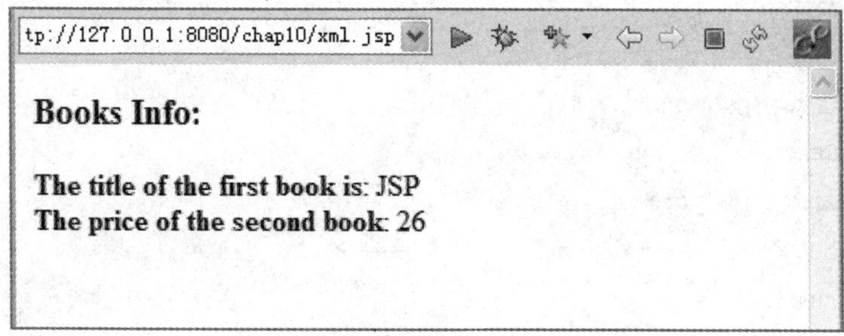

图 10-15　xml.jsp 的运行结果

10.6.4　<x:set>标签

<x:set>标签为 XPath 表达式的值设置一个变量。如果 XPath 表达式的值是 boolean 类型，则<x:set>会设置一个 java.lang.Boolean 对象；若是字符串，则设置一个 java.lang.String 对象；若是数字，则设置一个 java.lang.Number 对象。

1．语法格式

<x:set>标签语法格式如下：

```
<x:set var="<string>" select="<string>" scope="<string>"/>属性
```

2．属性

<x:set>标签属性如表 10-23 所示。

表 10-23　<x:set>标签属性

属　性	描　　述	是否必要	默认值
var	代表 XPath 表达式值的变量	是	body
select	需要计算的 XPath 表达式	否	无
scope	var 属性的作用域	否	page

【例 10-17】 编写一个包含 JSTL 标签的简单 JSP 文件 xset.jsp，实现使用<x:set>标签为 XPath 表达式的值设置一个变量。

xset.jsp 的代码如下：

```
<%@pagelanguage="java"contentType="text/html; charset=utf-8"
pageEncoding="utf-8"%>
<%@taglib prefix="c" uri="http://java.sun.com/jsp/jstl/core"%>
<%@taglib prefix="x" uri="http://java.sun.com/jsp/jstl/xml"%>
<html>
    <head>
        <title>JSTL x:set 标签</title>
    </head>
    <body>
    <h3>Books Info:</h3>
    <c:set var="xmltext">
    <books>
    <book>
    <name>jsp</name>
    <author>范立峰</author>
    <price>39.8</price>
    </book>
    <book>
    <name>JAVASCRIPT</name>
    <author>刘群</author>
    <price>26</price>
    </book>
    </books>
    </c:set>
    <x:parse xml="${xmltext}" var="output"/>
```

```
        <x:set var="fragment" select="$output//book"/>
        <b>The price of the second book</b>:
        <c:out value="${fragment}"/>
        </body>
    </html>
```

xset.jsp 的运行结果如图 10-16 所示。

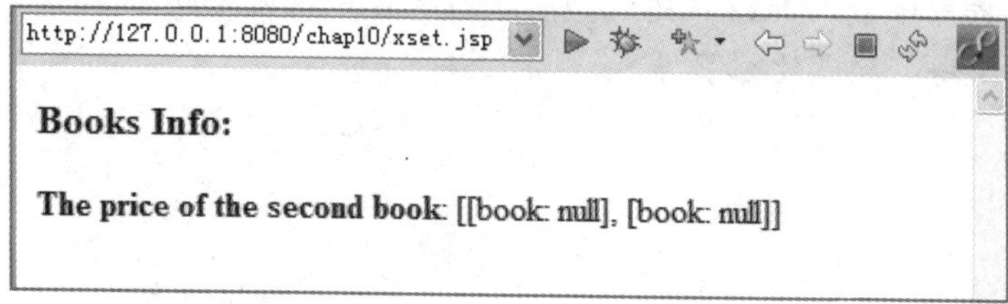

图 10-16　xset.jsp 的运行结果

10.7　JSTL 函数

JSTL 函数库包含一系列标准函数，大部分是通用的字符串处理函数，如表 10-24 所示。引用 JSTL 函数库的语法格式如下：

```
<%@ taglib prefix="fn" uri="http://java.sun.com/jsp/jstl/functions" %>
```

表 10-24　JSTL 函数库

函　数	描　述
fn:contains()	测试输入的字符串是否包含指定的子串
fn:containsIgnoreCase()	测试输入的字符串是否包含指定的子串，对大小写不敏感
fn:endsWith()	测试输入的字符串是否以指定的后缀结尾
fn:escapeXml()	跳过可以作为 XML 标记的字符
fn:indexOf()	返回指定字符串在输入字符串中出现的位置
fn:join()	将数组中的元素合成一个字符串后输出
fn:length()	返回字符串长度
fn:replace()	将输入字符串中指定的位置替换为指定的字符串后返回
fn:split()	将字符串用指定的分隔符分隔，然后组成一个子字符串数组并返回
fn:startsWith()	测试输入字符串是否以指定的前缀开始
fn:substring()	返回字符串的子集
fn:substringAfter()	返回字符串在指定子串之后的子集
fn:substringBefore()	返回字符串在指定子串之前的子集
fn:toLowerCase()	将字符串中的字符转为小写
fn:toUpperCase()	将字符串中的字符转为大写
fn:trim()	移除首位的空白符

本章小结

本章介绍了 EL 表达式语言、EL 基础操作符和函数以及在网页中使用 JSTL 和 EL 表达式取代传统 JSP 程序中嵌入 Java 代码的做法，还介绍了 JSTL 的功能和组成、JSTL 的安装与测试、核心标签库、格式化标签等。

习　题

1．JSTL 和表达式语言的主要作用是什么？
2．JSTL 核心标签库有哪些？
3．JSTL 的 XML 标签有哪些？
4．EL 表达式有哪些隐含对象？
5．常用的格式化标签有哪两个？
6．编写一个小程序，要求在程序中使用 JSTL 的核心标签(至少使用三个)。

第 11 章　JSP 综合开发实例

11.1　实例 1　电子商务购物网站产品查询模块

11.1.1　任务描述

作为《电子商务购物网站》项目开发组的一名程序员，请实现按产品名称查询产品信息的功能。

11.1.2　功能描述

(1) 当进入如图 11-1 所示的页面时，默认显示全部产品信息。

(2) 在图 11-1 中产品查询功能为模糊查询，例如，输入“富士相机”或者“相机”均能查询结果，如图 11-2 所示；当查询失败时，则显示“对不起，没有你查询的产品信息，请更换条件重新查询”的提示，如图 11-3 所示。

(3) 当产品名称为空时，点击“查询产品”按钮将显示全部产品信息。

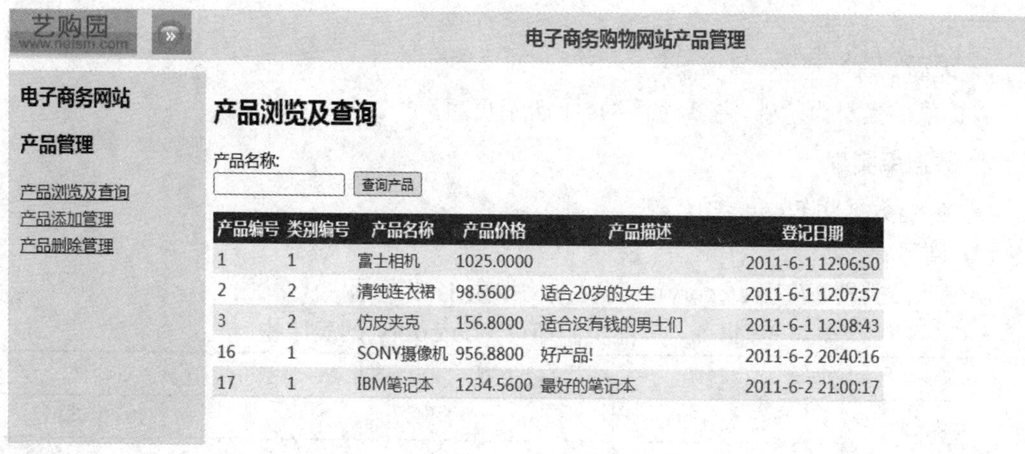

图 11-1　产品信息查询页面

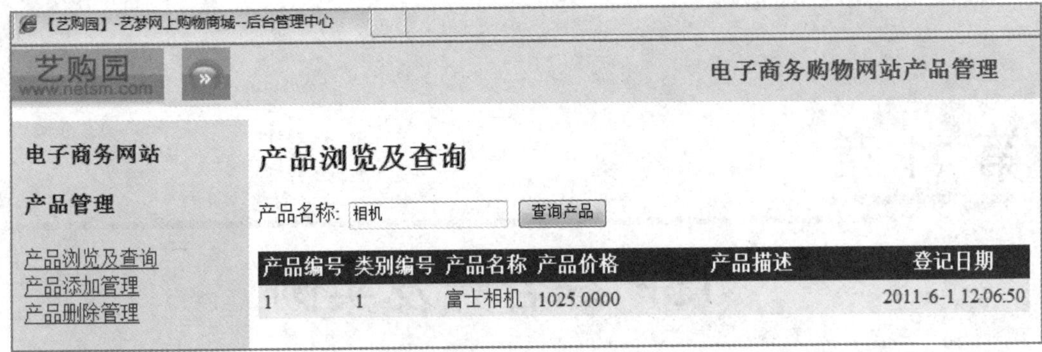

图 11-2 产品信息查询成功后的显示页面

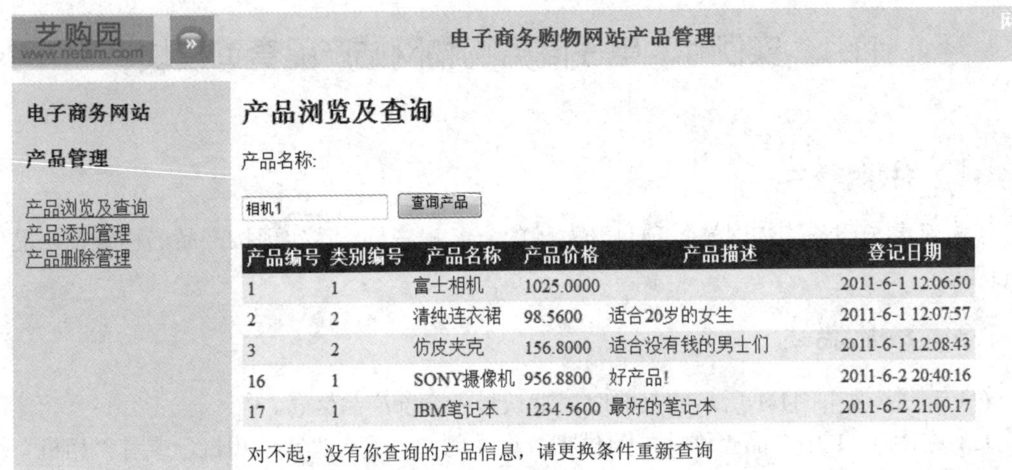

图 11-3 产品信息查询失败后的显示页面

11.1.3 要求

1. 页面实现

以提供的素材为基础，实现如图 11-1 所示页面。

2. 数据库实现

(1) 创建数据库 ProductDB。

(2) 创建表。

创建产品类别表(T_ category)，其表结构如表 11-1 所示。

表 11-1 产品类别表(T_ category)的表结构

字段名	字段说明	字段类型	是否允许为空	备 注
Category_id	产品类别 ID	int	否	Pk(主键)
Category_name	产品类别名称	varchar(30)	否	—
Register_date	默认值为当前录入时间	datetime	否	日期型

创建产品表(T_product)，其表结构如表 11-2 所示。

表 11-2　产品表(T_product)的表结构

字段名	字段说明	字段类型	是否允许为空	备　注
Product_id	产品编号	int	否	Pk(主键)，标识列
Category_id	产品类别 ID	int	否	FK(外键)
Product_name	产品名称	varchar(50)	否	
Price	产品价格	money	否	货币型
Remark	产品描述	varchar(2000)	否	
Register_date	默认值为当前录入时间	datetime	否	日期型

3．功能实现

(1) 新建一个 Web 项目，该项目名称为 ProductAdmin。

(2) 实现按产品名称查询产品信息的功能。要求在产品显示页面中，产品信息列表的表头均为中文。

(3) 实现无关键字的查询，显示全部的产品信息，按产品名称查询产品信息活动图如图 11-4 所示。

(4) 实现模糊查询。

(5) 当查询失败时，给出提示。

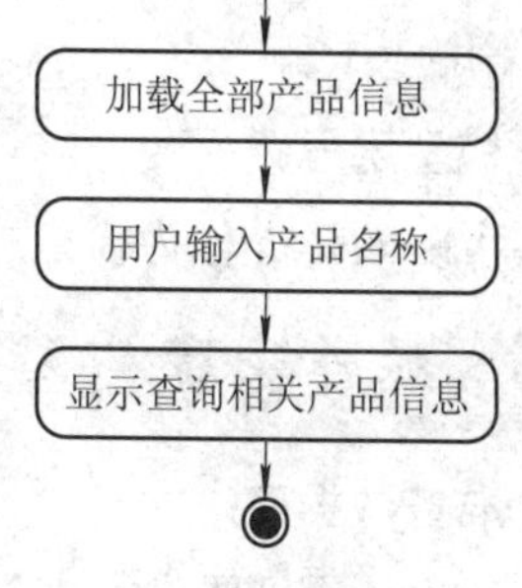

图 11-4　按产品名称查询产品信息活动图

11.1.4　必备知识

1. 数据库相关知识

(1) 使用 MS SQL Server 2005/2008 创建数据库和数据表，设置表的字段、数据类型、主键、外键、约束。

(2) 在数据表中插入、删除、修改、查询数据。

2. 页面相关知识

(1) 使用 HTML 制作项目页面。

(2) 使用 CSS 控制页面的样式。

(3) 使用 JavaScript 对页面必要的内容进行校验。

3. JSP 相关知识

(1) 使用 JSTL 标准标签库控制页面显示逻辑。

(2) 理解 JSP 的 request、response、session、application 等概念。

(3) 使用 EL 表达式在页面显示数据。

(4) 合理地使用转发和重定向控制项目的页面跳转。

(5) 使用 JDBC 与数据库进行交互。

(6) MVC 模式下的分层架构，即控制器、视图、模型的划分和通信。

11.1.5 思路

1. 数据库思路

(1) 根据项目要求创建数据库和数据表，向数据表中插入合适的测试数据。

(2) 导入 JDBC 驱动包，编写 JDBC 的连接工具代码。

(3) 编写数据操作对象代码，进行与数据库的交互操作。

2. 视图层思路

(1) 将提供的素材页面改写为 JSP 页面。

(2) JSP 使用 JSTL 和 EL 控制页面显示的逻辑。

3. 控制层思路

(1) 使用 Servlet 类控制一次请求响应过程的处理。

(2) 由 Servlet 按照顺序进行请求的处理、数据库交互、模型存取和封装、页面跳转逻辑控制等。

4. 模型层思路

使用 JavaBean 作为模型层，封装数据和行为。

11.1.6 操作步骤

1. 准备数据库

(1) 根据项目要求，在 SQL Server2008 中创建 ProductDB 数据库、产品类别表(T_ category)、产品表(T_product)，并插入测试数据。

(2) 编写 JDBC 的连接工具代码如下：

```
package com.antonio.util;
import java.sql.Connection;
import java.sql.DriverManager;
import java.sql.SQLException;
public class JDBCUtils {
	private static final String DRIVER = "com.microsoft.sqlserver.jdbc.SQLServerDriver";
	private static final String URL = "jdbc:sqlserver://127.0.0.1:1433;DatabaseName=ProductDB";
	private static final String USER = "sa";
	private static final String PASS = "1234";
	private static Connection connection = null;
	public static Connection getConnection() {
		try {
			Class.forName(DRIVER);
			connection = DriverManager.getConnection(URL, USER, PASS);
			System.out.println("数据库连接成功");
		} catch (ClassNotFoundException e) {
```

```
                System.out.println("找不到数据库驱动");
            } catch (SQLException e) {
                System.out.println("数据库连接失败");
            }
            return connection;
        }
    }
```

2. 编写视图层代码

视图层代码如下：

```
<%@ page pageEncoding="utf-8" %>
<%@ page import="java.util.List" %>
<%@ page import="com.antonio.bean.Product" %>
<!DOCTYPE html PUBLIC "-//W3C//DTD XHTML 1.0 Transitional//EN""http://www.w3.org/TR/
xhtml1/DTD/xhtml1-transitional.dtd">
<html xmlns="http://www.w3.org/1999/xhtml">
<head>
<title>产品浏览及查询</title>
</head>
<body>
<h2>产品浏览及查询</h2>
<div>
        产品名称: 
<form action="findProduct">
<input name="txtPname" type="text" id="txtPname" style="width:127px;" /> 
<input type="submit" name="Button1" value="查询产品" id="Button1" />
<br />
</form>
</div>
<p></p>
<div>
<div>
   <table cellspacing="0" cellpadding="4" border="0"   style="color:#333333;border-collapse: collapse;">
   <tr style="color:White;background-color:#990000;font-weight:bold;">
        <th >产品编号</th>
<th >类别编号</th>
<th >产品名称</th>
<th >产品价格</th>
<th>产品描述</th>
```

```
<th >登记日期</th>
            </tr>
            <%
                List<Product> productList = (List<Product>)session.getAttribute("productList");
                if(productList.size()<=0){
            %>
                <tr style="color:#333333;background-color:#FFFBD6;">
                    <td colspan="6">对不起，当前没有可查询的产品</td>
            </tr>
            <%
                }else{
                    for(Product product : productList){
            %>
                <tr style="color:#333333;background-color:#FFFBD6;">
                    <td><%=product.getProduct_id() %></td>
                    <td><%=product.getCategory_id() %></td>
                    <td><%=product.getProduct_name() %></td>
                    <td><%=product.getPrice() %></td>
                    <td style="width:200px;"><%=product.getRemark() %></td>
                    <td><%=product.getRegister_date() %></td>
                </tr>
            <%  }
            }%>
        </table>
        </div>
        </div>
        </body>
</html>
```

3. 编写模型层代码

模型层代码如下：

```
package com.antonio.bean;
import java.sql.Timestamp;
public class Product {
        private Integer Product_id;
        private Integer Category_id;
        private String Product_name;
        private double Price;
        private String Remark;
```

```
private Timestamp Register_date;
public Product() {
	super();
}
public Product(Integer product_id, Integer category_id,
		String product_name, double price, String remark,
		Timestamp register_date) {
	super();
	Product_id = product_id;
	Category_id = category_id;
	Product_name = product_name;
	Price = price;
	Remark = remark;
	Register_date = register_date;
}
public Integer getProduct_id() {
	return Product_id;
}
public void setProduct_id(Integer product_id) {
	Product_id = product_id;
}
public Integer getCategory_id() {
	return Category_id;
}
public void setCategory_id(Integer category_id) {
	Category_id = category_id;
}
public String getProduct_name() {
	return Product_name;
}
public void setProduct_name(String product_name) {
	Product_name = product_name;
}
public double getPrice() {
	return Price;
}
public void setPrice(double price) {
	Price = price;
}
public String getRemark() {
```

```
            return Remark;
        }
        public void setRemark(String remark) {
            Remark = remark;
        }
        public Timestamp getRegister_date() {
            return Register_date;
        }
        public void setRegister_date(Timestamp register_date) {
            Register_date = register_date;
        }
    }
```

4. 编写控制层代码

(1) GetAllServlet 的代码如下：

```
package com.antonio.servlet;
import java.io.IOException;
import java.sql.Connection;
import java.sql.ResultSet;
import java.sql.SQLException;
import java.sql.Statement;
import java.util.ArrayList;
import java.util.List;
import javax.servlet.ServletException;
import javax.servlet.http.HttpServlet;
import javax.servlet.http.HttpServletRequest;
import javax.servlet.http.HttpServletResponse;
import com.antonio.bean.Product;
import com.antonio.util.JDBCUtils;
public class GetAllServlet extends HttpServlet{
    @Override
    protected void service(HttpServletRequest request, HttpServletResponse response)throws ServletException, IOException {
        //连接数据库
        Connection connection = JDBCUtils.getConnection();
        //查询所有商品
        try {
            Statement stmt = connection.createStatement();
            String sql = "select * from T_product;";
```

```
            ResultSet rs = stmt.executeQuery(sql);
            List<Product> productList = new ArrayList<Product>();
            while(rs.next()){
                Product product = new Product();
                product.setProduct_id(rs.getInt("Product_id"));
                product.setCategory_id(rs.getInt("Category_id"));
                product.setProduct_name(rs.getString("Product_name"));
                product.setPrice(rs.getDouble("Price"));
                product.setRemark(rs.getString("Remark"));
                product.setRegister_date(rs.getTimestamp("Register_date"));
                productList.add(product);
            }
            //将商品列表放入 session
            request.getSession().setAttribute("productList", productList);
            //转发到 index.jsp
            request.getRequestDispatcher("/index.jsp").forward(request, response);
            } catch (SQLException e) {
            // TODO 自动生成的 catch 块
            e.printStackTrace();
        }
    }
}
```

(2) FindProductServlet 的代码如下：

```
package com.antonio.servlet;
import java.io.IOException;
import java.sql.Connection;
import java.sql.PreparedStatement;
import java.sql.ResultSet;
import java.sql.SQLException;
import java.util.ArrayList;
import java.util.List;
import javax.servlet.ServletException;
import javax.servlet.http.HttpServlet;
import javax.servlet.http.HttpServletRequest;
import javax.servlet.http.HttpServletResponse;
import com.antonio.bean.Product;
import com.antonio.util.JDBCUtils;
public class FindProductServlet extends HttpServlet{
@Override
```

```
    protected void service(HttpServletRequest request, HttpServletResponse response)throws
ServletException, IOException {
            //从请求中获取关键字参数
            String productName = new String(request.getParameter("txtPname").
        getBytes("iso-8859-1"),"utf-8");
            //从数据库进行模糊查询
            //连接数据库
            Connection connection = JDBCUtils.getConnection();
            //查询所有商品
            try {
                String sql = "select * from T_product where Product_name like ?;";
                PreparedStatement stmt = connection.prepareStatement(sql);
                stmt.setString(1, "%"+productName+"%");
                ResultSet rs = stmt.executeQuery();
                List<Product> productList = new ArrayList<Product>();
                while(rs.next()){
                    Product product = new Product();
                    product.setProduct_id(rs.getInt("Product_id"));
                    product.setCategory_id(rs.getInt("Category_id"));
                    product.setProduct_name(rs.getString("Product_name"));
                    product.setPrice(rs.getDouble("Price"));
                    product.setRemark(rs.getString("Remark"));
                    product.setRegister_date(rs.getTimestamp("Register_date"));
                    productList.add(product);
                }
                if(productList.size()<=0){
                    /*去查询全部产品转发到 getAll*/
                    request.getRequestDispatcher("/getAll").forward(request, response);
                }else{
                    //将商品列表放入 session
                    request.getSession().setAttribute("productList", productList);
                    //转发到 index.jsp
                request.getRequestDispatcher("/ProductList.jsp").forward(request, response);
            }
            } catch (SQLException e) {
                e.printStackTrace();
            }
        }
    }
```

11.2　实例 2　建设用地审批电子报盘管理系统补偿标准模块

11.2.1　任务描述

作为《建设用地审批电子报盘管理系统》项目开发组的一名程序员，请实现如下功能：

(1) 补偿标准信息的列表显示。

(2) 补偿标准信息的添加。

11.2.2　功能描述

(1) 点击图 11-5 所示左边导航条中的“补偿标准”菜单项，在右边的主体部分显示补偿标准信息列表。

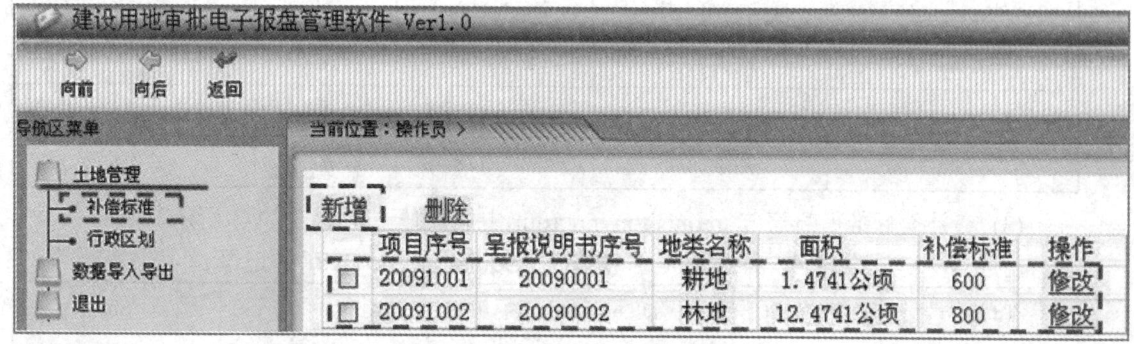

图 11-5　补偿标准信息列表页面

(2) 点击图 11-5 中显示“新增”的超链接，进入补偿标准信息录入页面，如图 11-6 所示。

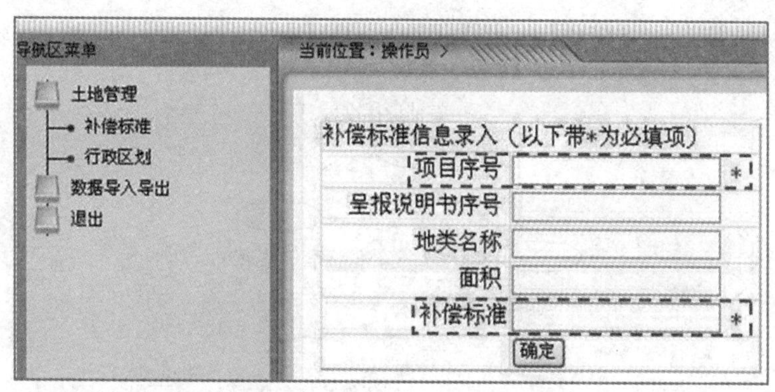

图 11-6　补偿标准信息录入页面

(3) 对图 11-6 中打“*”号的输入部分进行必填项校验。

(4) 点击图 11-6 中“确定”按钮，在补偿标准表中增加一条补偿标准信息。

(5) 在补偿标准信息增加成功后，自动定位到补偿标准信息列表页面，显示更新后的补偿标准信息列表，如图 11-5 所示。

(6) 测试程序，通过补偿标准信息录入页面增加两条以上补偿标准信息。

11.2.3 要求

1. 界面实现

以提供的素材为基础，分别实现如图 11-5、图 11-6 所示的页面。

2. 数据库实现

(1) 创建数据库 LandDB。

(2) 创建补偿标准信息表(T_requisiton_no_tilth)，其表结构如表 11-3 所示。

表 11-3 补偿标准信息表(T_requisiton_no_tilth)的表结构

字段名	字段说明	字段类型	允许为空	备注
Td_guid	项目序号	varchar(38)	否	主键
Bpl_guid	呈报说明书序号	varchar(38)	否	—
Dl_name	地类名称	varchar(50)	是	—
Area	面积	numeric(18,4)	是	数值型，单位为公顷
Std	补偿标准	numeric(18,4)	是	数值型

(3) 在补偿标准信息表(T_requisiton_no_tilth)中插入记录，如表 11-4 所示。

表 11-4 补偿标准信息表(T_requisiton_no_tilth)的记录

Td_guid	Bpl_guid	Dl_name	Area	Std
20091001	20090001	耕地	1.4147	600
20091002	20090002	林地	12.4147	800

3. 功能实现

(1) 补偿标准信息设置模块用例图如图 11-7 所示。

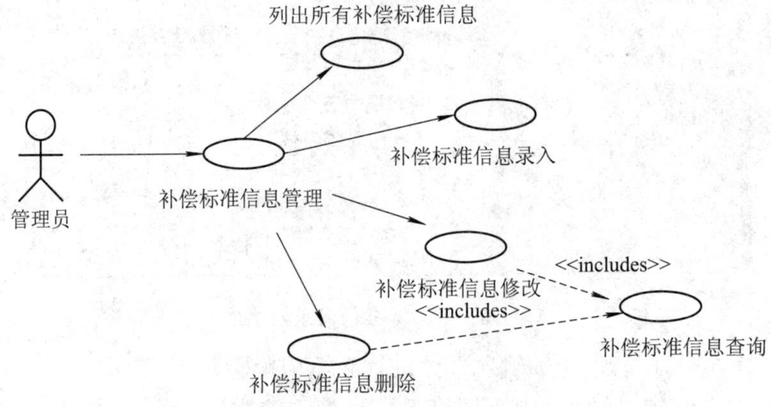

图 11-7 补偿标准信息设置模块用例图

(2) 依据补偿标准信息列表活动图完成补偿标准信息列表显示功能，如图 11-8 所示。

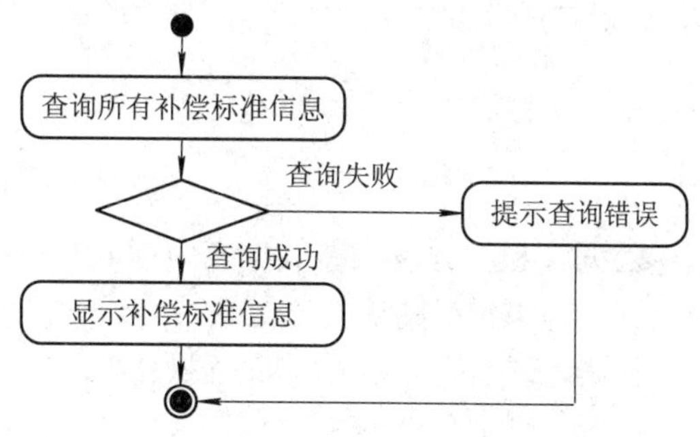

图 11-8　补偿标准信息列表活动图

(3) 依据添加补偿标准信息活动图完成添加补偿标准信息功能，如图 11-9 所示。

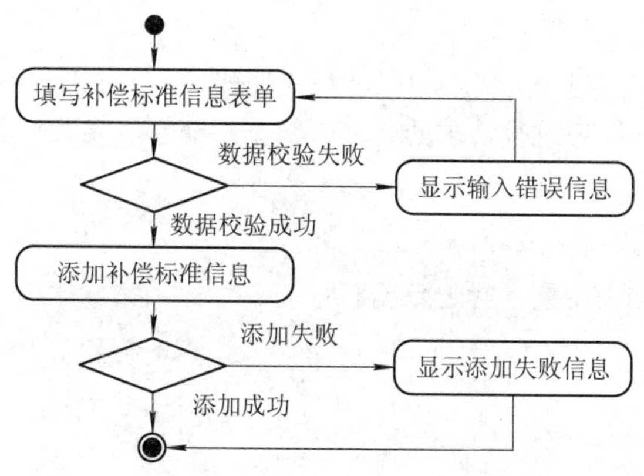

图 11-9　添加补偿标准信息活动图

11.2.4　必备知识

1. 数据库相关知识

(1) 使用 MS SQL Server 2005/2008 创建数据库和数据表，设置表的字段、数据类型、主键、外键、约束。

(2) 在数据表中插入、删除、修改、查询数据。

2. 页面相关知识

(1) 使用 HTML 制作项目页面。

(2) 使用 CSS 控制页面的样式。

(3) 使用 JavaScript 对页面必要的内容进行校验。

3. JSP 相关知识

(1) 使用 JSTL 标准标签库控制页面显示逻辑。

(2) 理解 JSP 的 request、response、session、application 等概念。

(3) 使用 EL 表达式在页面显示数据。

(4) 合理地使用转发和重定向控制项目的页面跳转。

(5) 使用 JDBC 与数据库进行交互。

(6) MVC 模式下的分层架构，即控制器、视图、模型的划分和通信。

11.2.5 思路

1. 数据库思路

(1) 根据项目要求创建数据库和数据表，在数据表中插入合适的测试数据。

(2) 导入 JDBC 驱动包，编写 JDBC 的连接工具代码。

(3) 编写数据操作对象代码，进行与数据库的交互操作。

2. 视图层思路

(1) 将提供的素材页面改写为 JSP 页面。

(2) JSP 使用 JSTL 和 EL 控制页面显示的逻辑。

3. 控制层思路

(1) 使用 Servlet 类控制一次请求响应过程的处理。

(2) 由 Servlet 按照顺序进行请求的处理、数据库交互、模型存取和封装、页面跳转逻辑控制等。

4. 模型层思路

使用 JavaBean 作为模型层，封装数据和行为。

11.2.6 操作步骤

1. 准备数据库

(1) 根据项目要求，在 SQL Server2008 中创建 LandDB 数据库、补偿标准信息表(T_requisiton_no_tilth)，并插入测试数据。

(2) 编写 JDBC 的连接工具代码如下：

```
package com.dao;
import java.sql.Connection;
import java.sql.DriverManager;
import java.sql.PreparedStatement;
import java.sql.ResultSet;
import java.sql.SQLException;
// 数据库连接类
public class DBConnection {
    private static final String DRIVER = "com.microsoft.sqlserver.jdbc.SQLServerDriver";
    private static final String URL = "jdbc:sqlserver://localhost:1433; DatabaseName=LandDB";
    private static final String USER = "sa";
    private static final String PWD = "123";
    private static Connection con;
    private static PreparedStatement prst;
```

```
        private static ResultSet rest;
        //加载驱动
        static {
            try {
                Class.forName(DRIVER);
            } catch (ClassNotFoundException e) {
                e.printStackTrace();
            }
        }
        // 取得连接
            public static Connection getConnection() {
            try {
                con = DriverManager.getConnection(URL,USER,PWD);
            } catch (SQLException e) {
                e.printStackTrace();
            }
            return con;
        }
        //关闭连接
            public static void close() {
            try {
                if(rest!=null) {
                    rest.close();
                }
                if(prst!=null) {
                    prst.close();
                }
                if(con!=null) {
                    con.close();
                }
            } catch (SQLException e) {
                e.printStackTrace();
            }
        }
    }
```

(3) RequisitionDao 接口的代码如下：

```
    package com.dao;
    import java.util.List;
    import com.entity.Requisition;
```

```
//补偿标准操作接口
public interface RequisitionDao {
    //添加补偿标准信息
    boolean addCanton(Requisition canton);
    //修改补偿标准信息
    boolean updateCanton(Requisition canton);
    //删除补偿标准信息
    boolean deleteCanton(int id);
    //查询所有的补偿标准信息
    List<Requisition> listCanton();
    //查询补偿标准信息
    Requisition findCanton(int id);
}
```

(4) RequisitionDaoImpl 接口实现类的代码如下：

```
package com.dao;
import java.sql.Connection;
import java.sql.PreparedStatement;
import java.sql.ResultSet;
import java.sql.SQLException;
import java.util.ArrayList;
import java.util.List;
import com.entity.Requisition;
//补偿标准操作实现类
public class RequisitionDaoImpl implements RequisitionDao {
    public boolean addCanton(Requisition canton) {
        boolean flag = false;
        String sql = "insert into T_REQUISITION_NO_TILTH values(?,?,?,?,?)";
        Connection con = null;
        PreparedStatement prst = null;
        con = DBConnection.getConnection();
        try {
            prst = con.prepareStatement(sql);
            prst.setString(1, canton.getTd_guid());
            prst.setString(2, canton.getBpl_guid());
            prst.setString(3, canton.getDl_name());
            prst.setDouble(4, canton.getArea());
            prst.setString(5, canton.getStd());
            if(prst.executeUpdate()!=0) {
                flag = true;
```

```
            }
        } catch (SQLException e) {
            e.printStackTrace();
        } finally {
            DBConnection.close();
        }
        return flag;
    }
    public boolean deleteCanton(int id) {
        return false;
    }
    public Requisition findCanton(int id) {
            return null;
    }
    public List<Requisition> listCanton() {
        List<Requisition> list = new ArrayList<Requisition>();
        String sql = "select * from T_REQUISITION_NO_TILTH";
        Connection con = null;
        PreparedStatement prst = null;
        ResultSet rest = null;
        con = DBConnection.getConnection();
        try {
            prst = con.prepareStatement(sql);
            rest = prst.executeQuery();
            while(rest.next()) {
                Requisition canton = new Requisition();
                canton.setTd_guid(rest.getString("td_guid"));
                canton.setBpl_guid(rest.getString("bpl_guid"));
                canton.setDl_name(rest.getString("dl_name"));
                canton.setArea(rest.getDouble("area"));
                canton.setStd(rest.getString("std"));
                list.add(canton);
            }
        } catch (SQLException e) {
            e.printStackTrace();
        }
        return list;
    }
    public boolean updateCanton(Requisition canton) {
```

```
            return false;
        }
    }
```

2. 编写视图层代码

(1) listRequisition.jsp 的代码如下：

```
<%@ page language="java" import="java.util.*" pageEncoding="gb2312"%>
<%@ taglib uri="http://java.sun.com/jsp/jstl/core" prefix="c" %>
<!DOCTYPE HTML PUBLIC "-//W3C//DTD HTML 4.01 Transitional//EN">
<html>
    <head>
    <title>My JSP 'listRequisition.jsp' starting page</title>
</head>
<body>
    <form name="form1" method="post" action="">
    <table width="627">
    <tr>
    <td width="54">
    <div align="left">
    <a href="addRequisition.jsp">新增</a>
    </div>
    </td>
    <td width="46"><div align="right">
    <a href="#">删除</a></div></td>
    <td width="511"> </td>
    </tr>
    <c:choose>
    <c:when test="${empty list}">
        <center><p>没有补偿标准信息</p></center>
    </c:when>
    <c:otherwise>
    <tr>
    <td colspan="3">
    <table width="566" border="1" style="border-collapse:collapse">
    <tr>
    <td width="32">
    <div align="center"></div>
    </td>
    <td width="70">
```

```
<div align="center">项目序号</div>
</td>
<td width="120">
<div align="center">呈报说明书序号 </div>
</td>
<td width="70">
<div align="center">地类名称</div>
</td>
<td width="87">
<div align="center">面积</div>
</td>
<td width="68">
<div align="center">补偿标准</div>
</td>
<td width="73">
<div align="center">操作</div>
</td>
</tr>
<c:forEach var="requisition" items="${list}">
<tr>
<td>
<div align="center">
<input type="checkbox" name="checkbox" value="checkbox">
</div>
</td>
<td>
<div align="center">${requisition.td_guid }</div>
</td>
<td>
<div align="center">
${requisition.bpl_guid }
</div>
</td>
<td>
<div align="center">
${requisition.dl_name }<BR>
</div>
</td>
<td>
```

```
<div align="center">
${requisition.area }公顷
</div>
</td>
<td>
<div align="center">
${requisition.std }
</div>
</td>
<td>
<div align="center">
<a href="addstaff.htm">修改</a>
</div>
</td>
</tr>
</c:forEach>
</table>
v</td>
</tr>
</c:otherwise>
</c:choose>
</table>
</form>
</body>
</html>
```

(2) addRequisition.jsp 的代码如下：

```
<%@ page language="java" import="java.util.*" pageEncoding="gb2312"%>
<!DOCTYPE HTML PUBLIC "-//W3C//DTD HTML 4.01 Transitional//EN">
<html>
  <head>
      <title>My JSP 'addRequisition.jsp' starting page</title>
  </head>
  <body>
  <script language="javascript">
      function check(){
        if (form1.td_guid.value==""){
          alert("请输入项目序号")
          form1.td_guid.focus();
          return false;
```

```
            }
            if (form1.bpl_guid.value==""){
              alert("请输入呈报说明书序号");
              form1.bpl_guid.focus();
              return false;
            }
        }
        </script>
    <table width="377" border="0">
    <tr>
    <td width="371">
    <form  action="servlet/RequisitionAddServlet"  method="post"  name="form1"  onSubmit="return
check()">
    <table width="346">
    <tr>
    <td width="330" colspan="3">
    <table width="313" height="109" border="1" align="center"
    style="border-collapse:collapse">
    <tr>
    <td width="131" height="9">
    <div align="right">
    <font color="red">*</font>项目序号
    </div>
    </td>
    <td width="166">
    <input name="td_guid" type="text" id="td_guid" size="20">
    </td>
    </tr>
    <tr>
    <td width="131" height="4">
    <div align="right">
    <font color="red">*</font>呈报说明书序号
    </div>
    </td>
    <td>
    <input name="bpl_guid" type="text" id="bpl_guid" size="20">
    </td>
    </tr>
    <tr>
```

```
<td width="131" height="20">
<div align="right">
地类名称
</div>
</td>
<td>
<input name="dl_name" type="text" id="dl_name" size="20">
</td>
</tr>
<tr>
<td width="131" height="20">
<div align="right">
面积
</div>
</td>
<td>
<input name="area" type="text" id="area" size="20">
</td>
</tr>
<tr>
<td height="20">
<div align="right">
补偿标准
</div>
</td>
<td>
<input name="std" type="text" id="std" size="20">
</td>
</tr>
<tr>
<td width="131" height="20">
<div align="right"></div>
</td>
<td>
<input name="bt1" type="submit" id="bt1" value="确定">
</td>
</tr>
</table>
</td>
```

```
        </tr>
        </table>
        </form>
        </td>
        </tr>
        </table>
        </body>
</html>
```

3. 编写模型层代码

模型层代码如下：

```
package com.entity;
//补偿标准信息
 public class Requisition {
      private String td_guid;         //项目序号
      private String bpl_guid;        //呈报说明书序号
      private String dl_name;         //地类名称
      private double area;            //面积
      private String std;             //补偿标准
      public String getTd_guid() {
            return td_guid;
      }
      public void setTd_guid(String td_guid) {
            this.td_guid = td_guid;
      }
      public String getBpl_guid() {
            return bpl_guid;
      }
      public void setBpl_guid(String bpl_guid) {
            this.bpl_guid = bpl_guid;
      }
      public String getDl_name() {
            return dl_name;
      }
      public void setDl_name(String dl_name) {
            this.dl_name = dl_name;
      }
      public double getArea() {
            return area;
```

```
        }
        public void setArea(double area) {
            this.area = area;
        }
        public String getStd() {
            return std;
        }
        public void setStd(String std) {
            this.std = std;
        }
    }
```

4. 编写控制层代码

(1) RequisitionListServlet 的代码如下：

```
    package com.servlet;
    import java.io.IOException;
    import java.io.PrintWriter;
    import java.util.List;
    import javax.servlet.ServletException;
    import javax.servlet.http.HttpServlet;
    import javax.servlet.http.HttpServletRequest;
    import javax.servlet.http.HttpServletResponse;
    import com.entity.Requisition;
    import com.service.RequisitionService;
    import com.service.RequisitionServiceImpl;
    //补偿标准查询所有控制类
    public class RequisitionListServlet extends HttpServlet {
        private RequisitionService cantonService;
        public void doGet(HttpServletRequest request, HttpServletResponse response)
            throws ServletException, IOException {
            this.doPost(request, response);
        }
        public void doPost(HttpServletRequest request, HttpServletResponse response)
                throws ServletException, IOException {
            response.setContentType("text/html");
            PrintWriter out = response.getWriter();
            cantonService = new RequisitionServiceImpl();
            List<Requisition> list = cantonService.listCanton();
            request.setAttribute("list", list);
```

```
                request.getRequestDispatcher("../listRequisition.jsp").forward(request, response);
                out.flush();
                out.close();
        }
}
```

(2) RequisitionAddServlet 的代码如下：

```
package com.servlet;
import java.io.IOException;
import java.io.PrintWriter;
import javax.servlet.ServletException;
import javax.servlet.http.HttpServlet;
import javax.servlet.http.HttpServletRequest;
import javax.servlet.http.HttpServletResponse;
import com.entity.Requisition;
import com.service.RequisitionService;
import com.service.RequisitionServiceImpl;
//补偿标准添加控制类
public class RequisitionAddServlet extends HttpServlet {
        private RequisitionService cantonService;
        public void doGet(HttpServletRequest request, HttpServletResponse response)
                        throws ServletException, IOException {
                this.doPost(request, response);
        }

        public void doPost(HttpServletRequest request, HttpServletResponse response)
                        throws ServletException, IOException {
                response.setContentType("text/html");
                PrintWriter out = response.getWriter();
                String td_guid = request.getParameter("td_guid");
                String bpl_guid = request.getParameter("bpl_guid");
                Requisition requisition = new Requisition();
                requisition.setTd_guid(td_guid);
                requisition.setBpl_guid(bpl_guid);
                if(request.getParameter("dl_name")!=null) {
                        String dl_name = request.getParameter("dl_name");
                        requisition.setDl_name(dl_name);
                } else {
                        requisition.setDl_name("");
                }
```

```
            if(!"".equals(request.getParameter("area"))) {
                double area = Double.parseDouble(request.getParameter("area"));
                requisition.setArea(area);
            } else {
                requisition.setArea(0.0);
            }
            if(request.getParameter("std")!=null) {
                String std = request.getParameter("std");
                requisition.setStd(std);
            } else {
                requisition.setStd("");
            }
            cantonService = new RequisitionServiceImpl();
            if(cantonService.addCanton(requisition)) {
                request.getRequestDispatcher("RequisitionListServlet").forward(request, response);
            } else {
                System.out.println("fail");
                request.getRequestDispatcher("../index.jsp");
            }
            out.flush();
            out.close();
        }
    }
```

(3) RequisitionService 接口的代码如下：

```
package com.service;
import java.util.List;
import com.entity.Requisition;
//补偿标准服务接口
public interface RequisitionService {
    //添加补偿标准信息
    boolean addCanton(Requisition canton);
    //修改补偿标准信息
    boolean updateCanton(Requisition canton);
    //删除补偿标准信息
    boolean deleteCanton(int id);
    //查询所有的补偿标准信息
    List<Requisition> listCanton();
    //查询补偿标准信息
    Requisition findCanton(int id);
}
```

(4) RequisitionServiceImpl 接口实现类的代码如下：

```
package com.service;
import java.util.List;
import com.dao.RequisitionDao;
import com.dao.RequisitionDaoImpl;
import com.entity.Requisition;
//补偿标准服务实现类
public class RequisitionServiceImpl implements RequisitionService {
    private RequisitionDao cantonDao;
    public RequisitionServiceImpl() {
        cantonDao = new RequisitionDaoImpl();
    }
    public boolean addCanton(Requisition canton) {
        return cantonDao.addCanton(canton);
    }
    public boolean deleteCanton(int id) {
        return false;
    }
    public Requisition findCanton(int id) {
            return null;
    }
    public List<Requisition> listCanton() {
        return cantonDao.listCanton();
    }
public boolean updateCanton(Requisition canton) {
            return false;
    }
}
```

11.3　实例 3　建设用地审批电子报盘管理系统审批模块

11.3.1　任务描述

作为《建设用地审批电子报盘管理系统》项目开发组的一名程序员，请实现如下功能：

(1) 列表显示审批信息。

(2) 删除审批信息。

11.3.2 功能描述

(1) 点击图 11-10 所示左边导航条中的“审批信息”菜单项，在右边的主体部分显示审批信息列表。

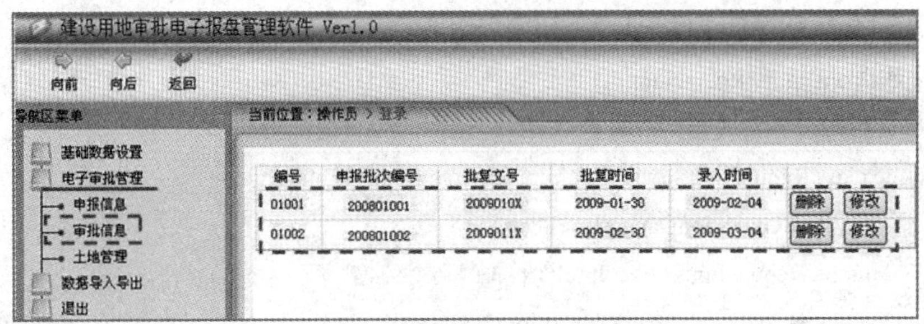

图 11-10　审批信息列表页面

(2) 点击图 11-10 中的“删除”按钮，进入删除确认对话框，如图 11-11 所示。

图 11-11　审批信息删除确认对话框页面

(3) 点击图 11-11 中的“确定”按钮，在审批信息表中删除一条审批信息。

(4) 在审批信息删除成功后，自动定位到审批信息列表页面，显示更新后的审批信息列表，如图 11-10 所示。

(5) 测试程序，在审批页面中删除两条审批信息。

11.3.3 要求

1. 界面实现

以提供的素材为基础，分别实现如图 11-10、图 11-11 所示的页面。

2. 数据库实现

(1) 创建数据库 LandDB。

(2) 创建审批信息表(T_ministry_approve)，其表结构如表 11-5 所示。

表 11-5　审批信息表(T_ministry_approve)的表结构

字段名	字段说明	字段类型	允许为空	备注
Mi_guid	主键 ID	varchar(38)	否	主键
Proj_guid	申报批次编号	varchar(38)	否	—
Approve_symbol	批复文号	varchar(20)	是	—
Approve_time	批复时间	datetime	是	日期型
Submit_time	录入时间	datetime	是	日期型

(3) 在表(T_ministry_approve)中插入记录，如表 11-6 所示。

表 11-6 审批信息表(T_ministry_approve)的记录

Mi_guid	Proj_guid	Approve_symbol	Approve_time	Submit_time
01001	200801001	200902001	2009-1-30	2009-2-4
01002	200801002	200902002	2009-2-30	2009-3-4

3. 功能实现

(1) 审批信息管理模块用例图如图 11-12 所示。

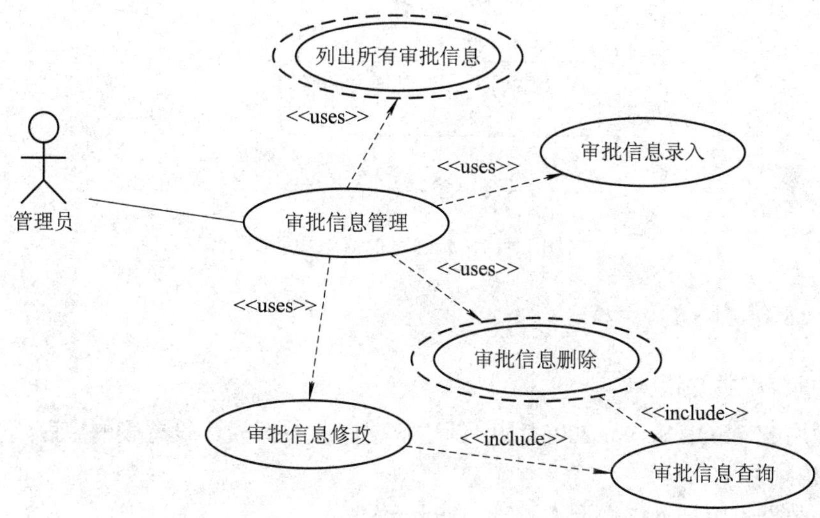

图 11-12 审批信息管理模块用例图

(2) 依据审批信息列表活动图完成审批信息列表显示功能，如图 11-13 所示。

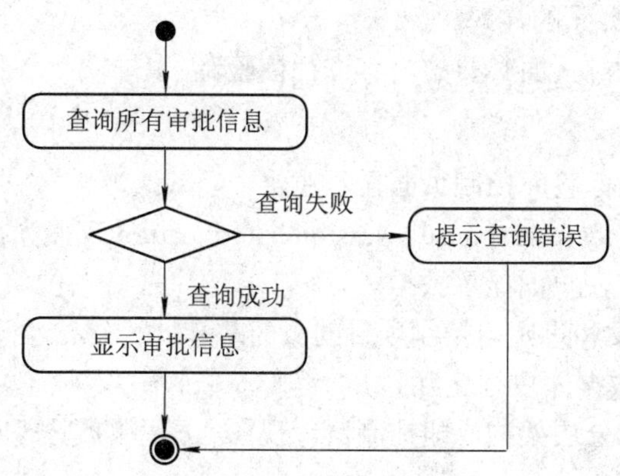

图 11-13 审批信息列表活动图

(3) 依据删除审批信息活动图完成删除审批信息功能，如图 11-14 所示。

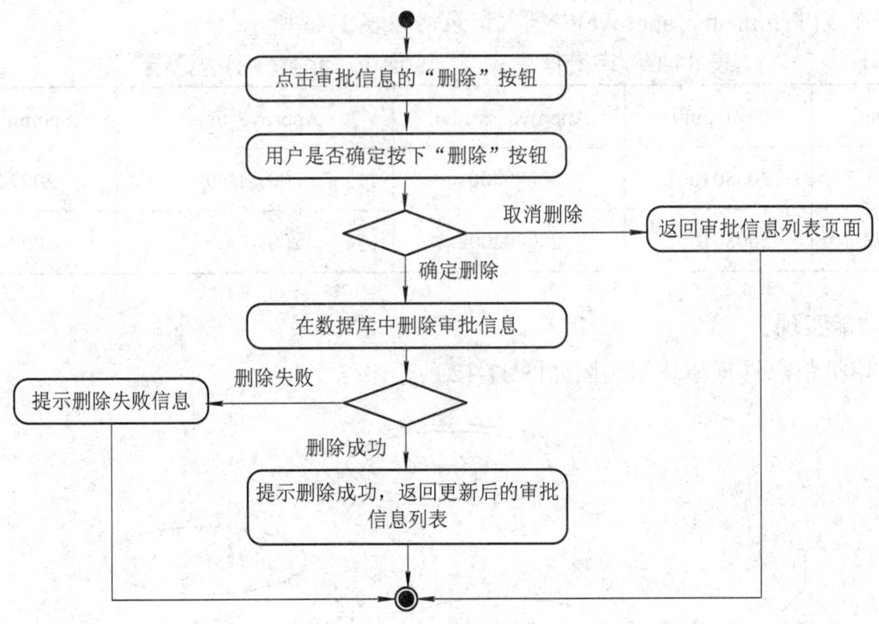

图 11-14 删除审批信息活动图

11.3.4 必备知识

1. 数据库相关知识

(1) 使用 MS SQL Server 2005/2008 创建数据库和数据表，设置表的字段、数据类型、主键、外键、约束。

(2) 在数据表中插入、删除、修改、查询数据。

2. 页面相关知识

(1) 使用 HTML 制作项目页面。

(2) 使用 CSS 控制页面的样式。

(3) 使用 JavaScript 对页面必要的内容进行校验。

3. JSP 相关知识

(1) 使用 JSTL 标准标签库控制页面显示逻辑。

(2) 理解 JSP 的 request、response、session、application 等概念。

(3) 使用 EL 表达式在页面显示数据。

(4) 合理地使用转发和重定向控制项目的页面跳转。

(5) 使用 JDBC 与数据库进行交互。

(6) MVC 模式下的分层架构，即控制器、视图、模型的划分和通信。

11.3.5 思路

1. 数据库思路

(1) 根据项目要求创建数据库和数据表，在数据表中插入合适的测试数据。

(2) 导入 JDBC 驱动包，编写 JDBC 的连接工具代码。

(3) 编写数据操作对象代码，进行与数据库的交互操作。

2. 视图层思路

(1) 将提供的素材页面改写为 JSP 页面。

(2) JSP 使用 JSTL 和 EL 负责控制页面显示的逻辑。

3. 控制层思路

(1) 使用 Servlet 类控制一次请求响应过程的处理。

(2) 由 Servlet 按照顺序进行请求的处理、数据库交互、模型存取和封装、页面跳转逻辑控制等。

4. 模型层思路

使用 JavaBean 作为模型层，封装数据和行为。

11.3.6 操作步骤

1. 准备数据库

(1) 根据项目要求，在 SQL Server 2008 中创建 LandDB 数据库、审批信息表(T_ministry_approve)，并插入测试数据。

(2) 编写 JDBC 的连接工具代码如下：

```
package com.dao;
import java.sql.Connection;
import java.sql.DriverManager;
import java.sql.PreparedStatement;
import java.sql.ResultSet;
import java.sql.SQLException;
//数据库连接类
public class DBConnection {
        private static final String DRIVER = "com.microsoft.sqlserver.jdbc.SQLServerDriver";
        private static final String URL = "jdbc:sqlserver://localhost:1433; DatabaseName=LandDB";
        private static final String USER = "sa";
        private static final String PWD = "123";
    private static Connection con;
        private static PreparedStatement prst;
        private static ResultSet rest;
    //加载驱动
        static {
            try {
                Class.forName(DRIVER);
            } catch (ClassNotFoundException e) {
```

```
                e.printStackTrace();
            }
        }
    //取得连接
    public static Connection getConnection() {
            try {
                con = DriverManager.getConnection(URL,USER,PWD);
            } catch (SQLException e) {
                e.printStackTrace();
            }
            return con;
        }
    // 关闭连接
    public static void close() {
            try {
                if(rest!=null) {
                    rest.close();
                }
                if(prst!=null) {
                    prst.close();
                }
                if(con!=null) {
                    con.close();
                }
            } catch (SQLException e) {
                e.printStackTrace();
            }
        }
}
```

(3) ApproveDao 接口的代码如下：

```
package com.dao;
import java.util.List;
import com.entity.Approve;
//审批信息操作接口
public interface ApproveDao {
//添加审批信息
boolean addApprove(Approve approve);
//修改审批信息
boolean updateApprove(Approve approve);
```

```
//删除审批信息
boolean deleteApprove(String id);
// 查询所有的审批信息
List<Approve> listApprove();
// 查询审批信息
Approve findApprove(int id);
}
```

(4) ApproveDaoImpl 接口实现类的代码如下：

```
package com.dao;
import java.sql.Connection;
import java.sql.PreparedStatement;
import java.sql.ResultSet;
import java.sql.SQLException;
import java.util.ArrayList;
import java.util.List;
import com.entity.Approve;
//审批信息操作实现类
public class ApproveDaoImpl implements ApproveDao {
	public boolean addApprove(Approve approve) {
		return false;
	}
	public boolean deleteApprove(String id) {
		String sql = "delete from T_MINISTRY_APPROVE where MI_GUID=?";
		Connection con = null;
		PreparedStatement prst = null;
		con = DBConnection.getConnection();
		try {
			prst = con.prepareStatement(sql);
			prst.setString(1, id);
			if(prst.executeUpdate()!=0) {
				return true;
			}
		} catch (SQLException e) {
			e.printStackTrace();
		}
		return false;
	}
	public Approve findApprove(int id) {
		return null;
```

```
    }
    public List<Approve> listApprove() {
        List<Approve> list = new ArrayList<Approve>();
        String sql = "select * from T_MINISTRY_APPROVE";
        Connection con = null;
        PreparedStatement prst = null;
        ResultSet rest = null;
        con = DBConnection.getConnection();
        try {
            prst = con.prepareStatement(sql);
            rest = prst.executeQuery();
            while(rest.next()) {
                Approve approve = new Approve();
                approve.setMi_guid(rest.getString("mi_guid"));
                approve.setProj_guid(rest.getString("proj_guid"));
                approve.setApprove_symbol(rest.getString("approve_symbol"));
                approve.setApprove_time(rest.getString("approve_time"));
                approve.setSubmit_time(rest.getString("submit_time"));
                list.add(approve);
            }
        } catch (SQLException e) {
            e.printStackTrace();
        }
        return list;
    }
    public boolean updateApprove(Approve approve) {
            return false;
    }
}
```

2. 编写视图层代码

视图层代码如下：

```
<%@ page language="java" import="java.util.*" pageEncoding="gb2312"%>
<%@ taglib uri="http://java.sun.com/jsp/jstl/core" prefix="c" %>
<!DOCTYPE HTML PUBLIC "-//W3C//DTD HTML 4.01 Transitional//EN">
<html>
    <head>
        <title>My JSP 'listApprove.jsp' starting page</title>
    </head>
```

```
<script language="javascript">
function del(id) {
    if(window.confirm("确认要删除此信息吗?")){
        window.location.href = "ApproveDeleteServlet?id="+id;
        return true;
    }
    return false;
}
</script>
<body>
<c:choose>
<c:when test="${empty list}">
    <center><p>没有审批信息</p></center>
</c:when>
<c:otherwise>
<table width="573" border="1" style="border-collapse:collapse">
<tr>
<td width="54">
<div align="center">
<font color="#3074A2" style="font-size:9pt;color:#000000">编号</font>
</div>
</td>
<td width="94">
<div align="center">
<font color="#3074A2" style="font-size:9pt;color:#000000">申报批次编号</font>
</div>
</td>
<td width="90">
<div align="center">
<font color="#3074A2" style="font-size:9pt;color:#000000">批复文号</font>
</div>
</td>
<td width="96">
<div align="center">
<font color="#3074A2" style="font-size:9pt;color:#000000">批复时间</font>
</div>
</td>
<td width="95">
<div align="center">
```

```
<font color="#3074A2" style="font-size:9pt;color:#000000">录入时间</font>
</div>
<div align="center"></div>
</td>
<td width="104"> </td>
</tr>
<c:forEach var="approve" items="${list}">
<tr>
<td>
<div align="center">
<font color="#3074A2" style="font-size:9pt;color:#000000">${approve.mi_guid }</font>
</div>
</td>
<td>
<div align="center">
<font color="#3074A2" style="font-size:9pt;color:#000000">${approve.proj_guid }</font>
</div>
</td>
<td>
<div align="center">
<font color="#3074A2" style="font-size:9pt;color:#000000">${approve.approve_symbol }</font>
</div>
</td>
<td>
<div align="center">
<font color="#3074A2" style="font-size:9pt;color:#000000">${approve.approve_time }</font>
</div>
</td>
<td>
<div align="center"><font color="#3074A2" style="font-size:9pt;color:#000000">
</font>
</div>
<div align="center">
<font color="#3074A2" style="font-size:9pt;color:#000000">${approve.submit_time }</font>
</div>
</td>
<td>
<input type="button" name="bt1" value="删除" onClick="return del('${approve.mi_guid }')">
        <input type="submit" name="bt2" value="修改">
```

```
            </td>
        </tr>
        </c:forEach>
        </table>
        </c:otherwise>
        </c:choose>
        </body>
</html>
```

3. 编写模型层代码

模型层代码如下：

```
package com.entity;
//审批信息
public class Approve {
        private String mi_guid;                     //主键 ID
        private String proj_guid;                   //申报批次编号
        private String approve_symbol;              //批复文号
        private String approve_time;                //批复时间
        private String submit_time;                 //录入时间
        public String getMi_guid() {
                return mi_guid;
        }
        public void setMi_guid(String mi_guid) {
                this.mi_guid = mi_guid;
        }
        public String getProj_guid() {
                return proj_guid;
        }
        public void setProj_guid(String proj_guid) {
                this.proj_guid = proj_guid;
        }
        public String getApprove_symbol() {
                return approve_symbol;
        }
        public void setApprove_symbol(String approve_symbol) {
                this.approve_symbol = approve_symbol;
        }
        public String getApprove_time() {
                return approve_time;
```

```
        }
        public void setApprove_time(String approve_time) {
            this.approve_time = approve_time;
        }
        public String getSubmit_time() {
            return submit_time;
        }
        public void setSubmit_time(String submit_time) {
            this.submit_time = submit_time;
        }
    }
```

4. 编写控制层代码

(1) ApproveListServlet 的代码如下：

```
package com.servlet;
import java.io.IOException;
import java.io.PrintWriter;
import java.util.List;
import javax.servlet.ServletException;
import javax.servlet.http.HttpServlet;
import javax.servlet.http.HttpServletRequest;
import javax.servlet.http.HttpServletResponse;
import com.entity.Approve;
import com.service.ApproveService;
import com.service.ApproveServiceImpl;
//审批信息查询所有控制类
public class ApproveListServlet extends HttpServlet {
    private ApproveService cantonService;
    public void doGet(HttpServletRequest request, HttpServletResponse response)
            throws ServletException, IOException {
        this.doPost(request, response);
    }
    public void doPost(HttpServletRequest request, HttpServletResponse response)
            throws ServletException, IOException {
        response.setContentType("text/html");
        PrintWriter out = response.getWriter();
        cantonService = new ApproveServiceImpl();
        List<Approve> list = cantonService.listApprove();
        request.setAttribute("list", list);
```

```
			request.getRequestDispatcher("../listApprove.jsp").forward(request, response);
			out.flush();
			out.close();
		}
	}
```

(2) ApproveDeleteServlet 的代码如下：

```
package com.servlet;
import java.io.IOException;
import java.io.PrintWriter;
import javax.servlet.ServletException;
import javax.servlet.http.HttpServlet;
import javax.servlet.http.HttpServletRequest;
import javax.servlet.http.HttpServletResponse;
import com.entity.Approve;
import com.service.ApproveService;
import com.service.ApproveServiceImpl;
//审批信息删除控制类
public class ApproveDeleteServlet extends HttpServlet {
	private ApproveService cantonService;
	public void doGet(HttpServletRequest request, HttpServletResponse response)
			throws ServletException, IOException {
		this.doPost(request, response);
	}
	public void doPost(HttpServletRequest request, HttpServletResponse response)
			throws ServletException, IOException {
		response.setContentType("text/html");
		PrintWriter out = response.getWriter();
		String id = request.getParameter("id");
		System.out.println(id);
		cantonService = new ApproveServiceImpl();
		if(cantonService.deleteApprove(id)) {
			request.getRequestDispatcher("ApproveListServlet").forward(request, response);
		} else {
			System.out.println("fail");
			request.getRequestDispatcher("../error.html").forward(request, response);
		}
		out.flush();
		out.close();
	}
```

```
}
```

(3) ApproveService 接口的代码如下：

```
package com.service;
import java.util.List;
import com.entity.Approve;
// 审批信息服务接口
public interface ApproveService {
        // 添加审批信息
        boolean addApprove(Approve approve);
        //修改审批信息
        boolean updateApprove(Approve approve);
        //删除审批信息
        boolean deleteApprove(String id);
        //查询所有的审批信息
        List<Approve> listApprove();
        // 查询审批信息
        Approve findApprove(int id);
}
```

(4) ApproveServiceImpl 接口实现类的代码如下：

```
package com.service;
import java.util.List;
import com.dao.ApproveDao;
import com.dao.ApproveDaoImpl;
import com.entity.Approve;
//审批信息服务实现类
public class ApproveServiceImpl implements ApproveService {
        private ApproveDao cantonDao;
        public ApproveServiceImpl() {
                cantonDao = new ApproveDaoImpl();
        }
        public boolean addApprove(Approve approve) {
                return false;
        }
        public boolean deleteApprove(String id) {
                return cantonDao.deleteApprove(id);
        }
        public Approve findApprove(int id) {
                        return null;
        }
```

```
    public List<Approve> listApprove() {
        return cantonDao.listApprove();
    }
    public boolean updateApprove(Approve approve) {
            return false;
    }
}
```

本 章 小 结

本章以电子商务购物网站产品查询模块、建设用地审批电子报盘管理系统补偿标准模块及审批模块两个系统三个模块为例，学习了 JSP、Servlet、JavaBean、JDBC 整合开发应用的方法。这三个模块采用 MVC 开发模式，易于系统的扩展和维护。

参 考 文 献

[1] 贾素玲，王强. JSP 应用开发技术[M]. 北京：清华大学出版社，2007.

[2] 马建红，李占波. JSP 应用与开发技术[M]. 2 版. 北京：清华大学出版社，2014.

[3] 郭珍. JSP 程序设计教程[M]. 2 版. 北京：人民邮电出版社，2012.

[4] 范立锋，于合龙，孙丰伟. JSP 程序设计教程[M]. 2 版. 北京：人民邮电出版社，2012.